Finanzwissenschaft

von

Dr. Heinz Kolms

o. Professor an der Universität Kiel

III

Besondere Steuerlehre

Zweite, verbesserte und ergänzte Auflage

Sammlung Göschen Band 776/776a

Walter de Gruyter & Co. · Berlin 1966

vormals G. J. Göschen'sche Verlagshandlung - J. Guttentag,
Verlagsbuchhandlung - Georg Reimer - Karl J. Trübner - Veit & Comp.

Inhaltsverzeichnis

Kapitel VII. Besondere Steuerlehre

In der nun folgenden Besonderen Steuerlehre werden die einzelnen Steuern, wie bereits in Band II, § 5 angedeutet, grundsätzlich nach dem Steuerobjekt gegliedert behandelt, da die Wahl des Steuerobjekts als Gliederungskriterium einer Systematisierung der Vielfalt der bestehenden Steuerarten am förderlichsten erschien. Andere Gliederungsmöglichkeiten wurden, soweit zweckmäßig, ergänzend herangezogen.

Es besteht übrigens Veranlassung, darauf hinzuweisen, daß es bei der Bestimmung des Objektes einer Steuer eindeutig um eine ökonomische Frage geht, nämlich um die Feststellung des ökonomischen Tatbestandes, an den das Gesetz die Leistungspflicht der Zensiten knüpft. Einleitende Legaldefinitionen in Steuergesetzen über den Gegenstand der Steuer sind dabei oft nicht hinreichend, diesen ökonomischen Tatbestand exakt zu charakterisieren; vielmehr muß dazu gelegentlich das betreffende Steuergesetz als Ganzes ökonomisch interpretiert werden. Ferner ist zu sagen, daß die Bestimmung des Steuerobjektes den wichtigsten Zugang zur wesentlichsten aller Einsichten über eine Steuer bildet, nämlich zum Urteil über ihre Auswirkungen, weil vor allem aus dem Steuergegenstand heraus die Steuerabwehrreaktionen der Zensiten erklärt werden können. Selbstverständlich ist daneben für eine zureichende Aussage über die Wirkungen einer bestimmten Steuer auch die Kenntnis der bei einer Steueränderung etwa gleichzeitig erfolgenden Veränderungen anderer finanzpolitischer Parameter, in der Regel der öffentlichen Ausgaben, möglicherweise auch sonstiger Steuern usw. erforderlich.

An dieser Stelle ist noch einmal festzustellen, daß nach der Auffassung des Verfassers in den Staatsfinanzen vor allem ein Instrument zur Erreichung politischer Zielsetzungen zu sehen ist. Deshalb wird die Würdigung der einzelnen Steuern hinsichtlich dieser ihrer Bedeutung einen geziemenden Platz einzunehmen haben, der lediglich durch Raummangel eingegrenzt wird. Dabei ist die Lehre von den Steuerwirkungen, die bereits in Band II in ihren allgemeinen Bezügen behandelt wurde, in zweifacher Hinsicht von Bedeutung: Einmal in dem Sinne, ob und wieweit die von einer bestimmten Steuer ausgehenden Wirkungen den gedachten Zielsetzungen entsprechen und zum anderen, ob nicht Nebenwirkungen eintreten, die das Erreichen der gesetzten Ziele beeinträchtigen oder gar verhindern. Die in dieser Weise begrenzte Berücksichtigung der Steuerwirkungslehre bei den einzelnen Steuern äußert sich z. B. bei der Problematik der Steuerüberwälzung derart, daß eine Erörterung nur insoweit erfolgt, als eine mögliche Überwälzung geeignet erscheint, gesetzte wirtschaftspolitische Ziele (z. B. Einkommens- oder Vermögensredistribution) negativ zu beeinflussen.

Daneben müssen selbstverständlich auch die institutionellen Gegebenheiten wesentlicher Bestandteil der folgenden Betrachtung sein. Im Vordergrund stehen die deutschen Steuern, jedoch ist auch im Rahmen des Möglichen ein Blick auf die ausländische Gesetzgebung zu werfen.

Erschwerend wirkt der gerade in letzter Zeit in der deutschen Steuergesetzgebung festzustellende ständige Wandel. Dadurch bedingt besteht die Gefahr, daß manches, was in diesem Rahmen als gegeben geschildert wird (Stand Mai 1966), inzwischen geändert wurde.

Für ihre Hilfe bei der Materialsammlung zur Ergänzung und Verbesserung des Textes der zweiten Auflage bin ich meinen Mitarbeitern, den Herren Dr. H. Bydekarken, Dr. N. Thissen, Dipl.-Volkswirt D. Meyer-Pries und Dipl.-Volkswirt K. Schneider zu Dank verpflichtet.

§ 1. Einkommensteuern

1. Begriff und Arten
a) Begriff

Einkommensteuern sind Abgaben, deren Gegenstand unmittelbar das Einkommen ist, eine auf die Person bezogene Größe, mit dem Ziele, die im Wirtschaftserfolg liegende Leistungsfähigkeit unter Berücksichtigung der persönlichen Umstände zu belasten.

Von den Vermögensteuern (vgl. § 2), die ebenfalls die persönlichen Umstände berücksichtigen, unterscheiden sich

die Einkommensteuern durch die Dimension des Steuergegenstandes: Das Einkommen ist eine Stromgröße, da es
die einer Person im Laufe einer Zeitperiode zugeflossenen
Werte umfaßt, im Gegensatz zur Bestandsgröße Vermögen, welches durch den in einem Zeitpunkt vorhandenen
Bestand an Werten bestimmt ist. Dementsprechend hat das
Einkommen die Dimension: Werteinheit pro Zeiteinheit,
z. B. DM/Jahr, während das Vermögen die Dimension
einer Werteinheit, z. B. DM, hat. Die Ertragsteuern
(§ 4), die zwar mit den Einkommensteuern die Dimension des Steuerobjekts (Stromgröße) gemeinsam haben, unterscheiden sich andererseits dadurch von den Einkommensteuern, daß sie zielmäßig nicht die Person, sondern ein bestimmtes ertragbringendes Objekt belasten.

b) Arten

Innerhalb dieser Abgrenzung können die Einkommensteuern, abgesehen von der Tarifgestaltung, im Hinblick
auf die Definition des Steuerobjekts und des Steuersubjekts
unterschiedlich ausgestaltet sein.

α) In bezug auf das *Steuerobjekt* sind die Einkommensteuern nach der *inhaltlichen* Definition des Einkommens-
begriffs und der *Länge* der zugrunde gelegten *Periode* zu
unterscheiden.

α₁) Die *inhaltliche Definition* des Einkommens kann der
Quellentheorie oder der Vermögenszugangstheorie folgen.
Nach der *Quellentheorie* (nicht zu verwechseln mit dem
Prinzip des Quellenabzugs, eines Instruments der Steuertechnik) sollen zum Einkommen alle aus dauernden Quellen fließenden Einkünfte gerechnet werden; der Begriff des
Einkommens wird hierbei mit bestimmten Ertragsquellen
verknüpft, aus denen Einkünfte regelmäßig fließen, wie
z. B. Arbeit, Unternehmungen und ertragbringendes Vermögen. Nach der *Vermögenszugangstheorie* in konsequenter Anwendung gilt als Einkommen der Unterschiedsbetrag
zwischen dem Vermögen am Ende eines Wirtschaftsjahres
und dem Vermögen am Ende des vorangegangenen Wirt-

schaftsjahres, d. h. sämtliche, auch einmalige, das Reinvermögen erhöhende Vermögenszugänge wie Veräußerungsgewinne, Erbschaften und Lotteriegewinne sollten der Belastung durch die Einkommensteuer unterliegen. Das Einkommen kann aber auch nach dem *Enumerationsprinzip,* durch Aufzählung von bestimmten steuerrechtlich relevanten Tatbeständen — unter Verzicht auf eine allgemeine Definition — bestimmt werden.

In Einzelfällen ist darüber hinaus denkbar, daß nicht die tatsächlich erzielten Einkommen, sondern fingierte oder Schätzungsgrößen der Besteuerung zugrunde gelegt werden, oder daß bei der Feststellung des steuerpflichtigen Einkommens sogar gewisse Sollsteuerpraktiken auftreten.

α_2) Der Steuergegenstand kann auch im Hinblick auf die *Einkommensperiode* unterschiedlich definiert sein. Steuerobjekt kann das während eines Jahres erzielte Einkommen sein *(Jahresperiodizitätsprinzip),* aber auch zum Ausgleich hoher Spitzenbelastungen der Einkommensdurchschnitt mehrerer Jahre (*Durchschnittsprinzip*).

Dem Durchschnittsprinzip kann auch bei einer grundsätzlich dem Periodizitätsprinzip folgenden Ermittlung des Einkommens dadurch Eingang gewährt werden, daß entstandene Verluste mit Gewinnen früherer oder zukünftiger Perioden ausgeglichen werden dürfen.

Die heute in der Bundesrepublik Deutschland gültige Einkommensteuer basiert grundsätzlich auf dem Periodizitätsprinzip; wegen der, wenn auch begrenzten Vortragsfähigkeit von Verlusten beinhaltet sie jedoch auch Merkmale des Durchschnittsprinzips.

β) Die einzelnen Einkommensteuern können auch nach dem *Steuersubjekt* unterschieden werden. Nicht nur natürliche, sondern auch juristische Personen, nicht rechtsfähige Vereine, Anstalten, Stiftungen und andere Zweckvermögen können von der Einkommensbesteuerung erfaßt werden.

β_1) Bei der Besteuerung der *natürlichen* Personen ergeben sich mögliche Unterschiede insofern, als Subjekt ein-

mal Einzelpersonen, zum anderen aber auch Haushalte
mit dem gesamten Einkommen der in ihnen lebenden Personen sein können. Im letzten Fall erfolgt die Subjektivierung im Hinblick auf die Leistungsfähigkeit des Haushalts, während im ersten Fall die persönlichen Momente
jedes einzelnen Einkommensbeziehers berücksichtigt werden.

β_2) Bei den *juristischen* Personen und Zweckvermögen
ist infolge ihrer Eigenart die Subjektivierung von geringerer Bedeutung; sie kann immerhin dadurch erfolgen, daß
z. B. — wie bei der deutschen Körperschaftsteuer der Gegenwart — die Höhe des Gesellschaftskapitals (Nennwert)
und die Besitzverhältnisse bei der Höhe der Belastung berücksichtigt werden. Verschiedentlich wird darauf hingewiesen, daß die Besteuerung juristischer Personen ertragsteuermäßige Züge aufweist (vgl. § 4), da sie als Steuer auf
den Ertrag des Betriebsvermögens anzusehen sei. Dieser
Auffassung kann man sich dann nicht anschließen, wenn
man diesen Institutionen eine eigene Rechtspersönlichkeit
zubilligt und die Subjektivierung auf diese Rechtsperson
bezieht.

β_3) Unterschiedliche Formen im Rahmen der Einkommensbesteuerung ergeben sich auch daraus, daß die steuerpflichtige Person nach ihrer politischen oder ihrer ökonomischen Zugehörigkeit zum *Steuerhoheitsgebiet* erfaßt werden kann, d. h. mit ihrem gesamten oder nur mit ihrem im
Inland erzielten Einkommen. Im letzteren Falle tendiert die
Steuer dazu, gewisse ertragsteuerartige Merkmale anzunehmen, weil nicht das die persönliche Leistungsfähigkeit bedingende Gesamteinkommen belastet wird, sondern nur
bestimmte aus inländischen Quellen fließende Einkünfte.

2. Würdigung der Einkommensteuern

Mit der Einkommensteuer werden heute vor allem drei
Zielsetzungen verbunden:

(1) Mittelbeschaffung für den Staatshaushalt, (2) einkommensverteilungspolitische Zielsetzungen, (3) beschäftigungs- und konjunkturpolitische Zielsetzungen.

Die Einkommensteuer wurde als „Königin der Steuern" (Popitz) bezeichnet. Dieses Prädikat behält auch heute noch seine Berechtigung, wenn zwei Gesichtspunkte anerkannt werden: Einmal, daß die genannten Zielsetzungen (1), (2) und (3) für ein modernes Staatswesen von zentraler Bedeutung sind. Zum anderen, daß die Einkommensteuer geeignet erscheint, in besonderer Weise zu einer gleichzeitigen Erreichung der genannten Zielsetzungen beizutragen. Das ist im folgenden darzustellen.

a) Mittelbeschaffung

α) Um das Ziel (1), d. h. Mittelbeschaffung für den Staatshaushalt, möglichst wirksam zu erreichen, ist die Forderung zu stellen, daß die Besteuerung ergiebig sei. Das ist für die Einkommensteuer gegeben, weil sie eine ziemlich weitgehende Differenzierung und damit Anpassung an die ökonomischen Verhältnisse der einzelnen Zensiten gestattet, d. h. ihre „Leistungsfähigkeit" weitgehend auszuschöpfen in der Lage ist. Leistungsfähigkeit soll dabei als die Fähigkeit verstanden werden, aus tatsächlich erzielten Einkommen Geldleistungen an den Staat zu erbringen. Diese Fähigkeit, aus freien Mitteln, die zur Konsumtion oder zur Vermögensneubildung zur Verfügung stehen, Zahlungen zu leisten, findet eine Reihe von Grenzen. Zunächst die ohne weiteres naheliegende, daß die Besteuerung nicht die Voraussetzungen der Erzielung von Einkommen gefährden darf. Das gilt für die persönliche Schaffenskraft wie für die Ertragsfähigkeit des Vermögens. Beide müssen nicht nur, sei es durch Konsum, sei es durch Ersatz, erhalten, sondern erweitert werden, wie es bei weitergehender technischer Entwicklung nicht nur für die persönliche Schaffenskraft, sondern auch für die sachliche Ertragsfähigkeit erforderlich ist. Die besondere Qualität der Einkommensteuer wird nun darin gesehen, daß sie diese — zwar gewiß variable, immer aber gegebene — Grenze in stärkerem Maße einhalten kann als andere Steuern, weil sie die Umstände der einzelnen Zensiten, die ihre Zahlungsfähigkeit ausmachen oder beeinflussen, in besonderem Maße berücksichtigt, wozu noch das Argument tritt, daß die durch die Einkommensteuer in Anspruch genommenen Mittel in der Regel liquider sind als das bei anderen Steuern, z. B. Vermögen-, Erbschaftsteuern usw. der Fall ist.

β) Das so gestützte Argument der Ergiebigkeit darf allerdings nicht darüber hinwegtäuschen, daß gerade die Eigenschaft, die die Einkommensteuer so ertragreich zu machen vermag, nämlich ihre Differenziertheit, erheblichen Arbeitsaufwand und damit Kosten beim Fiskus und bei den Zensiten entstehen läßt, von den allen Beteiligten gestellten geistigen und moralischen Anforderungen ganz zu schweigen. Sehen wir von den mit der Veranlagung zusammenhängenden Kosten bei den Zensiten einmal ab, so bleibt jedenfalls eine fiskalische Ertragsschmälerung zu vermerken, die bei sehr erheblichen Komplizierungen der Einkommensteuergesetzgebung eine mögliche Nettoertragssteigerung beim Fiskus in starkem Maße beeinträchtigen mag. Mit wachsender Differenziertheit und Höhe der Einkommensteuer gewinnen ferner die fiskalischen Einwirkungen in die private Sphäre der Zensiten an Bedeutung, was zu Steuerwiderständen, zu „Steuerabwehr" auf politischer Ebene (pressure groups) und möglicherweise zu verstärkter Steuerhinterziehung führen mag.

Eine weitere Grenze, die Erhöhungen der Einkommensteuer mit dem Ziel einer fiskalischen Ertragssteigerung gesetzt ist, wird sichtbar, wenn die aktuelle Zahlungsfähigkeit der Zensiten in derartiger Weise in Anspruch genommen wird, daß die potentielle darunter leidet. Das erfolgt dann, wenn die Möglichkeit des Anschmiegens an die Zahlungsfähigkeit durch hohe Steuersätze soweit wahrgenommen wird, daß die persönlichen Anreize, mühevoll Einkommen zu erzielen, dadurch geschmälert werden (Anreizproblematik). Die Sollsteueridee hat daraus ihre nachhaltigsten Antriebe erhalten. Die neuere Entwicklung hat zwar gezeigt, daß es genügend Mittel auch im Rahmen der Einkommensbesteuerung gibt, um Anreize auch bei hohen Steuersätzen zu belassen (s. u. Abschnitt 4, a, β1), andererseits ist die Frage nicht zu unterdrücken, ob dabei nicht der Grundsatz der Gleichmäßigkeit der Besteuerung dadurch verletzt wird, daß nur bestimmte Kreise von Zensiten (oft gerade die leistungsfähigsten) von gewissen Sonderbestimmungen profitieren.

Es sei beiläufig vermerkt, daß in den beiden zuletzt erwähnten Argumenten, die gegen die Erhöhung der Sätze der Einkommensteuer über gewisse Grenzen hinaus vorgebracht werden, der wesentliche Grund dafür liegt, daß die Einkommensteuer, bei allen ihren Vorzügen, als einzige Steuer nicht infrage kommt. Würde man nämlich die notwendigen Steuereinnahmen nur durch Einkommensteuern zu decken versuchen, so würde die erforderliche Erhöhung der Steuersätze mit großer Wahrscheinlichkeit die erwähnten Grenzen übersteigen müssen.

γ) Die bisherigen Ausführungen lassen die Frage völlig offen, ob ein proportionaler oder progessiver Steuertarif zu wählen ist. Es ist zu überlegen, ob durch das oben charakterisierte Prinzip der Leistungsfähigkeit diese Frage gelöst werden kann.

Die Differenziertheit der Einkommensteuer, die es gestattet, die persönlichen Umstände des Zensiten zu berücksichtigen, wirkt sich durch die Gewährung von persönlichen und Familienfreibeträgen, die das Existenzminimum gewährleisten sollen, von Altersfreibeträgen, Werbungskosten und bestimmten Sonderausgaben usw. dahingehend aus, daß nach Abzug dieser Freilassungen die dem Zensiten verbleibende Summe, das steuerliche Einkommen, nahezu die volle Leistungs- oder Belastungsfähigkeit des Zensiten im Sinne seiner faktischen Zahlungsfähigkeit zum Ausdruck bringt.

Wieviel nun von dieser Leistungsfähigkeit bei verschiedener Höhe des Einkommens vom Staat in Anspruch genommen werden soll, ist nur durch Gerechtigkeitsvorstellungen zu beantworten. Ganz gleich, ob man der Meinung ist, daß die Steuerbelastung proportional dieser Leistungsfähigkeit oder bei größerer Leistungsfähigkeit überproportional steigen soll, immer bedarf es eines führenden

Postulats. Davon ist im Rahmen der Zielsetzung (2) (s. u. b)
zu sprechen.

Hier, d. h. im Rahmen der Zielsetzung (1), ist *nur* zu
prüfen, ob eine progressive oder proportionale Besteuerung
(die Regression kann hier außer acht gelassen werden) vom
Standpunkt der fiskalischen Ergiebigkeit vorzuziehen ist.
Grundsätzlich ist zu bemerken, daß jeder gewünschte
Brutto- oder Nettosteuerertrag (bei dem letzteren sind die
mit der Besteuerung anfallenden Erhebungskosten abgezogen) sowohl durch einen proportionalen als auch durch
einen progressiven Steuertarif erreicht werden kann. Wie
das im einzelnen zu geschehen hat, ist abhängig von der
Höhe des gewünschten Steuerertrages wie auch von der
Verteilung der Zensiten auf die verschiedenen Bruttoein-
kommensklassen. Auch hier scheint also eine Entscheidung
für den einen oder anderen Tarif nicht möglich zu sein.
Jedoch könnte folgendes Argument für eine Bevorzugung
des progressiven Tarifs als „fiskalisch ergiebiger" in einem
besonderen Sinne verwendet werden. Zunächst wäre festzustellen, daß es niemals um einen maximalen Steuerertrag geht, sondern daß stets ein mehr oder weniger bestimmter Steuerertrag als optimal aufgefaßt wird. Gehen
wir von diesem Nettosteuerertrag als gegebener Größe aus,
so wäre derjenige Steuertarif zu wählen, bei dem die obenerwähnten Steuerwiderstände und mit der Besteuerung zusammenhängenden Kosten möglichst gering sind. Es spricht
einiges dafür, daß diese Kosten bei steigendem Einkommen und steigenden Steuerbeträgen unterproportional
wachsen, nicht zuletzt deswegen, weil vermutlich auch die
obenerwähnten Steuerwiderstände der einzelnen Zensiten nicht von der absoluten Höhe ihrer Steuerschuld, sondern eher von der Höhe ihres Durchschnittssteuersatzes abhängig sein werden. Das Ziel eines möglichst geringen
Steuerwiderstandes, und damit auch möglichst geringer Erhebungskosten wäre dann durch eine progressive Besteuerung erreichbar, weil das Aufbringen einer bestimmten
Steuersumme aus den oberen Einkommensschichten geringere Kosten verursacht als bei den niedrigeren Einkom-

mensschichten, wenn man auch immer im Auge behalten
muß, daß bei der in der Regel „schiefen" Einkommensverteilung mit sehr vielen kleinen und mittleren Einkommen und wenigen hohen und höchsten Einkommen eine allzu große Steuerermäßigung bei den Einkommensschwäche-
ren, auch bei starker Steuerbelastung der Einkommensstär-
keren, das Gesamtsteueraufkommen zurückgehen lassen
könnte.

b) Einkommensredistribution

α) Keine Steuer ist so geeignet wie die Einkommensteuer,
die *Nettoeinkommensverteilung* (Zielsetzung (2)) wirksam
zu beeinflussen. Bei fehlender Überwälzungsmöglichkeit ist
das offensichtlich, da unter dieser Bedingung den Zensiten
tatsächlich nur das an Einkommen verbleibt, was die Besteuerung ihnen zurückläßt. Berücksichtigen wir die Möglichkeit der Überwälzung, so hat das Ergebnis nicht mehr
diesen Grad an Sicherheit. Wir verweisen in diesem Zusammenhang auf die Erörterung der von Carl Föhl versuchten kreislauftheoretischen Lösung der Überwälzungsvorgän-
ge bei der Einkommensteuer, die wir in Band II, Kap. VI,
§ 9, 4 d, behandelt haben. Immerhin ist dort bereits klar-
geworden, daß nur unter sehr speziellen Voraussetzungen eine Überwälzbarkeit der Einkommensteuer gegeben
ist, so daß der Wert der Einkommensteuer als hervorra-
gendes Mittel zur Beeinflussung der Einkommensverteilung
grundsätzlich erhalten bleibt.

β) Obwohl die Steuerrechtfertigungslehren in erster Linie
Aussagen über die *gerechte Lasten*verteilung gemacht
haben, sind doch prinzipiell damit auch Aussagen über die
*gerechte Einkommens*verteilung verbunden. Es sei in diesem Zusammenhang auf die in Band II, Kap. VI, §§ 7 und 8
behandelten Steuerrechtfertigungslehren und Steuergrund-
sätze verwiesen; hier können wir uns auf einige Andeutun-
gen beschränken. In den wirtschaftspolitischen Postulaten
des klassischen Liberalismus kommt durchaus die Vorstel-
lung zum Ausdruck, daß die Besteuerung die Einkommensverteilung, wie sie sich infolge des freien Spiels der
Kräfte einstellt, unverändert lassen müsse. Demzufolge

wäre ein proportionaler Tarif anzuwenden. Dem entspricht weitgehend als Basis die Äquivalenztheorie, da man für das liberale Ideal des „Nachtwächterstaates" annähernd sagen kann, daß die Leistungen des Staates an die Zensiten etwa proportional ihrem Einkommen sind. Eine Gegenposition nimmt die Opfertheorie ein, jedoch werden hier keine konkreten Aussagen über die „richtige" Lasten- oder Einkommensverteilung gemacht. Die Neoklassik steht unter dem Eindruck der alten liberalen Ideen. Jedoch sind von Vertretern der subjektiven Wertlehre einige Versuche gemacht worden, gegenüber der proportionalen die progressive Einkommensbesteuerung als „gerecht" zu begründen (vgl. Band II, Kap. VI, § 8, 3 b, γ_2). Bis zu einem gewissen Grade — aber aus anderen Gründen — würde eine progressive Einkommensbesteuerung auch im Rahmen der sozialpolitischen Argumentation des sog. Kathedersozialismus liegen (vgl. Band II, Kap. VI, § 8, 3 b, β_1).

Es sei nochmals betont, daß alle Vorstellungen von einer gerechten Besteuerung wissenschaftlich unbeweisbare, d. h. aber auch unwiderlegbare Wertsetzungen sind. Jedoch läßt sich feststellen, daß heute die progressive Besteuerung von der Allgemeinheit als gerecht empfunden wird. Etwas weniger im Axiomatischen wurzelt die sog. *Kompensationsbegründung* für die Progression: Da die Verbrauchsteuern die ärmeren Einkommensbezieher, die ja einen großen Teil ihres Einkommens konsumieren müssen, im Verhältnis zu ihrem Einkommen viel stärker belasten als die Einkommensstarken, soll die Progression der Einkommensteuer eine gewisse Gegenwirkung ausüben und die Einkommensstarken ausgleichend belasten. Hier würde also selbst das Prinzip einer zum Einkommen proportionalen Gesamtsteuerbelastung eine Progression der Einkommensteuer erforderlich machen. Die stärkere Belastung der oberen Einkommensschichten kann weiterhin gerechtfertigt werden durch die Überlegung, daß bei höherem Einkommen eine entsprechend höhere Sparquote, und damit auch eine größere Vermögensbildung möglich ist. Da nun der Besitz eines größeren Vermögens auch eine größere Chance für die weitere Einkommenserzielung bietet, mag die Einkommensteuer als gewisser Ausgleich der für den einzelnen ungleichen Einkommenschancen angesehen werden. Dieses Argument erhält offensichtlich um so größeres Gewicht, in je geringerem Maße die Erbschaftsbesteuerung und die Vermögensbesteuerung ausgeprägt sind. Ein weiteres Argument für die „Gerechtigkeit" einer progressiven Einkommensbesteuerung könnte aus gewissen Erkenntnissen der Konjunkturtheorie gezogen werden. In der Hochkonjunktur können im Rahmen gewisser Inflationserscheinungen Gewinne entstehen, die vorzüglich durch Preissteigerungen, nicht aber durch „Leistungssteigerungen" der Unternehmer entstanden sind, die sog. windfall-profits.

γ) Außer aus „Gerechtigkeitsgründen" mögen bestimmte, durch die Besteuerung beeinflußte Einkommensstrukturen noch aus anderen Gründen erwünscht erscheinen: Hier ist vor allem auf diejenigen Zielsetzungen hinzuweisen, die eine Einkommensredistribution dann befürworten, wenn damit im Rahmen einer gegebenen gesamtwirtschaftlichen Lage „erwünschte" *Nachfrageeffekte* hervorgerufen werden. Insbesondere die keynesianische Theorie hat darauf hingewiesen, daß eine gleichmäßigere, d. h. die unteren Einkommensschichten stärker als bisher historisch gegeben, begünstigende Einkommensverteilung in der Lage sei, die Konsumnachfrage zu heben, und damit denkbare gesamtwirtschaftliche Stagnationserscheinungen zu überwinden (vgl. Band II, Kap. VI, § 10, 2 c), wobei die Multiplikatoreffekte ihre bekannte Rolle spielen.

c) Beschäftigungs- und konjunkturpolitische Zielsetzungen

Mit diesen Überlegungen sind wir bereits in die Erörterung der beschäftigungs- und konjunkturpolitischen Zielsetzungen (3) eingetreten. Unter dem Stichwort „*antizyklische Finanzpolitik*" wurde bereits in Band II, Kap. VI, § 10, 2 eine der grundlegenden Ideen der neueren finanzpolitischen Theorie, und bis zu einem gewissen Grade auch schon der finanzpolitischen Praxis, geschildert. Das Grundsätzliche sei hier noch einmal wiederholt: Erstens ist es möglich, durch eine progressive Gestaltung der Einkommensteuer eine gewisse *automatische* antizyklische Wirkung zu erreichen; zweitens, durch von Fall zu Fall, je nach der Konjunkturlage zu variierende Steuersätze, eine *gesteuerte* antizyklische Politik durchzuführen[1]). Es ist zu betonen, daß die Einkommensteuer an einem zentralen Punkt der wirtschaftlichen Entscheidungen der Zensiten ansetzt.

Hier ist allerdings noch ein besonderer Gesichtspunkt zu berücksichtigen: Infolge steuertechnischer Gegebenheiten mögen zeitliche Verschiebungen („lags") zwischen Einkommensentstehung und Steuerzahlung auftreten, wodurch die Wirksamkeit der geschilderten finanzpolitischen Konzeptionen beeinträchtigt werden kann. Das trifft insbesondere für die deutsche veranlagte Einkommensteuer zu. Die Beseitigung, zumindest aber eine Verkürzung dieser lags und damit die rasche Anpassung der Steuerzahlungen könnte jedoch durch besondere institutionelle Maßnahmen angestrebt werden: Einmal durch die Anpassung der Vorauszahlungen, die oft hinter der tatsächlichen Entwicklung zurückbleiben. Für eine Beurteilung könnten z. B. die Umsatzsteuerzahlungen herangezogen werden. Zum anderen könnte eine möglichst zeitnahe Veranlagung angestrebt werden. Der Wissenschaftliche Beirat beim Bundesfinanzministerium hat die in den USA geübte Selbstveranlagung sofort nach Abschluß des Geschäftsjahres vorgeschlagen. Im Fall einer Zuniedrigveranlagung sollte der Zensit die Verpflichtung zur Verzinsung der verbleibenden Steuerschuld haben. Umgekehrt würde bei zu hoher Veranlagung eine Gutschrift der entsprechenden Zinsen erfolgen. Soweit der Vorschlag des Wissenschaftlichen Beirats. Es bleibt festzustellen, daß der Anreiz für den Zensiten, die Steuerzahlungen möglichst weit hinauszuschieben, darin liegt, praktisch einen zinslosen Kredit zur Verfügung zu haben. Um eine wirksamere Anpassung der Steuerzahlungen an den Konjunkturverlauf zu erzielen, wäre daher zu erwägen, Zinsen nicht nur für die Zeitspanne Selbstveranlagung — endgültige Veranlagung, sondern bereits für die Zeit nach den quartalsmäßigen Voraus-

---

[1]) Dies ist in indirekter Weise auch dadurch möglich, daß bei gleichbleibenden Steuersätzen die Bestimmungen, die im Einzelfalle die Höhe der steuerrechtlich relevanten Bemessungsgrundlage Einkommen umgrenzen, variiert werden. Dabei ist u. a. an eine Variation der Steuerfreibeträge, der steuerrechtlich relevanten Sonderausgaben und der Abschreibungen zu denken.

zahlungen zu berechnen. U.U. könnten die bei zu niedrigen Vorauszahlungen zu berechnenden Zinsen höher als die geltenden
Bankzinsen angesetzt werden. Damit würde für den Zensiten
jeder Reiz, die Steuerzahlungen hinauszuschieben, vernichtet werden. Die Möglichkeit, bereits im Zeitpunkt der Vorauszahlungen
das Ergebnis richtig einzuschätzen, ist, wie bereits erwähnt, auf
Grund der Umsatzsteuerzahlungen gegeben. Darüber hinaus bieten Quartals(handels)bilanzen, die zumindest von größeren, wirt-
schaftspolitisch relevanten Unternehmen aufgestellt werden, für
diesen Kreis von Zensiten eine sehr gute Schätzungsgrundlage.

Es kann somit, unter den genannten Einschränkungen,
gesagt werden, daß zwischen den Zielsetzungen (1), (2) und
(3) kaum nennenswerte Widersprüche auftreten, so daß
die Einkommensteuer als ein wirklich glückliches Instrument
der Wirtschaftspolitik erscheint. Die Ergiebigkeit der Einkommensteuer (Ziel 1) zeigt sich durchaus im Rahmen einer
progressiven Besteuerung verträglich mit den Vorstellungen einer „gerechten" Einkommensbesteuerung (Ziel 2) und
ebenfalls im Gleichklang mit den Erfordernissen einer (auto-
matischen) antizyklischen Fiskalpolitik (Ziel 3). Einschrän-
kend ist allerdings zu bemerken, daß eine durch zu große
Konsumnachfrage bewirkte Konjunkturüberhitzung eine
verschärfte Besteuerung der Einkommensschichten mit geringerem Einkommen erforderlich machen könnte, so daß
damit die Ziele (2)[1]) und (3) in Widerspruch geraten könnten. Diese Einschränkung gilt jedoch insoweit nicht, als die
Konjunkturüberhitzung auf eine erhöhte Investitions-
nachfrage zurückzuführen ist.

3. Zur Geschichte der Einkommens-
besteuerung

a) Vorbemerkungen

Einkommensteuern treten geschichtlich erst verhältnismäßig spät in Erscheinung. Das hat verschiedene Gründe:
Wirtschaftsgeschichtlich war Voraussetzung für die Einkommensbesteuerung die Entfaltung der Geldwirtschaft und der
mit ihr verbundenen „Rechenhaftigkeit" des Wirtschafts-

---

[1]) Besonders im Rahmen einer g e s t e u e r t e n Politik.

ergebnisses. Steuertechnisch mußten zur Ermittlung des Einkommens und zur genügenden Aufhellung der persönlichen Umstände des Zensiten ebenfalls erst die Voraussetzungen geschaffen werden. Wesentliche ideengeschichtliche Voraussetzung ist die Überwindung ständischen Denkens gewesen, das im ancien régime in der Steuerprivilegierung des Adels einen charakteristischen Ausdruck fand. Daß das demgegenüber von der nationalökonomischen Klassik vertretene Gleichmäßigkeitspostulat allein als Begründung für die Einführung einer Einkommensteuer noch nicht ausreichte, zeigt die zunächst weitgehend ablehnende Haltung ihrer Vertreter gegenüber einer Einkommensbesteuerung, zumindest aber gegenüber einer progressiven Belastung. Die Überwindung dieser ablehnenden Haltung ist im finanztheoretischen Raume durch die Anwendung von Gedankengängen der subjektiven Wertlehre erleichtert worden, gestützt durch einen starken Einschuß sozialpolitischen Denkens, initiiert auch durch die inzwischen eingetretene Wirtschafts- und Sozialentwicklung mit ihren wachsenden Spannungen zwischen Bürgertum und Lohnarbeiterschaft. Es ist nicht zu übersehen, daß die politisch nach „links" tendierende soziale Bewegung sich zum stärksten Förderer der Einkommensbesteuerung gemacht hat.

Nicht zu vergessen ist allerdings, daß neben solchen Gesichtspunkten auch die fiskalische Notwendigkeit, insbesondere in Kriegszeiten, nach neuen Steuerquellen zu suchen, bei der Einführung von Einkommensteuern eine entscheidende Rolle gespielt hat.

Wenn cum grano salis gesagt werden darf, daß die Einkommensbesteuerung heute, zumindest in allen entwickelten Staaten, eine bedeutende Rolle spielt, so ist doch andererseits zu betonen, daß ihre Entwicklung in den einzelnen Ländern zeitlich und inhaltlich durchaus unterschiedlich verlaufen ist.

b) Deutschland

Für Deutschland — in gewissem Umfange auch für andere Länder — ist die preußische Einkommensbesteuerung Schrittmacher gewesen. 1808 wurde als kriegsbedingte

Notmaßnahme im damaligen Restpreußen eine vom Frei-
herrn vom Stein empfohlene Einkommensteuer eingeführt,
die bereits eine Verkörperung des reinen persönlichen Ein-
kommensteuertyps darstellte. Ihre praktische Durchführung scheiterte jedoch vor allem am Fehlen einer ausrei-
chenden Steuererhebungstechnik. Der gegenüber dieser
Frühform der persönlichen Einkommensteuer sehr unvoll-
kommenen Klassensteuer von 1820, bei der die Zensiten
nach ihrer „Stellung in der bürgerlichen Gesellschaft" klassifiziert und besteuert wurden, folgte als Übergangsstadium
die Klassen- und klassifizierte Einkommensteuer von 1851,
die schließlich 1891 unter Finanzminister Miquel durch
eine echte persönliche Einkommensteuer ersetzt wurde. Obgleich in anderen, kleineren deutschen Einzelstaaten eine
personale Einkommensteuer bereits   früher eingeführt
wurde, so 1869 in Hessen, 1874 in Sachsen und 1884 in
Baden, ist die preußische Einkommensteuer von 1891 für
die weitere Entwicklung in Deutschland bestimmend gewesen.

Steuersubjekt waren sowohl natürliche Personen als auch
Erwerbsgesellschaften. Bei letzteren wurde jedoch zwecks
Abschwächung der „Doppelbesteuerung" von Gesellschaft
und Gesellschaftern bei der Berechnung des Einkommens ein
Abzug von 3,5 % des Anlagekapitals vorgenommen. Steuerobjekt war das aus den im Gesetz genannten Einkom-
mensquellen (Quellentheorie): Kapitalvermögen, Grundvermögen, Handel und Gewerbe sowie gewinnbringende
Beschäftigung (geistige und körperliche Arbeit), fließende
Einkommen, von dem gewisse Ausgaben, vor allem Werbungskosten und Schuldzinsen abgezogen wurden. Dem
Gesichtspunkt der personenbezogenen Besteuerung wurde
weiterhin durch Gewährung eines Existenzminimums (900
Mk) und von Kinderabzügen Rechnung getragen sowie
durch Anwendung eines progressiven Stufenbetragstarifs,
der bis zu einem Einkommen von 100 000 Mk progressiv
verlief und dann proportional wurde, bei einer maximalen
Durchschnittsbelastung von 4 %. Für Steuerpflichtige mit
einem Einkommen von über 3000,— Mk bestand Dekla-

rationspflicht. Im Jahre 1909 wurde ein Staatssteuerzu-
schlag eingeführt, wodurch die Höchstsätze für physische
Personen auf 5 %, bei Aktiengesellschaften usw. auf 6 %
anstiegen. Dazu kamen Gemeindezuschläge. Sie betrugen
vor dem Ersten Weltkrieg im Durchschnitt 180 % von der
Steuer ohne Staatszuschläge. Infolge unterschiedlicher Höhe
der Zuschläge konnte die Belastung in den Gemeinden
recht unterschiedlich sein und somit Abstoß- oder An-
ziehungswirkungen (Steueroasen) gerade von für die
Finanzkraft einer Gemeinde wichtigen einkommenstarken
Bürgern ausüben.

Die Einführung einer *Reichs*einkommensteuer ist schon
zur Zeit der Reichsgründung im Gespräch gewesen, wurde
von Wissenschaftlern wie Adolph Wagner gefordert, dann
von den Sozialdemokraten und Freisinnigen. Solche Pläne
kamen jedoch wegen der Opposition der Bundesstaaten
gegen direkte Reichssteuern überhaupt und aus innenpoli-
tischen Gründen — auch Bismarck war ein erklärter Geg-
ner der Einkommensbesteuerung — nicht zum Zuge. Es ist
zu vermerken, daß erst im Jahre 1913 bei dem aus besonderem Anlaß neuer Heeresvorlagen beschlossenen einmaligen Wehrbeitrag zum erstenmal u. a. auch das Einkommen
als Steuermaßstab Eingang in ein Reichssteuergesetz gefunden hat.

Erst nach dem Ersten Weltkrieg wurde die Finanzhoheit
auf dem Gebiet der Einkommensteuern von den Staaten,
nunmehr Ländern, auf das Reich übertragen; die Länder
wurden aber am Ertrage der Steuer beteiligt. Durch das
unter Erzberger eingeführte erste Reichseinkommensteuer-
gesetz vom 29. 3. 1920 wurde, in Annäherung an die Reinvermögenszugangstheorie, der Einkommensbegriff weiter
ausgelegt. Bei einzelnen Einkunftsarten, so beim Lohnein-
kommen und beim Kapitalertrag (zeitweilig besondere
Steuer) wurde das Quellenabzugsverfahren nach englischem
Muster angewandt. Die Belastung wurde mit Sätzen von
10—60 % beträchtlich erhöht. Steuersubjekt der Einkommensteuer waren nunmehr nur noch physische Personen,
während die Einkommen nichtphysischer Personen durch

eine besondere Körperschaftsteuer (Gesetz vom 30. 3. 1920),
ohne Rücksicht auf eine Doppelbesteuerung, belastet wurden. Der Steuersatz betrug zunächst 10 % des Einkommens
zuzüglich eines Zuschlages von 2—10 % auf ausgeschüttete
Gewinne. Während der Inflationszeit wurden die Sätze
erhöht.

Nach der den Inflationswirren folgenden Stabilisie-
rungsära mit dem ihr eigenen Ausweichen auf Sollertrags-
steuerpraktiken folgte mit den Einkommen- und Körper-
schaftsteuergesetzen vom 10. 8. 1925 eine Neufassung der
Materie. Der Einkommensbegriff wurde nunmehr durch er-
schöpfendes Aufzählen der Einkommensarten bestimmt (Enumerationsprinzip). Der Einkommensteuertarif war in
Teilmengen gestaffelt (Stufengrenzsatztarif) mit Sätzen von
10—40 %, enthielt ein Existenzminimum sowie steuerfreie
Einkommensteile und berücksichtigte Familienstand und besondere wirtschaftliche Verhältnisse des Zensiten. Für
nichtphysische Personen galt einheitlich ein Körperschaft-
steuersatz von 20 % ohne Zuschläge auf ausgeschüttete Gewinne.

Während der Weltwirtschaftskrise wurde — rückschau-
end vielfach als „Parallelpolitik" verurteilt — durch Kri-
sensteuern die Belastung verschärft. Im Jahre 1934 wurden
die Einkommensteuergesetze neu gefaßt. Nachdem bereits
vor dem zweiten Weltkriege die Körperschaftsteuer wegen
einer zumindest äußerlich gezeigten Animosität des NS-Regi-
mes gegenüber dem „anonymen" Kapital erhöht worden
war, erfolgte während des Krieges eine Verschärfung der Einkommensbesteuerung durch Kriegszuschläge und Sondervorschriften, denen sich nach der Besetzung Deutschlands weitere äußerst schwere Belastungen anschlossen. So sind durch
die Kontrollratsgesetzgebung einerseits eine Reihe von Vergünstigungen, die bestimmten wirtschafts- und bevölke-
rungspolitischen Zielsetzungen entsprachen, abgeschafft worden, andererseits sind zur Abschöpfung überschüssiger
Kaufkraft die Einkommensteuersätze derart erhöht worden, daß nahezu eine konfiskatorische Wirkung eintrat. Der
Einkommensteuertarif war in Teilmengen gestaffelt und

führte zu Grenzsteuersätzen bis zu 95 %/o des steuerpflichtigen Einkommens. Bei der Körperschaftsteuer wurden, je nach der Höhe des Einkommens, unterschiedliche Sätze von 35 %/o—65 %/o angewandt. Mit schrittweiser Übernahme der Finanzhoheit sind in der Bundesrepublik Deutschland seit 1949 zunächst eine Reihe von Sondervergünstigungen zur Förderung des wirtschaftlichen Wiederaufbaus durch Spar- und Investitionsanreize und später, bei gleichzeitigem teilweisem Abbau der Vergünstigungen, Tarifsenkungen eingeführt worden.

c) Frankreich

In Frankreich ist die Entwicklung anders verlaufen. Man mag meinen, daß den Grundsätzen der französischen Revolution, nach denen jeder Staatsbürger „en raison de ses facultés" besteuert werden sollte, die Hinwendung zur persönlichen Einkommensteuer entsprochen hätte. Zu ihrer Einführung kam es jedoch zunächst nicht, vielmehr wurde ein System von Ertragsteuern entwickelt (Grundsteuer, Personal-Mobiliarsteuer, Gewerbesteuer, Tür- und Fenstersteuer), die vorzüglich nach äußeren Merkmalen berechnet wurden. Versuche, wie insbesondere bei der Personal-Mobiliarsteuer, sie durch eine Durchsetzung mit subjektiven Momenten besser der persönlichen Leistungsfähigkeit anzupassen, führten nicht zum Ziele. Von der Linken wurde zwar immer wieder die Einführung einer progressiven Einkommensteuer gefordert, so vor allem nach den Revolutionen von 1848 und 1871, ohne aber Erfolg zu haben. Erst kurz vor dem ersten Weltkriege (Juli 1914) und im Kriege selbst (1917) sind erste Schritte zu einer personellen Einkommensteuer getan worden durch die Einführung einer „Globalsteuer" (Impôt général sur le revenu), die als „Dachsteuer" auf ein System von z. T. neuen Ertragsteuern (acht sog. Schedulensteuern) gesetzt wurde und die personellen Umstände des Zensiten weitgehend berücksichtigen sollte. Durch eine Reform im Jahre 1948 wurde dieses Steuersystem beseitigt und durch zwei nebeneinander erhobene Einkommensteuern ersetzt. Es handelt sich da-

bei um eine „taxe proportionnelle", die die einzelnen Einkommensarten traf, und die „surtaxe progressive", eine
der Proportionalsteuer überlagerte Abgabe, die das Gesamteinkommen mit progressiven Sätzen erfaßte. Inzwischen hat man jedoch die Abkehr von dem alten Ertragsteuersystem noch weitergetrieben. Durch das Gesetz vom
28. 12. 1959 wurde die Proportionalsteuer abgeschafft; als
Übergangslösung wurde aus einnahmepolitischen Gründen
eine ebenfalls proportionale „taxe conplémentaire" eingeführt, deren Sätze aber im Laufe der Jahre herabgesetzt
wurden. Nach der geplanten Abschaffung dieser Steuer
wird es in Frankreich nur noch eine einheitliche, progressiv
gestaffelte Einkommensteuer geben. Die Besteuerung der
Körperschaften erfolgt seit 1948 durch eine besondere proportionale Körperschaftsteuer.

d) Großbritannien

In Großbritannien wurde bereits im Jahre 1799 durch
den jüngeren Pitt eine „Income Tax" als Kriegssteuer
eingeführt. Sie sollte das in der Person des Empfängers
aus verschiedenen Quellen zusammengefaßte Gesamteinkommen unter Berücksichtigung von Schulden und personellen Verhältnissen belasten. Technische Grundlage bildete
eine Deklaration des Steuerpflichtigen. Die Möglichkeit zur
Kontrolle der Deklaration war jedoch äußerst beschränkt,
so daß die Steuer infolge geringer Steuermoral ein Miß-
erfolg wurde; sie wurde 1802 wieder aufgehoben. Nach
Wiederausbruch der Feindseligkeiten griff Addington
1803 auf die Einkommensbesteuerung zurück, die jetzt in
der Form eines Ertragsteuersystems mit Einkommensteuer-
momenten auftrat und bei der die Besteuerung der in fünf
Schedulen (A bis E) aufgeführten Einkommensarten an der
Quelle (stoppage at source) eingeführt wurde, eine Regelung, die auch heute noch wesentliches Moment der engli-
schen Einkommensteuertechnik ist. Nach vorübergehender
Aufhebung der Steuer mit Beendigung der napoleonischen
Kriege wurde die Einkommensteuer 1842 von Peel wieder
eingeführt. Während die englische Einkommensteuer, abge-

sehen von Existenzminimum, Kürzungen für niedrige Einkommen und der seit 1907 bestehenden Unterscheidung zwischen (geringer belastetem) earned und unearned income bis dahin keine offene Progression kannte, brachte die 1910 durch Lloyd George eingeführte Super Tax eine Änderung insofern, als nunmehr höhere Einkommen einer besonderen, bis 1914 proportionalen, dann progressiven Steuer unterworfen wurden. Noch heute besteht die englische Einkommensbesteuerung aus einer „Normalsteuer" auf alle steuerpflichtigen Einkommen und einer progressiven „Übersteuer", die zusätzlich die einen bestimmten Betrag übersteigenden Einkommen belastet. Der Tarif der „Normalsteuer" ist durch Einfügung ermäßigter Sätze für niedrige Einkommen zu einem progressiven Stufengrenzsatztarif umgestaltet worden. Vor Anwendung des Tarifs können bei der „Normalsteuer" und im beschränkten Maße auch bei der „Übersteuer" persönliche Freibeträge und Abzüge geltend gemacht werden.

Das Einkommen aller Gesellschaften mit Ausnahme der Personengesellschaften wurde ab 1947 neben der weiterhin bestehenden Belastung durch die standard rate der Income Tax (höchster Satz der Normalsteuer) mit einer besonderen Profits Tax belegt, die bei Gewinnen ab 2000 Pfund erhoben wurde. Der Steuersatz war proportional und zwar seit 1958 einheitlich für ausgeschüttete und nicht ausgeschüttete Gewinne. Durch variable Abzugsbeträge kam bei Gewinnen bis zu 12 000 Pfund eine indirekte Progression zustande. Eine einschneidende Änderung erfolgte 1965 mit der Einführung einer Körperschaftsteuer (corporation tax). Während die Gesellschaften bisher zur Income und Profits Tax mit der Gesamtheit ihrer Gewinne herangezogen wurden, ohne daß eine weitere Besteuerung bei den Gesellschaftern erfolgte, unterliegen nunmehr die Gewinne der Gesellschaften der Körperschaftsteuer. Daneben werden die den Gesellschaftern zugeflossenen Gewinne durch die Income Tax betroffen.

e) Vereinigte Staaten von Amerika

In den Vereinigten Staaten wird seit 1913 — bereits vorher in den Bundesstaaten — eine Bundeseinkommensteuer erhoben (income tax). Der heutige progressive Einkommensteuertarif ist in Teilmengen gestaffelt (Stufengrenzsatztarif). Bemessungsgrundlage bildet das steuerpflichtige Gesamteinkommen, das sich aus den Roheinnahmen abzüglich Betriebsausgaben bzw. Werbungskosten und unter Berücksichtigung von Freibeträgen sowie persönlichen Ausgaben ergibt. Neben der Bundeseinkommensteuer werden in den einzelnen Bundesstaaten Einkommensteuern erhoben. Diese einzelstaatlichen Einkommensteuern sind von der Bundeseinkommensteuer abzugsfähig.

Als Körperschaftsteuer (income tax on corporations) wird neben einer proportionalen allgemeinen Steuer (normal tax) zusätzlich eine ebenfalls proportionale Zuschlagsteuer (surtax) für Gewinne von mehr als 25 000 $ erhoben. Darüber hinaus werden in den meisten Bundesstaaten nach sehr unterschiedlichen Grundsätzen die Kapitalgesellschaften mit weiteren Körperschaftsteuern belastet. Erwähnenswert bleibt die steuerrechtliche Regelung bezüglich amerikanischer Auslandsgesellschaften. wonach bereits seit 1937 unter bestimmten engen Voraussetzungen und durch den Revenue-Act von 1962 in erweitertem Umfang einer Steuervermeidung durch Gewinnverlagerung in ausländische Tochtergesellschaften mit Hilfe eines „steuerlichen Durchgriffs" auf die in den ausländischen Gesellschaften thesaurierten Gewinne begegnet wird. Das bedeutet, daß dem amerikanischen Aktionär in diesen Fällen auch die nicht verteilten Gewinne der ausländischen Gesellschaft als fiktives Einkommen zugerechnet werden.

f) Sowjetunion

In der Sowjetunion ist die Einkommensteuer von geringer fiskalischer Bedeutung, sie hat dafür aber eine bedeutende ordnungspolitische Funktion. Bei den natürlichen Personen besteht neben der Einkommensteuer der „städtischen" Bevölkerung eine besondere Einkommensteuer für

Kolchosbauern und Bauern (Agrarsteuer). Alle Einkommensbezieher, die nicht der Agrarsteuer unterliegen, werden in verschiedene soziale Kategorien eingeordnet. Die Steuersätze sind entsprechend den sozialen Kategorien und nach der Höhe der Einkommen differenziert, und zwar dergestalt, daß die steuerliche Belastung von Gruppe zu Gruppe und innerhalb der Gruppen mit steigendem Einkommen wächst. Auch das System der Steuervergünstigungen ist so aufgebaut, daß weitgehend nur die „unteren" sozialen Kategorien (insbesondere die Arbeiter und Angestellten) und großen Familien davon profitieren. Der Agrarsteuer unterliegen alle Einkommen, die aus den Nebenwirtschaften der Kolchosbauern, der Arbeiter und Angestellten sowie aus den Einzelbauernwirtschaften fließen. Bemesungsgrundlage ist die anbaufähige Bodenfläche, und zwar ohne Rücksicht darauf wie der Boden bearbeitet und welches Hausvieh gehalten wird (Sollsteuer). Die Steuersätze sind nach Republiken und Regionen, Fruchtbarkeit des Bodens, Zugang zum Markt u. a. differenziert. Der Steuersatz der Einzelbauern übertrifft den der übrigen landwirtschaftlichen Einkommensbezieher um 100 %. Nach sozialen Gesichtspunkten gestaffelte Steuervergünstigungen werden auch hier gewährt. Dazu treten steuerliche Vergünstigungen, die Anreiz zur Entfaltung bestimmter politisch erwünschter ökonomischer Aktivitäten (z. B. Ansiedlung in Randgebieten der USSR) sein sollen. Eine in der Ära Chrustschow 1960 begonnene Einkommensteuerreform führte in den folgenden Jahren zu einem stufenweisen Abbau der Besteuerung der „städtischen" Bevölkerung in den „unteren" sozialen Kategorien. Ob damit der Anstoß zu einer schrittweisen und endgültigen Aufgabe einer Besteuerung der Einkommen erfolgt ist, bleibt abzuwarten. Die Agrarsteuer wurde in diese Reformmaßnahmen bisher nicht einbezogen.

Zu den auf Betrieben lastenden Einkommensteuern rechnet man die Einkommensteuer der genossenschaftlichen Betriebe und der Kolchosen. Die Betriebe der Konsum-, Gewerbe- und Invalidengenossenschaften sowie der gesellschaftlichen Organisationen unterliegen der Einkommensteuer genossenschaftlicher Betriebe. Die Bemessungsgrundlage bildet der Bilanzgewinn. Der Tarif ist für die Konsumgenossenschaften und gesellschaftlichen Organisationen proportional gestaltet. Die Gewerbe- und Invalidengenossenschaften werden nach einem wesentlich komplizierteren Tarif besteuert, der progressiv und nach Rentabilitätsgraden (Gewinn zu Selbstkosten in %) gestaffelt ist. Die Einkommensteuer der Kolchosen hat die um gewisse Abzüge bereinigten Bruttoeinnahmen als Bemessungsgrundlage. Der Tarif ist proportional gestaltet.

4. Die Steuern vom Einkommen in der Bundesrepublik Deutschland

a) Einkommensteuer[1])

Derzeit gilt in der Bundesrepublik Deutschland das Einkommensteuergesetz in der Fassung vom 10. 12. 1965 (EStG 1965). Ferner sind Einkommensteuer-Durchführungsverordnung und Einkommensteuer-Richtlinien heranzuziehen.

α) *Steuersubjekt.* Das Gesetz unterscheidet zwischen unbeschränkter und beschränkter Steuerpflicht (§ 1). Unbeschränkt steuerpflichtig sind natürliche Personen, die im Inland einen Wohnsitz oder ihren gewöhnlichen Aufenthalt haben. Sie sind mit ihren sämtlichen in- und ausländischen Einkünften steuerpflichtig. Beschränkt steuerpflichtig sind natürliche Personen, die im Inland weder einen Wohnsitz noch ihren gewöhnlichen Aufenthalt haben. Sie versteuern nur ihre im Inland bezogenen Einkünfte.

β) *Steuerobjekt.* Die Einkommensteuer bemißt sich nach dem Einkommen, das der Steuerpflichtige innerhalb eines Jahres bezogen hat. Für die Ermittlung des Einkommens gilt seit 1925 das Enumerationsprinzip; es werden im Gesetz die steuerbaren Tatbestände aufgezählt. Einkommen ist (§ 2) der Gesamtbetrag der Einkünfte aus den einzelnen Einkunftsarten nach Ausgleich mit Verlusten, die sich aus den einzelnen Einkunftsarten ergeben, und nach Abzug

---

[1]) Die im folgenden genannten §§ beziehen sich, falls nicht anders vermerkt, auf das Einkommensteuergesetz.

der Sonderausgaben. Die sieben im Gesetz aufgezählten Einkunftsarten sind:

1. Einkünfte aus Land- und Forstwirtschaft,
2. Einkünfte aus Gewerbebetrieb,
3. Einkünfte aus selbständiger Arbeit,
4. Einkünfte aus nichtselbständiger Arbeit,
5. Einkünfte aus Kapitalvermögen,
6. Einkünfte aus Vermietung und Verpachtung,
7. sonstige Einkünfte aus wiederkehrenden Bezügen und gelegentlichen Leistungen, sofern sie nicht unter die Einkunftsarten 1 bis 6 fallen, und aus Spekulationsgeschäften.

Einkünfte sind bei den Einkunftsarten 1 bis 3 der *Gewinn*, bei den übrigen Einkunftsarten der *Überschuß der Einnahmen über die Werbungskosten*. *Verluste* einer Einkunftsart können, bei wenigen Ausnahmen, mit Gewinnen oder Einnahmeüberschüssen gleicher oder anderer Einkunftsarten ausgeglichen werden (Verlustausgleich). Die *Sonderausgaben* dagegen sind nur von der Gesamtheit der Einkünfte abzuziehen. Aus sozialen und Billigkeitsgründen sind eine Reihe von Einnahmen bzw. Teile von Einnahmen, die an sich unter eine der sieben Einkunftsarten fallen, von der Steuer *freigestellt* (§ 3), so z. B. Bezüge aus der Krankenversicherung, Arbeitslosenunterstützung, Kurzarbeitergeld und weitere 57 Positionen. Ferner sind solche Zinserträge von der Besteuerung befreit, die aus bestimmten, im Gesetz genannten Schuldtiteln insbesondere der öffentlichen Hand dem Zensiten zufließen, sowie Gewinnanteile und sonstige Bezüge aus Anteilen an gemeinnützigen Wohnungsbauunternehmungen (§§ 3a, 3b).

β_1) Der *Gewinn* wird durch Betriebsvermögensvergleich ermittelt, d. h. als Unterschiedsbetrag zwischen dem Betriebsvermögen am Schluß eines Wirtschaftsjahres und dem Betriebsvermögen am Schluß des vorangegangenen Wirtschaftsjahres, vermehrt um den Wert der Entnahmen und vermindert um den Wert der Einlagen. Als Betriebsvermögen gilt hier das Reinvermögen, d. i. die Summe der Vermögenswerte abzüglich der Schulden. Die Ermittlung des Gewinns durch Betriebsvermögensvergleich erfolgt entweder nach § 4,1 ohne oder nach § 5 einschließlich Einbeziehung von Grund und Boden des Anlagevermögens. Jeder Betriebs-Vermögensvergleich setzt eine Buchführung und eine Bilanz voraus.

Bei Land- und Forstwirten und bei Angehörigen freier Berufe, die nach § 161 Reichsabgabenordnung verpflichtet sind, Bücher zu führen oder regelmäßig Abschlüsse zu machen oder die dieses ohne Verpflichtung freiwillig tun, ist der Gewinn durch Betriebsvermögensvergleich nach § 4, 1 zu ermitteln (bei Land- und Forstwirten im Falle freiwilliger Buchführung nur auf Antrag). Die Buchführungs- und Abschlußpflicht setzt bei Überschreitung bestimmter Grenzen ein. Andernfalls wird bei Einkünften aus Land- und Forstwirtschaft eine Besteuerung nach Durchschnittssätzen (s. unter γ) oder durch Überschußermittlung (s. u.) vorgenommen. Zu erwähnen ist, daß Angehörige freier Berufe auch bei Überschreiten der genannten Grenzen bei der Ermittlung des Gewinns eine Wahlmöglichkeit, zwischen Betriebsvermögensvergleich und der Überschußermittlung, haben.

Gewerbetreibende, die zur Führung von Büchern und zu regelmäßigen Abschlüssen verpflichtet sind (Vollkaufleute), oder die dieses freiwillig tun, haben ihren Gewinn nach § 5 zu ermitteln.

Steuerpflichtige, die nicht zur Führung von Büchern verpflichtet sind und die auch keine Bücher führen, können nach § 4, 3 als Gewinn den Überschuß der Betriebseinnahmen über die Betriebsausgaben ermitteln. Hier handelt es sich insbesondere um kleinere Gewerbetreibende, Einzelhändler, Handwerker; Angehörige der freien Berufe können, wie bereits betont, auf jeden Fall diese Gewinnermittlungsart wählen.

Beim *Betriebsvermögensvergleich* ist die Frage der *Bewertung* von ausschlaggebender Bedeutung. Das Gesetz enthält hierüber allgemeine Bewertungsvorschriften. Es unterscheidet zwischen abnutzbaren Wirtschaftsgütern des Anlagevermögens auf der einen Seite und nicht abnutzbaren Anlagegütern und Umlaufgütern auf der anderen Seite und nennt für beide Arten unterschiedliche Bewertungsvorschriften.

Abnutzbare Wirtschaftsgüter des *Anlagevermögens* sind mit den Anschaffungs- oder Herstellungskosten abzüglich der Absetzungen für Abnutzungen (Abschreibungen)

anzusetzen. Die jährlichen Abschreibungen sind in der
Weise zu berechnen, daß die Anschaffungs- bzw. Herstellungskosten auf die Gesamtdauer der Verwendung oder
Nutzung des Wirtschaftsgutes verteilt werden. Seit 1958
kann bei den beweglichen Teilen des Anlagevermögens (ab
1965 in bestimmtem Umfange auch bei Gebäuden) zwischen gleichmäßiger Verteilung (lineare Abschreibung) und
einer Verteilung mit zunächst höheren, im Laufe der Zeit
fallenden Jahresbeträgen (degressive, z. B. digitale Abschreibung) gewählt werden, wobei allerdings gewisse
Höchstgrenzen zu beachten sind. Daneben können Absetzungen für außergewöhnliche technische oder wirtschaftliche Abnutzung vorgenommen werden. Eine weitere Möglichkeit, Wertminderungen zu berücksichtigen, die über die
in den Abschreibungen zum Ausdruck gebrachte Wertmin-
derung hinausgehen, liegt im Ansatz eines niedrigeren Teilwertes. Der Teilwert ist der Betrag, den ein Erwerber des
ganzen Betriebes im Rahmen des Gesamtkaufpreises für
das einzelne Wirtschaftsgut einsetzen würde; dabei ist davon auszugehen, daß der Erwerber den Betrieb fort-
führt (§ 6).

Nicht abnutzbare Anlagegüter und das *Umlaufsvermö-
gen* sind mit den Anschaffungs- bzw. Herstellungskosten
anzusetzen. Treten Wertminderungen ein, so können sie
auch hier durch Ansatz des niedrigeren Teilwertes berücksichtigt werden.

Neben diesen allgemeinen Bewertungsvorschriften enthält das Gesetz noch *Sonder*vorschriften zur Erzielung
bestimmter gesellschafts- und wirtschaftspolitischer Zielsetzungen. So wird z. B. (§ 7 a) Vertriebenen und rassisch Verfolgten für Wirtschaftsgüter, die bis zum 31. 12. 1958
angeschafft worden sind, eine zeitlich und größenmäßig begrenzte Bewertungsfreiheit zugestanden. In den ersten Jahren nach der Gründung der Bundesrepublik Deutschland
sind ferner aus wirtschaftspolitischen Gründen Steuervergünstigungen durch Bewertungsvorschriften wiederein-
geführt bzw. erweitert worden (§§ 7 b ff.), um trotz schar-
fer tariflicher Belastung dennoch Anreize für die wirtschaft-

liche Aktivität zu belassen, insbesondere für solche Aktivitäten, die aus wirtschaftsstrukturellen Gründen erwünscht erschienen wie Wohnungsbau, Schiffsbau, Bau von industriellen und landwirtschaftlichen Gebäuden usw. Der Vorteil der Vorschriften, welche die Bewertungsfreiheit erweiterten, besteht für die Zensiten darin, daß sie Abschreibungen steuerlich vorweg in Ansatz bringen dürfen, die vom ökonomischen Gesichtspunkt her erst spätere Perioden betreffen. Da die vorweggenommenen Abschreibungen später fehlen, wird um denselben Betrag, um den der gegenwärtige Gewinn niedriger ausgewiesen wird, der zukünftige Gewinn höher ausgewiesen: Die Vorwegnahme von Abschreibungen hat also eine Gewinnverlagerung zur Folge. Die Kürzung des gegenwärtigen Gewinns bedeutet, daß liquide Mittel, die sonst als Steuer hätten abgeführt werden müssen, dem Betrieb für die Dauer der Gewinnverlagerung zur Verfügung stehen. Der Zensit erzielt neben dem möglichen Liquiditätsvorteil einen Zinsvorteil, da der Betrag der nicht abgeführten Steuer in der Wirkung einem zinslosen Kredit gleichkommt.

Darüber hinaus sind aber durch die Gewinnverlagerung noch weitere Steuervorteile zu erzielen, einmal dadurch, daß infolge der Nivellierung der Gewinne die hohen Grenzsteuersätze der progressiven Steuer vermieden werden, zum anderen dann, wenn in der Zukunft die Tarife ermäßigt werden, was im Trend der letzten Jahre der Fall war. — Soweit durch die genannten Sondervorschriften dem Zensiten endgültige Steuervorteile erwachsen, erfüllt ihre Nutzung die Charakteristika der Steuervermeidung, die im vorliegenden Falle aus wirtschaftspolitischen Gründen ermöglicht wurde.

Diese Steuervergünstigungen sind stets seitens solcher Finanztheoretiker bekämpft worden, die das Neutralitätspostulat in den Vordergrund stellen, da sie als Sondervorschriften nur bestimmten Einkommenskategorien zugute kämen. Schrittweise ist in den letzten Jahren mit der Senkung der Steuersätze auch eine Aufhebung eines erheblichen Teiles der Steuervergünstigungen erfolgt.

β_2) Der *Überschuß der Einnahmen über die Werbungskosten* (Einkunftsarten 4 bis 7) wird wie folgt ermittelt: *Einnahmen* sind (§ 8) alle Güter, die in Geld oder
Geldeswert bestehen und dem Steuerpflichtigen im Rahmen
der genannten Einkünfte *zufließen.* Der Begriff des „Zu-
fließens" hat insofern eine einkommens- und sozialpoliti-
sche Bedeutung, als damit kein „Gestaltungsprivileg" wie
bei der Gewinnermittlung verbunden ist; bei der Gewinnermittlung kann durch Bewertungsmaßnahmen, Perioden-
abgrenzung (Rückstellungen und ihre Auflösung) wie auch
durch Verschiebung der Grenzen zwischen betrieblichen
und persönlichen Ausgaben das Einkommen in gewissem
Maße „manipuliert" werden, nicht aber bei der Über-
schußrechnung, denn weder die Definition der Einnahmen
noch der Werbungskosten lassen eine Gestaltung des steuerpflichtigen Einkommens zu. Zu beachten ist, daß seit 1965
bei den Einkünften aus nichtselbständiger Arbeit ein Ar-
beitnehmerfreibetrag von 240,— DM jährlich abzugsfähig ist.

Werbungskosten (§ 9) sind Aufwendungen zur Erwer-
bung, Sicherung und Erhaltung der Einnahmen. Sie sind
bei der Einkunftsart abzuziehen, bei der sie entstanden sind,
d. h. mit der sie wirtschaftlich zusammenhängen. Die wichtigsten Werbungkosten sind Schuldzinsen, Grundsteuern
und sonstige öffentliche Lasten, Beiträge zu Berufsständen
und -verbänden, Fahrgelder zwischen Wohnung und Ar-
beitsstätte, Aufwendungen für Arbeitsmittel und Abschreibungen für Abnutzung und Substanzverringerung. Abschreibungen haben praktische Bedeutung vor allem bei den
Einkünften aus Vermietung und Verpachtung. Für einzelne
Einkunftsarten können die Werbungskosten ohne besonderen Nachweis als Pauschbeträge, deren Höhe gesetzlich festgelegt ist, abgesetzt werden.

β_3) Die sogenannten „*Sonderausgaben*" (§ 10) sind nach
Ermittlung der einzelnen Einkunftsarten und deren Verlustausgleich vom Gesamtbetrag der Einkünfte abzuziehen.
Als Sonderausgaben werden bestimmte Ausgaben bezeichnet, die weder zu den Werbungskosten noch zu den Be-

triebsausgaben gehören. Sie sind ihrer Natur nach Aufwendungen, die in der Regel eine Verwendung des Einkommens darstellen und deshalb bei der Einkunftsermittlung nicht berücksichtigt werden könnten, wenn ihre Abzugsfähigkeit nicht ausdrücklich zulässig wäre.

Bei den Sonderausgaben sind zwei Kategorien zu unterscheiden: *Unbeschränkt* abzugsfähig sind z. B. gezahlte Kirchensteuern und Vermögensteuern. Ihrer Höhe nach nur *beschränkt* abzugsfähig dagegen sind z. B. Versicherungsprämien und Bausparkassenbeiträge. Es soll zwar ein Anreiz zum längerfristigen Sparen gegeben, dabei aber eine allzu starke Begünstigung der Einkommensstarken vermieden werden[1]).

Neben den Sonderausgaben des § 10 werden weitere Vergünstigungen (§§ 10 a ff.) eingeräumt, die in gleicher Weise wie die Sonderausgaben behandelt werden, d. h. von der Summe der Einkünfte abzuziehen sind. Hierzu rechnet neben begrenzten Begünstigungen des nicht entnommenen Gewinns bei Vertriebenen und Verfolgten und Aufwendungen für steuerbegünstigte Zwecke auch der sogenannte Verlustabzug. Danach können heute die Verluste der letzten 5 Jahre „wie Sonderausgaben" behandelt werden. Damit ist dem Durchschnittsprinzip (vgl. oben 1, b, α_2) in gewissem Sinne Eingang verschafft worden.

γ) *Steuererhebung.* Als Steuererhebungsverfahren kennt das deutsche Einkommensteuerrecht vor allem die Veranlagung und das Steuerabzugsverfahren, daneben aber auch die Verbrauchsbesteuerung, die Besteuerung nach Durchschnittssätzen und die Schätzung nach § 217 AO. Die *Veranlagung* erfolgt auf der Grundlage einer nachprüfbaren Steuererklärung nachträglich für ein Kalenderjahr; wäh-

---

[1]) Eine steuerliche Begünstigung durch eine Minderung der Steuerbemessungsgrundlage wirkt sich bei Zensiten mit geringer steuerlicher Belastung kaum oder gar nicht aus. Um auch diesen Personenkreis besonders zu fördern, ermöglicht das Wohnungsbau-Prämiengesetz in der Fassung vom 25. 8. 1960 eine wahlweise Inanspruchnahme von staatlichen Prämienzahlungen an Bausparer (maximal 400,— DM jährlich, bei nach Kinderzahl gestaffelten Sparbeträgen). — Nach dem Auslaufen der steuerlichen Begünstigung des Konten- und Wertpapiersparens im Rahmen des § 10 EStG wurde durch das Gesetz über die Gewährung von Prämien für Sparleistungen (Spar-Prämiengesetz) vom 5. 5. 1959 eine neue Form der Begünstigung des Sparens geschaffen.

rend des laufenden Jahres erfolgen vierteljährliche Vorauszahlungen aufgrund der bei der letzten Veranlagung er-
mittelten Steuerschuld. Das Finanzamt kann die Vorauszahlungen der Steuerschuld anpassen, die sich für den laufenden Veranlagungszeitraum voraussichtlich ergeben wird.
Das *Steuerabzugsverfahren* durch Besteuerung an der
Quelle wird bei Einkünften aus nichtselbständiger Arbeit
(Lohnsteuer) sowie bei bestimmten inländischen Kapital-
erträgen (Kapitalertragsteuer) angewendet; ferner unterliegen bei beschränkt Steuerpflichtigen dem Steuerabzug
die Aufsichtsratvergütungen (Aufsichtsratsteuer) sowie Einkünfte z. B. aus künstlerischer Tätigkeit, aus Urheber-
rechten, Patenten u. dgl. Die *Kapitalertragsteuer* trägt ob-
jektsteuerartige Züge, da der Steuerabzug (Sätze von 25 %
bzw. 30 %) ohne Rücksicht auf die persönlichen Verhältnisse des Steuerschuldners erfolgt. Allerdings wird die ein-
behaltene Steuer bei der Einkommensteuerveranlagung angerechnet, in einigen Fällen jedoch nur auf Antrag. Sehr
umstritten ist die besondere Kapitalertragsteuer für ausländische Besitzer inländischer festverzinslicher Wertpapiere (sog. Kuponsteuer). Sie wird insoweit erstattet, als
sich dieses aus den bestehenden Doppelbesteuerungsabkom-
men ergibt. Erfolgt in den Fällen, in denen *Lohnsteuer* erhoben wird, nachträglich eine Veranlagung, so sind die an
der Quelle einbehaltenen Beträge anrechenbar, d. h. sie
mindern den noch zu zahlenden Einkommensteuerbetrag.
Im übrigen ist auf den *Lohnsteuerjahresausgleich* hinzuweisen. Die Lohnsteuerentrichtung ist an die Höhe des im
jeweiligen Lohnzahlungszeitraum (Monat, Woche, Tag)
gezahlten Arbeitslohnes gebunden. Da sich aber die für das
ganze Kalenderjahr zu leistende Lohnsteuer nach der Jah-
reslohnsteuertabelle bemißt, ist es möglich, daß ein Arbeitnehmer im Laufe des Jahres mehr Lohnsteuer entrichtet
hat, als sich aus der Jahrestabelle ergibt. Wird der Arbeitnehmer nicht veranlagt, dann setzt der sog. Lohsteuer-
jahresausgleich ein. Dieser führt nur in Ausnahmefällen zu
einer Steuernachforderung, in der Regel dagegen zu Steuer-
rückzahlungen, nämlich dann, wenn das Einkommen wäh-

rend des Jahres geschwankt hat. In diesem Fall sind dem
Arbeitnehmer in Zeiten höheren Einkommens wegen der
— auch bei niedrigem Einkommen nach Überschreitung der
Steuerfreibeträge zumindest einsetzenden indirekten —
Progression höhere Steuerabzüge auferlegt worden, als sie
bei einer Berechnung nach dem durchschnittlichen Jahres-
einkommen erwachsen würden. Vgl. das oben (1, b, a_2)
zum Problem des Ausgleichs hoher Spitzenbelastungen genannte Durchschnittsprinzip.

Unter bestimmten Voraussetzungen kann eine Besteuerung nach dem *Verbrauch* vorgenommen werden, sie ist
jedoch praktisch ohne große Bedeutung.

Für die Ermittlung des Gewinns aus Land- und Forstwirtschaft, aus Gewerbebetrieb oder aus selbständiger Arbeit sowie für die Ermittlung der Einkünfte aus Vermietung und Verpachtung können durch Rechtsverordnung
Durchschnittssätze aufgestellt werden. Die Besteuerung
nach Durchschnittssätzen hat praktische Bedeutung erlangt
für Einkünfte aus Land- und Forstwirtschaft und für die
Bemessung des Nutzungswertes der Wohnung im eigenen
Einfamilienhaus. Gegen erlassene Durchschnittssätze kann
nicht eingewandt werden, daß sie zu hoch festgesetzt sind,
im Gegensatz zu den Richtsätzen, die als Anhalt für die
Gewinnschätzung im Falle nicht ordnungsmäßiger Buchführung und als Kontrollmittel dienen.

δ) *Steuertarif.* Der Tarif der Einkommensteuer ist progressiv. Nach Überschreiten eines steuerfreien Bereichs
(Steuerfreibeträge) treten mit wachsendem Einkommen zunächst ein linearer (d. h. indirekte Progression), dann drei
kurvenförmige Bereiche (d. h. direkte Progression) auf, die
dann wiederum in einen linearen Bereich ausmünden, bei
dem der Grenzsteuersatz konstant ist und der Durchschnittssteuersatz sich diesem bei $X \to \infty$ annähert (vgl. Band II,
VI, § 4, 3 c, β). Dem Tarif liegen derzeit folgende — hier
auf einheitliche Größen des Einkommens umgerechnete —
abschnittweise geltende Formeln zugrunde, in denen X das
steuerrechtlich relevante (abgerundete) Einkommen und T
den Steuerbetrag bezeichnen:

(1) Bei Einkommen von 1680,— DM bis 8009,— DM:
     $T = 0,19 \cdot (X - 1680)$
(2) Bei Einkommen von 8010,— DM bis 29 999,— DM:
     $T = 1201 + 0,19 \cdot (X - 8000) + 7764 \cdot 10^{-9} \cdot (X - 8000)^2$
     $- 86 \cdot 10^{-12} \cdot (X - 8000)^3$
(3) Bei Einkommen von 30 000 — DM bis 77 999,— DM:
     $T = 8223 + 0,407 \cdot (X - 30\,000) + 1820 \cdot 10^{-9} \cdot$
     $(X - 30\,000)^2 - 12 \cdot 10^{-12} \cdot (X - 30\,000)^3$
(4) Bei Einkommen von 78 000,— DM bis 110 039,— DM:
     $T = 6358 + 0,382 \cdot (X - 24\,000) + 1572 \cdot 10^{-9} \cdot$
     $(X - 24\,000)^2 - 6 \cdot 10^{-12} \cdot (X - 24\,000)^3$
(5) Bei Einkommen von 110 040,— DM an:
     $T = 0,53 \cdot X - 11\,281$

     (Zur graphischen Darstellung des Tarifs vgl. Abb. 1)

Vor Anwendung der aus Formeln entwickelten Steuer-
tabelle[1]) können gegebenenfalls weiterhin Kinderfreibe-
träge, Freibeträge für Alleinstehende und Altersfreibeträge
abgezogen werden. Für Einkünfte aus West-Berlin ermäßigt sich nach dem Berlinhilfegesetz (BHG 1964)
unter bestimmten Voraussetzungen die Einkommensteuer
um 30 %.

Im Zusammenhang mit der Anwendung des Steuertarifs
ist noch die Neuregelung der *Ehegattenbesteuerung* durch
die Steuerreform von 1958 zu erwähnen. Die bis zu diesem Zeitpunkt praktizierte Haushaltsbesteuerung wurde
vom Bundesverfassungsgericht als Verstoß gegen das Grundgesetz bezeichnet. Deshalb mußte eine Neuregelung getroffen werden, die eine Annäherung an das amerikanische
„Splitting"-Verfahren brachte. Die Einkommen der Ehegatten werden zunächst addiert und dann halbiert. Auf
den halbierten Betrag wird der Tarif angewendet. Der dafür aus der Tabelle abgelesene Steuerbetrag ergibt dann
mit 2 multipliziert die zu zahlende Steuer. Durch dieses
Verfahren wird die Progression gemildert. Neben dem

---

[1]) Aus tariftechnischen Gründen kommen in der Tabelle diese Formeln nur
als Folge kleiner Stufenbeträge zum Ausdruck. Vgl. Bd. II, Kap. VI, § 4, 4.

Splitting-Verfahren ist weiterhin die getrennte Veranlagung der Ehegatten möglich.

Für Einkünfte aus nichtselbständiger Arbeit ist die Lohnsteuertabelle, die auf dem Einkommensteuer-Tarif aufbaut, maßgebend. Ihre Besonderheit besteht darin, daß Freibeträge und Pauschbeträge für Werbungskosten und Sonderausgaben bereits eingearbeitet sind. Sind sie jedoch im Einzelfalle höher, so können sie dementsprechend geltend gemacht werden.

Bei sogenannten *außergewöhnlichen Belastungen* kann auf Antrag Steuerermäßigung gewährt werden (§ 33, vgl. auch § 33 a). Eine außergewöhnliche Belastung ist dann gegeben, wenn dem Steuerpflichtigen größere Aufwendungen als der Mehrzahl der Steuerpflichtigen gleicher Einkommens- und Vermögensverhältnisse zwangsläufig erwachsen, d. h. derart, daß er sich ihnen aus rechtlichen, tatsächlichen oder sittlichen Gründen nicht entziehen kann. Zu weiteren Begünstigungen vgl. die §§ 34 (außerordentliche Einkünfte), 34 a (Steuerfreiheit bestimmter Zuschläge zum Arbeitslohn), 34 b (außerordentliche Einkünfte aus Forstwirtschaft), 34 c (ausländische Einkünfte) und 34 d (Kapitalanlagen in Entwicklungsländern).

b) Körperschaftsteuer[1])

Derzeit gilt in der Bundesrepublik Deutschland das Körperschaftsteuergesetz (KStG) in der Fassung vom 24. 5. 1965, zuletzt geändert durch Gesetz vom 15. 9. 65. Ferner sind zu beachten Körperschaftsteuer—Durchführungsverordnung (KStDV) und Körperschaftsteuer—Richtlinien.

α) *Steuersubjekt.* Auch das Körperschaftsteuergesetz unterscheidet zwischen unbeschränkter und beschränkter Steuerpflicht, ähnlich wie das Einkommensteuergesetz. Unbeschränkt steuerpflichtig sind (§ 1) die folgenden Körperschaften, Personenvereinigungen und Vermögensmassen, deren Geschäftsleitung oder Sitz sich im Inland befinden:

---

[1]) Die im folgenden genannten §§ beziehen sich, falls nicht anders vermerkt, auf das Körperschaftsteuergesetz.

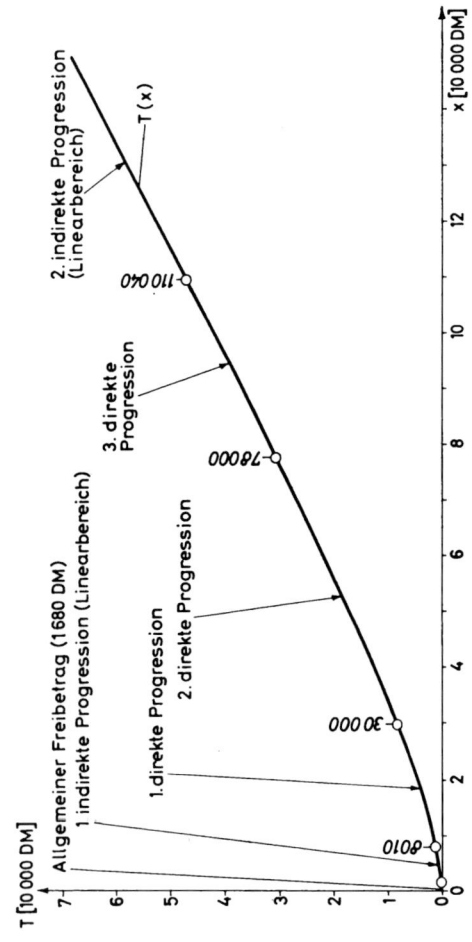

Abb. 1: Einkommensteuertarif 1965

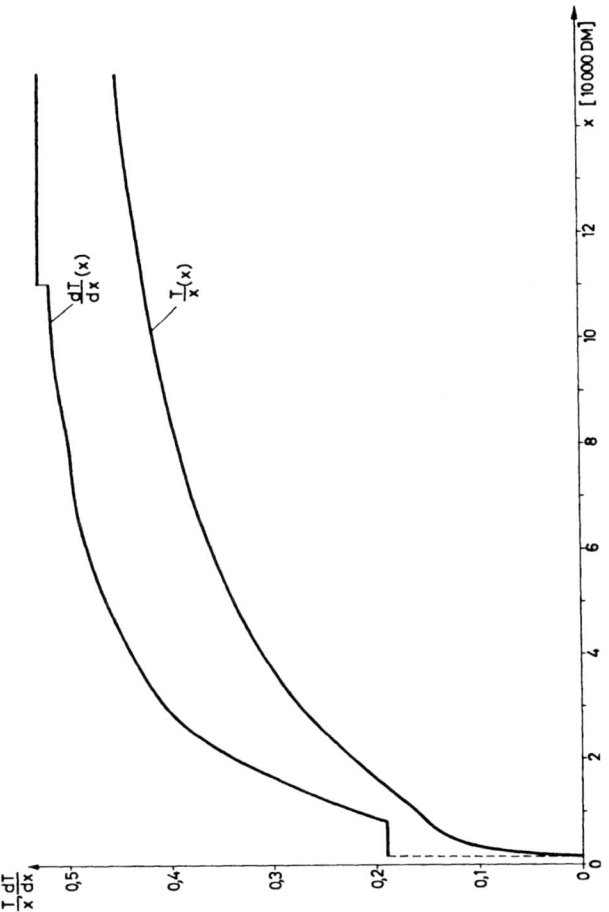

Kapitalgesellschaften, Erwerbs- und Wirtschaftsgenossenschaften, Versicherungsvereine auf Gegenseitigkeit, sonstige juristische Personen des privaten Rechts, nichtrechtsfähige Vereine, Anstalten, Stiftungen und andere Zweckvermögen, sowie Betriebe gewerblicher Art von Körperschaften des öffentlichen Rechts mit sämtlichen Einkünften. Beschränkt steuerpflichtig sind dagegen diejenigen, die weder ihren Sitz noch ihre Geschäffsleitung im Inland haben mit ihren inländischen Einkünften und solche, die nicht unbeschränkt steuerpflichtig sind, mit den inländischen Einkünften, von denen ein Steuerabzug zu erheben ist (§ 2).

Der § 4 bringt „persönliche" Befreiungen aus staatswirtschaftlichen und sozialen Gründen. Danach sind unter vielen anderen Bundespost und Bundesbahn, Deutsche Bundesbank, bestimmte andere Banken sowie unter bestimmten Voraussetzungen und mit gewissen Einschränkungen gemeinnützige Unternehmungen befreit. Diese Befreiungen sind jedoch nicht anzuwenden, soweit inländische Einkünfte dem Steuerabzug unterliegen (s. o.). Weiterhin gibt es eine Reihe von sachlichen Befreiungen (§§ 8 f.), die im Rahmen der Gewinnermittlung (objektive Steuerpflicht) zu behandeln sind.

β) *Steuerobjekt.* Was als Einkommen innerhalb des Kalenderjahres gilt, bestimmt sich nach den Vorschriften des Einkommensteuergesetzes und den §§ 7 bis 14 KStG. Als Selbstverständlichkeit hat zu gelten, daß auch sogenannte versteckte Gewinnausschüttungen wie unangemessen hohe Gehälter eines Gesellschafters, der als Geschäftsführer tätig ist, erfaßt werden (§ 19 KStDV).

Für die Ermittlung des Einkommens ist es ohne Bedeutung, ob das Einkommen verteilt wird oder nicht (§ 7). Weiterhin ist zu bemerken, daß bei Personenvereinigungen, bei politischen Parteien und Vereinen Mitgliederbeiträge usw. „sachlich" befreit sind (§ 8). Das ebenfalls hierher gehörende „Schachtelprivileg" soll bei der Behandlung des Steuertarifs besprochen werden. Im § 11 werden zusätzlich abzugsfähige Ausgaben (wie Kosten der Ausgabe neuer Aktien) genannt, während, anders als bei der Einkommensteuer, die Vermögensteuer als nicht abzugsfähig gilt (§ 12). Weitere Sondervorschriften betreffen vor allem die Liquidation (§ 14), die Fusion und die Umwandlung (§ 15).

γ) *Steuertarif*. Seit 1948 wurde für die meisten nichtphysischen Personen ein einheitlicher Satz von 50 %, seit dem 1. 1. 1951 ein Satz von 60 % angewendet. Mit Wirkung vom 1. 1. 1953 wurde ein sogenannter „gespaltener" Tarif eingeführt, der für ausgeschüttete Gewinne anstelle des „normalen" oder allgemeinen Steuersatzes einen Satz von 30 % brachte. Der niedrigere Satz für Ausschüttungen sollte die Gesellschaften anregen, Dividenden zu verteilen, wodurch wiederum die Nachfrage nach Aktien belebt werden sollte.

1955 wurde der allgemeine Satz auf 45 %, für bestimmte nichtphysische Personen auf 22,5 % gesenkt. Die Gesetzgebung von 1958 hat im Tarif einen einschneidenden Wandel geschaffen, durch den der Verschiedenheit der nichtphysischen Personen besser Rechnung getragen werden soll. Erkauft wurde das aber mit einer Komplizierung des bis dahin relativ einfachen Tarifs.

Die Vorschriften des § 19 unterscheiden zwischen folgenden Arten von steuerpflichtigen nichtphysischen Personen, bei denen jeweils auch unterschiedliche Sätze zur Anwendung gelangen:

1. Bei unbeschränkt steuerpflichtigen Kapitalgesellschaften nach § 19 Abs. 1 Ziff. 1, den sog. Publikumsoder Kapitalmarktgesellschaften, wird ein allgemeiner Satz von 51 % des Einkommens und ein ermäßigter Satz von 15 % für berücksichtigungsfähige ausgeschüttete Gewinne angewendet.

2. Bei unbeschränkt steuerpflichtigen Kapitalgesellschaften mit einem Vermögen unter 5 Millionen, deren Anteile vorzüglich natürlichen Personen gehören, den sog. personenbezogenen Kapitalgesellschaften nach § 19 Abs. 1 Ziff. 2, unterliegen die Einkommen einem Stufengrenzsatztarif, der bis DM 50 000 progressiv von 39 % bis 59 % steigt, mit einem maximalen

Durchschnittssteuersatz von 49 %, der dann als proportionaler Grenzsteuersatz für alle weiteren Beträge des Einkommens beibehalten wird. Für berücksichtigungsfähige ausgeschüttete Gewinne tritt eine Ermäßigung auf 26,5 % ein.

3. Für die übrigen Körperschaften, Personenvereinigungen und Vermögensmassen, wie Erwerbs- und Wirtschaftsgenossenschaften, öffentliche Versorgungsbetriebe usw., beträgt nach § 19 Abs. 1 Ziff. 3 die Körperschaftsteuer 49 % des Einkommens.

Ermäßigte Sätze gelten für die sog. *privilegierten* Unternehmen, z. B. Kreditanstalten des öffentlichen Rechts und private Bausparkassen.

Weiterhin werden Ermäßigungen nach dem Berlinhilfegesetz vom 19. 8. 1964 in der Fassung vom 17. 3. 1965 gewährt, soweit Körperschaften Geschäftsleitung und Sitz ausschließlich in Berlin (West) haben und zwar nur für die auf Einkünfte aus Berlin (West) entfallende Körperschaftsteuer. — Zu weiteren Steuerermäßigungen bei ausländischen Einkünften und Kapitalanlagen in Entwicklungsländern vgl. §§ 19a und 19b.

Bei der Anwendung des Tarifs ist die besondere Behandlung miteinander verschachtelter Gesellschaften zu beachten. Für sie gilt das sogenannte „Schachtelprivileg" (§ 9). Es bestimmt, daß in den Fällen, in denen z. B. eine Kapitalgesellschaft (Obergesellschaft) an einer anderen (Untergesellschaft) mit mindestens 25 % an deren Grund- oder Stammkapital unmittelbar beteiligt ist, die auf die Beteiligten entfallenden Gewinnanteile bei der Obergesellschaft außer Ansatz bleiben. Das Ziel dieser Regelung ist es, neben der ohnehin bestehenden Doppelbelastung (s. u. Problematik) nicht noch eine zusätzliche Besteuerung derselben Steuerbemessungsgrundlage eintreten zu lassen. Andererseits ist zu bedenken, daß dadurch die Verschachtelung gewissermaßen privilegiert, die Konzentration also gefördert wird.

Seit 1955 gilt allerdings nicht mehr völlige Befreiung, vielmehr (§ 9, 3) unterliegen die genannten, außer Ansatz bleibenden Gewinnanteile einer *besonderen Körperschaftsteuer* (Nachsteuer), die nach § 19,5 36 % beträgt, wenn die ausschüttende Kapitalgesellschaft zur obengenannten Gruppe 1, und 12,5 %, wenn sie darüber hinaus gleichzeitig zu den sogenannten privilegierten Gesellschaften gehört. Soweit also die ausschüttende Untergesellschaft selbst nicht den vollen Satz von z. B. 51 %, sondern nur 15 % des Einkommens bezahlt, hat die schachtelprivilegierte Obergesellschaft, falls und soweit sie die Gewinnausschüttung nicht weiter gibt, nochmals 36 % zu zahlen, so daß beide zusammen 51 % Körperschaftsteuer abführen.

Durch die Nachsteuer soll einmal vermieden werden, daß verflochtene Unternehmen durch Verlagerung der Gewinne einen niedrigeren als den allgemeinen Steuersatz in Anspruch nehmen, zum anderen, daß Schachtelgesellschaften besser gestellt werden als Organgesellschaften mit Gewinnausschluß- und Verlustübernahmevertrag, die ihr Einkommen mit dem allgemeinen Steuersatz versteuern müssen.

c) „Satellitensteuern"

Als Satellitensteuer sollen solche Steuern bezeichnet werden, die im Zusammenhang mit den Einkommensteuern erhoben werden, sei es in Form eines zusätzlichen Prozentsatzes vom Einkommen (Bemessungsgrundlage: Einkommen) oder als Zuschlag auf die Einkommensteuer (Bemessungsgrundlage: Einkommensteuer).

Kirchensteuern werden in Deutschland durch die Religionsgemeinschaften des öffentlichen Rechts von ihren Angehörigen erhoben. Die Höhe wird durch Umlagebeschluß bestimmt und schließt sich heute in Deutschland überwiegend der persönlichen Einkommensteuer derart an, daß von ihr ein bestimmter Prozentsatz als Kirchensteuer abzuführen ist. Als Bemessungsgrundlage werden gelegentlich auch Vermögen-, Grund-, seltener Gewerbesteuer gewählt. Daneben kommt noch eine „Kirchgeld" genannte kopfsteuerartige Abgabe vor. In süddeutschen Ländern wurden bis vor kurzem z. T. auch juristische Personen zur Kirchensteuer herangezogen, wobei Bemessungsgrundlage die Körperschaftsteuer war (nichtig durch Urteil des Bundesverfassungsgerichts vom 14. 12. 1965). Die Erhebung der Kirchensteuern wird in der Regel den staatlichen Finanzbehörden übertragen, die sie einziehen und an die Kirchen abführen.

Das „*Notopfer Berlin*" wurde vom Bund zur Finanzierung zusätzlicher Hilfeleistungen an Berlin erhoben. Abgabepflichtig waren natürliche Personen, Körperschaften, Personenvereinigungen und Vermögensmassen. Bemessungsgrundlage war für Arbeitnehmer der Lohn, für die veranlagten Personen, Körperschaften, Personenvereinigungen und Vermögensmassen der nach dem Einkommensteuergesetz bzw. Körperschaftsteuergesetz ermittelte Gewinn. Die Abgabe der Arbeitnehmer und der veranlagten natürlichen Personen wurde unter Berücksichtigung persönlicher Verhältnisse mit progressiven Sätzen erhoben. Körperschaften wurden mit einem einheitlichen Steuersatz belastet, wobei jedoch Mindestbeträge festgesetzt waren. Für natürliche Personen wird das „Notopfer Berlin" seit dem 5. 10. 1956 nicht mehr erhoben. Bei den Körperschaften wird es seit dem Veranlagungszeitraum 1958 nicht mehr gesondert, sondern durch die Körperschaftsteuer, deren Sätze entsprechend erhöht wurden, eingezogen. Bis zum 31. 3. 1956 wurde außerdem eine Abgabe auf Postsendungen erhoben.

Neben diesen bereits angewandten Satellitensteuern besteht die Möglichkeit, durch Zuschläge zur Einkommensteuer bestimmten Gebietskörperschaften zusätzliche Einnahmen zu verschaffen. So ist z. B. der Bund berechtigt, im Bedarfsfalle eine Ergänzungsabgabe zur Einkommensteuer zu erheben.

Weiterhin ist diskutiert worden, die gegenwärtige Finanznot der Gemeinden dadurch zu lindern, daß diese entweder eine eigene Gemeindeeinkommensteuer erheben oder zur Erhebung von gemeindlichen Zuschlägen zu der bestehenden allgemeinen Einkommensteuer ermächtigt werden, wie es z. B. bei der preußischen Einkommensteuer der Fall war. Beide Formen würden aber u. a. dem erklärten Ziel einer Gemeindefinanzreform, ausgleichend auf interkommunale Steuerkraftunterschiede zu wirken, nicht entsprechen.Im Gutachten über die Finanzreform in der Bundesrepublik Deutschland von 1966 ist daher eine Gemeindeeinkommensteuer vorgeschlagen worden, die die Gemeinden am örtlichen Aufkommen aus dem unteren linearen Bereich der staatlichen Lohn- und veranlagten Einkommensteuer beteiligen und ihnen das Recht einräumen soll, durch — allerdings begrenzte — Festsetzung von Hebesätzen ihren Anteil an der Einkommensteuer zu variieren. Dieser Vorschlag hat u. a. zumindest den Vorteil, nivellierend auf die gemeindlichen Steuerkraftunterschiede zu wirken.

5. Problematik der Einkommensbesteuerung

Hier sind einige der Probleme zu streifen, die insbesondere in den Jahren nach dem letzten Kriege diskutiert wurden.

a) Zu hohe Belastung

Zunächst ist auf die wiederholte Klage hinzuweisen, daß infolge hoher Steuerbelastung, insbesondere wegen der bei steiler Progression besonders hohen Grenzsteuersätze, die Anreize zu wirtschaftlichem Handeln übermäßig abgeschwächt würden, eine Meinung, die auch in anderen Ländern, insbesondere den Vereinigten Staaten und England, wegen hoher Steuerbelastung durch die Einkommensbesteuerung, vertreten worden ist. In diesem Zusammenhang sind zeitweilig gewisse ältere Ideen, die Ist-Gewinnbesteuerung durch eine Besteuerung mit Sollertragscharakter zu ersetzen, wieder aufgetreten; sie haben sich jedoch weder in der

Theorie, geschweige denn in der Praxis, tiefgreifend durch-
setzen können[1]).

b) Nichtneutrale Sondervergünstigungen

Gegen die steuerlichen Sondervergünstigungen der Einkommensteuergesetzgebung, die mit dem Ziel geschaffen
wurden, einmal in quantitativem Sinne eine Milderung der
hohen, in der Nachkriegszeit der deutschen Gesetzgebung
noch entzogenen Steuersätze zu bewirken, zum anderen
aber in qualitativer Sicht Vermeidungswirkungen in dem
Sinne möglich zu machen, ganz bestimmte wirtschaftliche
Vorhaben, z. B. strukturell erwünschte Investitionen, zu
fördern, ist immer wieder der Einwand vorgebracht worden, daß dadurch in zu starkem Maße die Betriebspolitik
der Unternehmungen nach steuerlichen Gesichtspunkten aus-
gerichtet worden wäre. Es ist jedoch zu bemerken, daß entgegen diesen, der Idee des Neoliberalismus folgenden Stimmen andere, politisch einflußreiche Interessengruppen den
Abbau der Sondervergünstigungen zu bremsen versuchten.

c) Dualismus Einkommensteuer — Körperschaftsteuer

Galt das bisher gesagte ganz allgemein für alle Einkommensteuern, die Betriebsgewinne belasten, so ist speziell der
Dualismus: Einkommensteuer — Körperschaftsteuer Objekt der Kritik gewesen:

α) Einmal in dem Sinne, daß sachlich ungerechtfertigt
eine *unterschiedliche Besteuerung* je nach der Rechtsform
des Betriebes Platz greife: Während die Gewinne aus Per-
sonalgesellschaften durch die persönliche Einkommensteuer
betroffen würden, so die der Kapitalgesellschaften durch
die Körperschaftsteuer. In dem einen Falle würden die
persönlichen Umstände (z. B. Familienstand) der Unternehmer berücksichtigt, in dem anderen Falle dagegen nicht.

---

[1]) Wenn auch bei der möglichen Ermittlung des Gewinns aus Land- und
Forstwirtschaft nach Durchschnittssätzen (vgl. oben, 4, a, γ) Sollsteuerelemente
faktisch auftreten, so liegen dabei jedoch vorzüglich erhebungstechnische
und belastungspolitische Motive vor.

β) Zum anderen ist kritisiert worden, daß die Gewinne der Kapitalgesellschaften einer *Doppelbesteuerung* (richtiger: Doppelbelastung) unterworfen würden: Einmal bei der Kapitalgesellschaft selbst durch die Körperschaftsteuer, zum anderen bei den Anteilseignern für die ihnen in der Form von Dividenden usw. zufließenden Einkünfte durch die persönliche Einkommensteuer. Die offizielle Begründung bei der Einführung der besonderen Körperschaftsteuer des Reiches 1920 war die folgende:

„Die Verleihung der Rechtspersönlichkeit gewährt den Erwerbsgesellschaften so viele Rechte, daß sie die Folgen der Selbständigmachung auch auf einem Gebiete tragen müssen, auf dem sie für sie nachteilig ist. Die Vorteile der Rechtsform, in der sie ihre Zwecke verfolgen können, sind vor allem, neben der völligen Gleichstellung mit den natürlichen Personen auf allen Verkehrs- und Wirtschaftsgebieten, die bedeutende Verstärkung der Kreditfähigkeit, die in der fast unbeschränkten Möglichkeit der Erweiterung des Kapitals liegt. Gerade hierin liegt ein Vorteil, der dem Einzelwirtschaftler entfernt nicht im gleichen Maße erreichbar ist. Daß in vielen Fällen die Kapitalanhäufung auch die Wirtschaftlichkeit steigert, ist eine weitere Folge dieser Rechtsform. Außerdem ist aber darauf hinzuweisen, daß die Erwerbsgesellschaften, wie gerade das Beispiel großer Gesellschaften in neuerer Zeit immer klarer dartut, immer mehr darüber hinauswachsen, eine bloße Hilfsform in der Wirtschaftstätigkeit der natürlichen Personen zu sein, daß sie sich vielmehr ihre eigenen Aufgaben und Zwecke stellen, sich in Verfolgung dieser Zwecke über ihre ursprüngliche Grundlage hinaus ausdehnen und zum Teil sich in Gegensatz zu den an ihnen beteiligten natürlichen Personen stellen. Diese Wirtschaftsemanzipation von den Zwecken der Einzelpersonen ist eine weitere Grundlage für eine selbständige Besteuerung. Endlich aber darf nicht übersehen werden, daß die Erwerbsgesellschaften sich auch zu so übermächtigen Wettbewerbern der privaten Einzelwirtschaft entwickelt haben, daß die Erhaltung der Wettbewerbsfähigkeit der letzteren unbedingt einen Ausgleich auf steuerlichem Gebiete erfordert. Die Freilassung der Gesellschaften von einer Besteuerung ihres Einkommens würde die Übermacht der Kapitalansammlung noch mehr steigern. Sie würde um so mehr ins Gewicht fallen, als die Einzelpersonen die für ihren persönlichen Verbrauch benötigten Mittel zu versteuern haben."

Die Einführung und das Bestehen einer besonderen Körperschaftsteuer haben immer wieder Anlaß zu Diskussionen gegeben. Wenn auch gesagt wurde, daß durch die neuere Regelung, insbesondere wegen der geringeren Belastung ausgeschütteter Gewinne (vgl. 4 b, γ) die Kritik materiell an Gewicht verloren habe, so sind doch die grundsätzlichen Bedenken, wie sie jüngst vor allem von Haller erhoben wurden (Überwälzbarkeit, vgl. Bd. II, VI, § 9, 4 d, β), nicht außer acht zu lassen.

γ) Weiterhin ist ein Fragenkreis diskutiert worden, der die Möglichkeit einer „Erschleichung" von Steuervorteilen durch die sog. „*Flucht in die Kapitalgesellschaft*" zum Gegenstand hat. Gemeint ist folgendes: Wenn die Sätze der Einkommensteuer bei vergleichbaren Gewinnen relativ hoch gegenüber den Sätzen der Körperschaftsteuer sind, so mag bei rein wirtschaftlichem Kalkül ein Vorteil in der Umwandlung einer Personalgesellschaft in eine Kapitalgesellschaft, z. B. in eine GmbH, gesehen werden, da dann bei einer Zurückhaltung der Gewinne und ihrer Investition im Betriebe (Gewinnthesaurierung) nur der niedrigere Steuersatz zu zahlen ist, während im Falle einer Peronalgesellschaft der volle anteilige Gewinn bei den Gesellschaftern der progressiven Einkommensteuer unterliegt, gleich, ob er investiert wird oder nicht. Entsprechend läßt sich umgekehrt der Fall für eine „Flucht in die Personalgesellschaft" konstruieren. Die Lösung liegt einmal in einer Abstimmung der Sätze der Körperschaftsteuer und der Einkommensteuer, zum anderen mag sie durch eine unterschiedliche Behandlung zurückgehaltener und ausgeschütteter Gewinne (höhere Steuersätze im ersteren Falle) erzielt werden, wie es in der deutschen Steuerpraxis nunmehr verstärkt der Fall ist.

Der bereits vor einigen Jahren (Schmölders u. a.) rege diskutierte und auch jüngst wieder (Wittmann) zur Debatte gestellte Vorschlag, für alle Betriebsgewinne, unabhängig von der Rechtsform des Betriebes, eine einheitliche *Betriebssteuer* mit mäßigen proportionalen Sätzen einzuführen, während eine „echte" Einkommensteuer progressiv

alle den Haushalten (auch von Betrieben) zufließenden
Einkommen zu belasten hätte, kann sich allerdings dem
Vorwurf kaum entziehen, daß gerade dadurch die „Gewinnthesaurierung" durch Inhaber von Betrieben steuerlich
belohnt würde gegenüber allen anderen Einkommensbezie-
hern, die solche Möglichkeiten der steuerbegünstigten Erhöhung ihres Vermögens nicht haben.

§ 2. Vermögensteuern

1. Begriff und Arten

Die Vermögensteuern als zweite Form der direkten Steuern erfassen die steuerliche Leistungsfähigkeit, die im Vermögen liegt. Der Inhalt des Vermögensbegriffs ist steuerrechtlich nicht einheitlich definiert. Im allgemeinen knüpft
das Steuerrecht an die *juristische* Definition des Vermögensbegriffs an. Danach ist das Vermögen einer Person
die Summe der in Geldeinheiten bewerteten Wirtschaftsgüter, die dieser Person als Eigentum gehören. Das *Steuerrecht*
erweitert diesen Vermögensbegriff oder schränkt ihn ein.
Erweitert wird er beispielsweise, wenn auch Wirtschaftsgüter, die nur *wirtschaftliches* Eigentum einer Person sind
(wie bei der Sicherungsübereignung oder beim Eigenbesitz),
dem Vermögen hinzugerechnet werden. Dagegen erfolgt
steuerrechtlich meist eine Minderung des Gesamtwertes der
Wirtschaftsgüter, vor allem durch Abzug der Verbindlichkeiten und bestimmter Wirtschaftsgüter, die aus sozialen,
kulturellen oder erhebungstechnischen Gründen von der Besteuerung ausgenommen werden.

Das Vermögen ist eine *Bestandsgröße* mit der Dimension Wert zum Veranlagungszeitpunkt; alle Steuern, die den
Vermögenszuwachs oder den Vermögenswechsel der betreffenden Periode, also Stromgrößen belasten, bleiben daher
außerhalb der Betrachtung; das gilt für die Vermögenszuwachssteuern, aber auch für die Erbnachlaßsteuer, die
den bevorstehenden, und die Erbanfallsteuer, die den statt-
gehabten Vermögenswechsel in der betreffenden Periode besteuern.

Das zweite entscheidende Merkmal der Vermögensteuern ist ihre *Subjektbezogenheit*, d. h., daß die persönlichen Umstände des Zensiten für die Bemessung der Steuer in einem entscheidenden Maße mit herangezogen werden. Die Steuern, die sich zwar auf Vermögensteile des Zensiten beziehen, jedoch die persönlichen Umstände (z. B. Schulden) vernachlässigen, sollten nicht als Vermögensteuern gelten. Das betrifft z. B. die deutsche Grundsteuer, bei der die den Zensiten belastenden Grundverbindlichkeiten nicht berücksichtigt werden.

Im übrigen gibt es innerhalb der Vermögensteuern eine Vielfalt unterschiedlicher Elemente, die im folgenden mit Hilfe einer Gliederung in Arten der Vermögensteuer erfaßt werden.

a) Nach dem *Umfang* des *Steuergegenstandes* unterscheidet man *generelle* und spezielle oder *partielle* Vermögensteuern. Bei generellen Vermögensteuern wird das gesamte einer Person gehörende Vermögen der Besteuerung zugrunde gelegt, bei partiellen dagegen nur bestimmte Vermögensteile. Grund- und Gewerbekapitalsteuern werden gelegentlich hierunter begriffen. Sie sind aber dann auszuschließen, wenn sie nicht subjektiv, sondern — wie in der Regel — objektiv qualifiziert sind und die Merkmale der Ertragsteuern erfüllen.

b) Nach der *Häufigkeit* der Steuererhebung können *einmalige* und *laufende* Vermögensteuern unterschieden werden. Durch die einmaligen wird das Vermögen nur einmal, durch die laufenden periodisch — meist jährlich — belastet. Häufig bezeichnet man die einmaligen Vermögensteuern auch als Vermögensabgaben. Ihre einmalige Erhebung muß nicht gleichzeitig auch die einmalige Zahlung des Steuerbetrages bedeuten. Es können durchaus Verrentungen der Steuerschuld oder Abzahlungen vorgesehen werden; dadurch können die Gefahren der Illiquidität des Steuerpflichtigen sowie ein schockartiger Eingriff in die Vermögenssubstanz vermieden werden.

c) Nach der *Steuerquelle* sind die Vermögensteuern in *reelle* und *nominelle* zu gliedern. Während die nominellen

Vermögensteuern aus dem Vermögensertrag bezahlt werden, ist dies bei den reellen nicht der Fall, so daß bei mangelndem Einkommen aus anderen Quellen die Vermögenssubstanz angegriffen wird. Welche der beiden Steuerarten angewendet werden soll, ist eine Frage, die politisch entschieden werden muß. Die Frage des Seins, d. h. ob eine gegebene Steuer tatsächlich das Vermögen entsprechend der wirtschaftspolitischen Zielsetzung belastet, ist ein Steuerwirkungsproblem: Würden z. B. reell gedachte Steuern überwälzt, so würde das Ziel nicht erreicht. Die Überwälzungsproblematik ist bei den Vermögensteuern zu komplexer Natur, als daß sie in der hier gebotenen Kürze adäquat behandelt werden könnte. Vgl. deswegen dazu die Ausführungen des Verfassers im Handwörterbuch der Sozialwissenschaften, Artikel „Vermögensteuern".

d) Nach der *Stellung* im *Steuersystem* können die Vermögensteuern als *Haupt*steuern oder *Neben*steuern bezeichnet werden. Eine Hauptsteuer in quantitativem Sinne ist eine Vermögensteuer dann, wenn sie einen bedeutenden Anteil am Gesamtertrag der Steuern ausmacht; qualitativ ist sie dann eine Hauptsteuer, wenn sie zweckbestimmt als selbständige Steuer auftritt und nicht lediglich als Ergänzung einer anderen Steuer, z. B. der Einkommensteuer, gedacht ist.

2. Würdigung der Vermögensteuern

Es gibt eine Reihe von Zielsetzungen, die im Zusammenhang mit der Vermögensbesteuerung eine Rolle spielen oder gespielt haben: (1) ergänzende Mittelbeschaffung für die Finanzierung des laufenden Staatsbedarfs, (2) Mittelbeschaffung für außerordentliche Ausgaben zur Behebung einer staatlichen Notlage, (3) Währungssanierung durch Kaufkraftabschöpfung, (4) Vermögensredistribution.

Bei (4) erscheint eine Besteuerung des Vermögens allein schon aus der Zielsetzung heraus gerechtfertigt; hinsichtlich der Frage, inwieweit Überwälzungswirkungen die angestrebte Zielsetzung beeinträchtigen könnten, wird wiederum auf die bereits erwähnten, an anderer Stelle gemachten Ausführungen verwiesen. Bei den anderen Zielsetzungen wird im folgenden noch zu begründen sein, weshalb gerade eine Besteuerung des Vermögens — gegenüber anderen Möglichkeiten zur Erreichung der vorschwebenden Ziele — gewählt wird.

Die unter (1) genannte Aufgabe ist historisch — neben anderen Steuern — der *laufenden* Besteuerung des Vermögens zugefallen, die vornehmlich mit der Annahme einer besonderen Leistungsfähigkeit der Vermögenden gerechtfertigt wurde: Der Besitzende kann ohne Einsatz persönlicher Arbeit Einkommen durch sein Vermögen erzielen („fundiertes" Einkommen); vermögensstarke Produzenten haben gegenüber sonst gleichartigen, aber vermögensschwächeren Konkurrenten eine bessere Marktstellung durch Verbesserungsmöglichkeiten ·der Produktionsprozesse; darüber hinaus gibt das Vermögen, selbst wenn es nicht rentabel angelegt ist, eine erhöhte wirtschaftliche Sicherheit, vornehmlich in Notzeiten, durch die Möglichkeit seines Verzehrs; schließlich mag eine gleiche Gesamtsteuerbelastung für den Vermögenden ein geringeres Opfer darstellen als unter sonst gleichen Umständen für den Besitzlosen, so daß erst eine höhere Belastung des Vermögenden das Steueropfer egalisiert. Die beiden letzten Argumente schließen eine Besteuerung auch ertragsarmen, sogar ertragslosen Vermögens nicht aus, so daß eine Zahlung aus anderweitigem Einkommen oder aus der Vermögenssubstanz (reelle Besteuerung) erforderlich würde. Jedoch hat bei der Festlegung der Steuersätze in der Regel das Postulat von der Erhaltung der privatwirtschaftlichen Vermögenssubstanz eine im wesentlichen mäßigende Rolle gespielt. Ausnahmen bestätigen auch hier die Regel.

Bei den *einmaligen* Vermögensteuern haben vorzüglich die Zielsetzungen (2), (3) und (4) eine Rolle gespielt. Die noch notwendige Begründung für den Einsatz gerade der Vermögensabgaben zur Erreichung der Ziele (2) und (3) fußt in der Regel ebenfalls auf der besonderen steuerlichen Leistungsfähigkeit der Vermögenden. Darüber hinaus er-

scheint bei (2) eine Vermögensbesteuerung dann als gerechtfertigt, wenn der zur Behebung eines Notstandes notwendige hohe Finanzmittelbedarf durch die übrigen staatlichen
Einnahmequellen nicht in erforderlichem Maße beschafft
werden kann, sei es, weil der Kreditaufnahme enge Grenzen durch den Kapitalmarkt gesetzt sind, sei es, weil einer
Erhöhung der laufenden Steuereinnahmen anderweitige un-
überwindliche Schwierigkeiten entgegenstehen. Bei der unter (3) genannten Zielsetzung ergibt sich eine zusätzliche
Begründung für eine Belastung der Vermögenden dann,
wenn vorzüglich auf diese Weise „überhängende" Kaufkraft abgeschöpft werden kann. Der Zugriff gerade an dieser Stelle ist vielfach durch Gerechtigkeitsargumente derart
motiviert worden, daß es sich hier um Resultate von Einkommen handelt, die nicht „leistungsgerecht", sondern infolge der Ausnutzung inflationsbedingter Chancen gewonnen wurden.

Wegen der Einmaligkeit der Steuererhebung einerseits
und der Höhe der aufzubringenden Finanzmittel andererseits ist die Belastung des Vermögens bei einmaligen Vermögensabgaben im allgemeinen bedeutend höher als bei den
laufenden Vermögensteuern; in Deutschland wie in Österreich sind z. B. Steuersätze bis zu 65 % zu verzeichnen
gewesen. Ist die Vermögensabgabe sofort oder innerhalb
kurzer Frist zu entrichten, so wird Steuerquelle vorwiegend die Vermögenssubstanz sein. Als Haupteinwand wird
hiergegen geltend gemacht, daß eine unproduktive Verwendung der so erzielten Einnahmen durch den Staat insgesamt
zu einer Verringerung des Volksvermögens führt. Daß dieser Einwand bei erfolgreichen Maßnahmen gegen eine ga-
loppierende Inflation, d. h. bei einer Steuererhebung zwecks
Heilung gewiß auch produktionsschädigender Mißstände
nur geringe Durchschlagskraft hat, liegt auf der Hand. Im
übrigen aber wird ein solcher Einwand auch bei der Mittelbeschaffung für außerordentliche Ausgaben gemäß (2) an
Bedeutung verlieren, wenn bei gegebener Notlage eine ausreichende andere Finanzierungsmöglichkeit ausgeschlossen
ist. Eine andere Situation wird sich jedoch dann ergeben,

wenn eine Verteilung der Steuerzahlung auf mehrere Jahre erfolgt, so daß die Vermögenssubstanz nicht unbedingt angegriffen wird. Die obenerwähnte Befürchtung einer möglichen Verminderung des Volksvermögens würde dann gegenstandslos werden. Allerdings ist zu berücksichtigen, daß eine aus währungspolitischen Gründen bewirkte, zeitlich gezielte Abschöpfung „überhängender" Kaufkraft bei langfristiger Tilgung der Steuerschuld kaum erreicht werden kann.

3. Entwicklung der Vermögensteuern

Steuern mit der Bemessungsgrundlage Vermögen lassen sich bis in frühe Zeiten zurückverfolgen, vor allem in der Form von Kriegs- und Notsteuern. Bei wachsendem Finanzbedarf, vor allem mit dem Aufkommen stehender Heere, wuchs in den meisten europäischen Staaten die Bedeutung laufend erhobener Steuern. Die Bedeutung der älteren einheitlichen Vermögensteuern ging aber etwa seit dem 17. Jahrhundert mit zunehmender Differenzierung der Steuerobjekte und stärkerer Hinwendung zu den Erträgen zugunsten von Ertragsteuern zurück. Die neuere Entwicklung der Vermögensbesteuerung ist eng mit der deutschen Steuergeschichte verbunden.

a) Bei den *laufenden* Vermögensteuern ist die *preußische* Ergänzungssteuer von 1893 maßgebend gewesen. Sie sollte die Aufgabe erfüllen, das durch Vermögensbesitz „fundierte" Einkommen, aber auch ertragloses Vermögen zu belasten, dessen steuerliche Leistungsfähigkeit durch die Einkommensteuer nicht genügend erfaßt würde. Steuersubjekt waren nur physische Personen. Steuerobjekt war das gesamte den Steuerpflichtigen gehörende Grund-, Betriebs- und Kapitalvermögen nach Abzug der Schulden und Lasten. Möbel, Hausrat und andere bewegliche Habe waren freigelassen. Daneben waren bestimmte von persönlichen Voraussetzungen (auch vom Einkommen) abhängige Steuerfreigrenzen vorgesehen. Die Bewertung erfolgte in erster Linie nach dem gemeinen Wert. Der Steuertarif (Stufenbetragstarif) war proportional mit Steuersätzen von 5 ‰ für die

Untergrenze jeder Steuerklasse. Er wurde in den folgenden Jahren allmählich erhöht.

In den *anderen deutschen Staaten* wurden nach preußischem Vorbild ebenfalls laufende Vermögensteuern eingeführt, die zwar gleiche Grundzüge, aber mitunter auch erhebliche Abweichungen aufwiesen.

Die erste laufende *Reichs*vermögensteuer wurde im Jahre 1922 eingeführt. Sie trat an die Stelle des Reichsnotopfers von 1919, einer einmaligen Vermögensteuer, die durch die Geldentwertung nahezu wirkungslos geworden war. Auch der Reichsvermögensteuer unterlag das gesamte Vermögen nach Abzug der Schulden und Lasten. Betriebsvermögen wurden zu Anschaffungskosten abzüglich Abschreibungen, Wertpapiere zum Kurswert, Grundvermögen vorwiegend zum Ertragswert bewertet. Juristische Personen unterlagen einem einheitlichen Steuersatz von 1,5 ‰ des steuerpflichtigen Vermögens, während für natürliche Personen ein progressiver Stufengrenzsatztarif (Teilmengenstaffelung) von 1 ⁰/₀₀ bis 1 ⁰/₀ galt. Durch Zuschläge wurde die Besteuerung nicht unerheblich verschärft. Von persönlichen Umständen abhängige Ermäßigungen waren vorgesehen.

Das Reichsvermögensteuergesetz von 1922 — das im übrigen infolge der Inflation zwischenzeitlichen Änderungen unterworfen war — hatte nur wenige Jahre Gültigkeit. Die Neuregelung der Reichsvermögensteuer im Jahre 1925 brachte eine vereinfachte Bestimmung des Steuersubjekts, eine Änderung des Steuertarifs und vor allem einen Lösungsversuch des Bewertungsproblems durch die Schaffung eines Reichsbewertungsgesetzes.

Von nun an gab es nur unbeschränkt und beschränkt steuerpflichtige Personen. Unbeschränkt steuerpflichtig sind alle natürlichen und nicht physischen Personen (z. B. juristische Personen, Zweckvermögen, offene Handelsgesellschaften und Kommanditgesellschaften) mit ihrem gesamten Vermögen, soweit sie ihren Wohnsitz, gewöhnlichen Aufenthalt oder Sitz und Ort der Leitung im Inland haben. Beschränkt steuerpflichtig nur mit ihrem Inlandsvermögen sind alle übrigen Personen, die ihren Wohnsitz, gewöhnlichen Aufenthalt oder Sitz und Ort der Leitung im Ausland haben und sich nicht länger als 6 Monate im Inland aufhalten. Der Steuertarif war praktisch ein progressiver Stufensatztarif bei mit steigendem Vermögen wachsender Stufenbreite und Sätzen von 1 ‰ bis 7,5 ‰, wobei die Sätze über 5 ‰ nur die keiner inländischen Ertragsbesteuerung unterliegenden Vermögensteile betrafen. Dieses Gesetz sah variierende Freigrenzen vor. Durch das Reichsbewertungsgesetz wurde die Bewertung von Vermögensteilen für verschiedene Steuerarten (auch Steuern, die nicht Vermögensteuern im genannten Sinne sind, wie Grund- und Gewerbesteuern, Erbschaftsteuer, Grunderwerbsteuer, können Vermögensbestandteile als Bemessungsgrundlage haben) einheitlich durch die Feststellung von „Einheitswerten" geregelt. Das Gesetz benennt vier Vermögenskategorien, aus denen sich nach Abzug der Schulden das Gesamtvermögen ergibt: landwirtschaftliches, forstwirtschaftliches und gärtnerisches Vermögen (1), Betriebsvermögen (2), Grundvermögen (3) und sonstiges Vermögen (4). (1) ist mit dem Ertragswert zu bewerten, (2) ist der gemeine Wert zugrunde zu legen, (3) ist, je nach der Beschaffenheit und Zweckbestimmung des Grundstücks entweder mit dem Ertragswert oder mit dem gemeinen Wert zu bewerten. Für das sonstige Vermögen wird kein Einheitswert festgestellt, es gilt im allgemeinen der gemeine Wert; für börsengängige Wertpapiere werden Steuerkurswerte festgelegt.

Heute wird in der *Bundesrepublik Deutschland* die Vermögensteuer nach dem Vermögensteuergesetz (VStG) in der Fassung vom 10. 6. 1954 erhoben, das zuletzt durch das Gesetz vom 24. 3. 1965 geändert wurde. Ferner sind das Bewertungsgesetz (BewG) in der Fassung vom 10. 12. 1965. Vermögensteuer- und Bewertungsgesetz-Durchführungsverordnungen, Vermögensteuer-Richtlinien, Steuerkurswertbekanntmachungen usw. heranzuziehen. Die Struktur des Vermögensteuergesetzes blieb grundsätzlich erhalten. Jedoch will man im Rahmen der neuesten Entwicklung des

Bewertungsrechts die Bewertungsmaßstäbe verbessern und vereinheitlichen. Dadurch soll das Abweichen der Einheitswerte von den tatsächlichen Werten beseitigt oder wenigstens verringert werden. Während im Vermögensteuergesetz 1934 ein proportionaler Tarif von 5 $^0/_{00}$ festgelegt war, beträgt er heute, nach zwischenzeitlich starker Erhöhung und progressiver Gestaltung in der ersten Nachkriegszeit (Kontrollratsgesetzgebung), einheitlich 1 $^0/_0$, jedoch nur 7,5 $^0/_{00}$, soweit das Vermögen die lastenausgleichspflichtige Abgabehöhe nicht überschreitet. Materiell wird der Tarif jedoch für unbeschränkt steuerpflichtige natürliche Personen durch seit 1934 eingeräumte, vom Familienstand und sonstigen persönlichen Umständen abhängige Freibeträge zu einem indirekten Progressionstarif umgeformt.[1]) Für unbeschränkt steuerpflichtige Körperschaften, Personenvereinigungen und Vermögensmassen ist eine geringe Freigrenze vorgesehen. Davon ausgenommen sind Kapitalgesellschaften, bei deren Besteuerung ein Mindestvermögen zugrunde gelegt wird. Bei den beschränkt Steuerpflichtigen besteht ebenfalls eine Freigrenze.

Im *Ausland* vollzog sich die Entwicklung unterschiedlich. Eine der preußischen Ergänzungssteuer von 1893 gleichartige Steuer wurde bereits seit 1866 im Schweizer Kanton Basel-Stadt erhoben. Von einigen europäischen Staaten, so namentlich von Österreich, Schweden, Norwegen, Dänemark, Finnland und den Niederlanden, ist eine der preußisch-baslerischen ähnliche Steuer in ihren Grundzügen übernommen worden. Abweichungen ergaben sich vor allem in den Bewertungsvorschriften und in der Tarifgestaltung. Im Steuersystem nimmt die laufende Vermögensteuer in diesen Staaten die Stellung einer Nebensteuer ein. Im Gegensatz hierzu sind die in den Vereinigten Staaten und in der Schweiz vom Vermögen erhobenen Steuern als Hauptsteuern anzusehen. Noch im Jahre 1913 wurden in

---

1) Andererseits ergibt sich eine gewisse auf das Einkommen bezogene Regression daraus, daß die bezahlte Vermögensteuer als Sonderausgabe bei der Einkommensteuer der natürlichen Personen abzugsfähig ist.

den USA von den Einzelstaaten über 40 % der Gesamteinnahmen durch vom Vermögen erhobene Steuern erzielt, von den Gemeinden über 70 %. Die Einzelstaaten bauten diese Steuern in der Folgezeit erheblich ab, so daß sie heute mit einem Gesamtanteil von 3 % an den Gesamteinnahmen von geringer Bedeutung sind. In den Gemeinden dagegen spielen sie bis heute eine wesentliche Rolle. Die „general property tax" nähert sich im übrigen der Kategorie der Ertragsteuern. In der Schweiz wurde erst während und nach dem zweiten Weltkrieg von den meisten Kantonen das preußisch-baslerische System übernommen.

b) Als *einmalige* Vermögensteuern sind in neuerer Zeit in Deutschland vor allem der Wehrbeitrag von 1913, das Reichsnotopfer von 1919 und die Vermögensabgabe im Rahmen des Lastenausgleichsgesetzes von 1952 zu nennen.

Durch den *Wehrbeitrag* (1913) sollten die Kosten der infolge der Kriegsgefahr als notwendig erachteten Wehrvorlage gedeckt werden. Steuersubjekt waren natürliche und in beschränktem Umfange auch juristische Personen. Abgabepflichtig war das gesamte unbewegliche und bewegliche Vermögen (ohne Möbel und Hausrat) nach Abzug der Schulden und Lasten. Als Bewertungsmaßstab wurde vorwiegend der gemeine Wert, bei Grundstücken jedoch der Ertragswert angewendet. Der für eine einmalige Steuer verhältnismäßig niedrige Tarif war als progressiver Stufengrenzsatztarif (0,15 % bis 1,5 %) gestaltet, bei mit steigendem Einkommen fallenden Freigrenzen. Die in drei Jahresraten zu zahlende Vermögensabgabe wurde übrigens durch eine einmalige partielle Einkommensteuer ergänzt, die auch Personen mit hohem Einkommen ohne Vermögen belasten sollte.

Als wichtigstes Ziel des im Jahre 1919 erhobenen *Reichsnotopfers* wurde von seinen Initiatoren, vor allem von Erzberger, die Eindämmung der durch eine schwächliche Steuerpolitik der Kriegsregierungen hervorgerufenen, nun

weiterwachsenden Inflationswelle gesehen. Jedoch konnte
eine Verminderung der vor allem mit der Geldvermeh-
rung eng verbundenen schwebenden Verschuldung nicht erreicht werden, die vielmehr infolge innen- und außenpoli-
tischer Schwierigkeiten weiter anwuchs. Die Realerträge
des Notopfers wurden infolge der weiterlaufenden Inflation dezimiert. Der Abgabepflicht unterlag das gesamte
Vermögen nach Abzug von Schulden und Lasten. Als Bewertungsmaßstab wurde in erster Linie der gemeine Wert
zugrunde gelegt. Grundstücke wurden zum Ertragswert bewertet, im Verkaufsfalle mußte jedoch der Verkaufspreis
dann zugrunde gelegt werden, wenn er höher als der Ertragswert war. Natürlichen Personen wurden Freibeträge
von ursprünglich 5000.— M gewährt, die später erhöht
wurden. Der Tarif war progressiv (Stufengrenzsatztarif
mit Sätzen von 10 % bis 65 %). Für juristische Personen
galt einheitlich ein Steuersatz von 10 %. Die Abgabeschuld
konnte ursprünglich in 26 Jahren, soweit Grundstücke betroffen waren in 46 Jahren getilgt werden. Diese Ver-
günstigung wurde mit zunehmender Geldentwertung wieder rückgängig gemacht.

Der nach dem letzten Kriege im Rahmen der *Lastenausgleich*sgesetzgebung erhobenen einmaligen Vermögensabgabe (Lastenausgleichsgesetz vom 14. 8. 1952; Vorgänger
Soforthilfegesetz vom 8. 8. 1949) liegen redistributive Gesichtspunkte mit dem Ziel eines Ausgleichs der durch die
Kriegs- und Nachkriegsereignisse (Zerstörungen, Vertrei-
bung usw.) eingetretenen ungleichen Vermögensverluste zugrunde. Die eingehenden Mittel fließen nicht dem allgemeinen Staatshaushalt zu, sondern einem Sondervermögen,
dem Lastenausgleichsfonds. Abgabepflichtig sind natürliche und juristische Personen. Juristische Personen des
öffentlichen Rechts sind sinnentsprechend weitgehend befreit. Der Abgabepflicht unterliegt das am 21. 6. 1948 vorhandene Vermögen, das (unter bestimmten Abweichungen)
nach den Vorschriften des Vermögensteuer- und Bewertungsgesetzes ermittelt wird. Die Höhe der Abgabeschuld
beträgt 50 % des Vermögens, sie ist in gleichen vierteljähr-

lichen Teilbeträgen bis zum 31. 3. 1979 zu entrichten[1]). Für Westberlin gelten Sondervorschriften.

Auch in einigen *anderen Ländern* wurden in neuerer Zeit einmalige Vermögensteuern erhoben, so z. B. in Italien (1919), in Österreich (1920 und 1948), in der Schweiz (1940 und 1945), in Finnland (1940 und 1945), in der Tschechoslowakei (1920), in Frankreich (1945) und in Belgien (1945).

§ 3. Erbschaftsteuern

1. Begriff und Arten

a) Begriff

Erbschaftsteuern sind Abgaben, deren Steuergegenstand der Vermögensübergang kraft Erbrechts oder auf Grund von Vermächtnissen des Erblassers ist. Sie erfahren in der Regel eine Erweiterung des Steuergegenstandes auf Zweckzuwendungen und Schenkungen unter Lebenden. Der Grund dafür ist zu sehen in der andernfalls möglichen Vermeidung der Erbschaftsteuerbelastung durch Verfügungen über den künftigen Nachlaß bei Lebzeiten des Erblassers. Steuertechnisch wird dieser Gesichtspunkt meist dadurch berücksichtigt, daß eine Einbeziehung in die Erbschaftsbesteuerung erfolgt; es sind jedoch auch besondere Schenkungsteuern denkbar.

Zur Abgrenzung der Erbschaftsteuer ist folgendes zu sagen: Da die Dimension des Steuerobjekts eine bisher dem Erblasser gehörende, jetzt in Bewegung gesetzte Bestandsgröße (Vermögen) ist, die dem oder den Erben voll oder in Teilen zufließt, könnte man, wenn man die Reinvermögenszugangstheorie bejaht (vgl. § 1, 1, b, a_1), diesen Zustrom als Einkommen bezeichnen. Nach der Quellentheorie wäre eine solche Schlußfolgerung aber abzulehnen: Der Zustrom ist einmalig, fließt nicht aus einer dauernden Quelle und gilt daher nicht als Einkommen. Andererseits kann man

---

[1]) Im Rahmen der Lastenausgleichsgesetzgebung sind weiterhin die Hypothekengewinnabgabe und die Kreditgewinnabgabe geregelt worden. Vgl. dazu unter § 5, Zuwachssteuern.

die Erbschaftsteuer auch nicht ohne weiteres als Vermögensteuer, auch nicht als reelle einmalige betrachten, da nicht
das Vermögen als solches, sondern dessen Übergang Steuergegenstand ist. Schließlich wird auch der Verkehrsvorgang
der Vermögensübertragung als Steuergegenstand in den
Vordergrund gestellt; das Ergebnis ist dann die Einordnung
der Erbschaftsteuer als Verkehrsteuer gewesen. Dem steht
jedoch entgegen, daß die Übertragung gegenwertlos erfolgt,
so daß die Zielsetzung eine andere ist als bei den den Verkehrsteuern zugrunde liegenden Tatbeständen (s. u.). Aus
alldem wird gefolgert, daß die Erbschaftsteuern als eine
Kategorie sui generis anzusehen sind.

b) Arten

Nach dem Ansatzpunkt der Besteuerung sind Erbnach-
laß- und Erbanfallsteuern zu unterscheiden. Bei der *Erbnachlaßsteuer* wird das Vermögen des Erblassers als Ganzes
zugrunde gelegt ohne Berücksichtigung des Verwandtschafts-
grades zwischen Erblasser und Erben. Die *Erbanfallsteuer*
dagegen belastet die Erbanteile, die den einzelnen Erben
und Legatoren zufallen, wobei die steuerliche Belastung,
abgesehen von der Höhe des Erbanteiles, meist auch nach
dem Verwandtschaftsgrad des Erben zum Erblasser verschieden hoch ist. Beide Steuerarten können sowohl allein
als auch gemeinsam angewendet werden. In den angel-
sächsischen Ländern dominiert die Erbnachlaßsteuer, auf
dem europäischen Kontinent dagegen die Erbanfallsteuer.

Abgesehen von diesen grundsätzlichen Unterscheidungs-
merkmalen ist auch eine unterschiedliche Tarifgestaltung
möglich. Sie kann proportional oder progressiv sein, aber
auch bei äußerlich proportionalem Satz durch Freibeträge
zu einer indirekt progressiven Belastung werden. Ein direkt progressiver Tarif kann durch Freibeträge in seiner
Progressionswirkung verstärkt werden. Die Progression
kann sich auf die Höhe des Nachlasses beziehen oder, bei
der Anfallsteuer, auf die Höhe des persönlichen Anfalls sowie auf die Entferntheit im Verwandtschaftsgrad vom

Erblasser. Freilassungen in bestimmten Fällen spielen insbesondere bei der Erbanfallsteuer eine Rolle, wie z. B. die der Abkömmlinge und Ehegatten bei der Reichserbschaftsteuer von 1906.

Da juristische Personen, die oft mehrere Generationen überdauern, nicht durch Erbschaft- oder Besitzwechselsteuern belastet werden, hat man in einigen Ländern als Ausgleich sogenannte „Steuern der toten Hand" ausgebildet. Hier wird der Steuertatbestand unter Zugrundelegung einer mittleren Periodizität fingiert. Solche Ausgleichsabgaben können in verschiedener Form erhoben werden. Andererseits mag es auch vorkommen, daß eine über ein „mittleres" Maß hinausgehende Belastung vermieden oder zumindest gemildert wird. Das ist dann der Fall, wenn bei sich zeitlich häufenden Erbübergängen Ermäßigungen der Steuer erfolgen (vgl. die heutige deutsche Erbschaftsteuer, welche (§ 21) eine Ermäßigung der Erbanfallsteuer um 50 % vorsieht, wenn das Vermögen in der gleichen Steuerklasse binnen fünf Jahren nochmals vererbt wird; um 25 %, sofern dies binnen zehn Jahren geschieht).

2. Würdigung der Erbschaftsteuern

Eine Würdigung der Erbschaftsteuern erfolgt zweckmäßig im Zusammenhang mit den verschiedenen Begründungen. Diese sind recht zahlreich und werden deshalb im folgenden in drei Gruppen zusammengefaßt:

a) Begründungen, die an der Tatsache des Erbübergangs orientiert sind

α) Die zunächst naheliegende — in finanzgeschichtlicher Sicht gewiß nicht unbedeutsame — fiskalische Begründung: daß hier eine besondere, leicht anzapfbare Steuerquelle liege, hat sich sowohl mit dem Problem der Liquidität, als auch mit dem der Anreizwirkungen auseinanderzusetzen. Erstes bedeutet, daß zwar bei vererbtem Geldvermögen, nicht dagegen bei Sachvermögen, insbesondere wenn Miterben in Geld abgefunden werden müssen, die abstrakte steuerliche

Leistungsfähigkeit sich ohne Schwierigkeiten realisieren läßt. Zweites, daß sich potentielle Erblasser veranlaßt sehen mögen, darauf zu verzichten, Reineinkommen durch Anstrengungen zu erwerben und sparend als Vermögen anzuhäufen; dem könnte allerdings auf seiten der Erben der Zwang gegenüberstehen, ihre persönlichen Kräfte zur Erreichung eines ihnen vorschwebenden Lebensstandards schärfer anzuspannen als im Falle eines sonst etwa in stärkerem Maße gesicherten Rentnerdaseins.

Die Gesichtspunkte der Liquidität und der Anreizwirkungen sind sicher sehr weitreichend und dürfen nicht vernachlässigt werden; sie sind auch bei den folgenden Begründungen zu beachten.

β) Als Ausfluß des *Äquivalenzprinzips* ist die Auffassung zu bezeichnen, die in der Erbschaftsteuer ein *Entgelt* für die Sicherung des Erbrechts durch den Staat sieht. Denn, wie auch immer das Erbrecht begründet werden mag, allein der Staat kann es nachhaltig in dem Sinne sichern, daß eine Übertragung im Todesfalle des Erblassers auf die destinierten Erben ohne — historisch immer wieder zu belegende — Kämpfe zwischen ihnen und den „natürlichen", sich etwa ungerecht behandelt fühlenden Erben oder auch anderen Zugriffslustigen, die gegenüber etwa schwachen Erben mächtiger sind, zustande kommen kann. Für die Sicherung des Erbrechts entstehen Kosten, die als Erbschaftsteuer von denjenigen eingezogen werden, die diese besondere Staatsleistung in Anspruch nehmen. Abgesehen davon, daß diese Begründung bei konsequenter Verfolgung der gewählten Terminologie nicht eine Erbschaftsteuer, sondern nur eine Erb*gebühr* rechtfertigen könnte, würde sie auch bestenfalls nur für eine proportionale Belastung, nicht aber für eine progressive ausreichen.

γ) Auch als „*Ergänzung*" und „*Begrenzung*" eines zu weit gefaßten *individualistischen* Erbrechts ist die Erbschaftsteuer begründet worden (Ritschl). Jedoch wird dadurch lediglich das Problem verschoben. Denn jetzt ist sofort danach zu fragen, warum ein unbegrenztes individualistisches Erbrecht zu weitreichend sei. Eine Begründung hierfür ist u. a. in einem Miterbenrecht des Staates sowie in einer Schutzbedürftigkeit der nächsten Angehörigen gesehen worden.

b) Begründungen, die sich an der Person des Erblassers orientieren

α) Der Erbschaftsteuer ist auch die Funktion zugesprochen worden, als *„Kontrollsteuer"* frühere „Steuerdefraudationen" bei Einkommen- und Vermögensteuer nachträglich zu erfassen. Dieses sei deswegen möglich, weil im Todesfalle die Vermögenswerte meist übersichtlich eingesehen werden könnten. Diese Begründung war insbesondere in der Erbschaftsteuergeschichte der Einzelstaaten der nordamerikanischen Union von Bedeutung.

β) Mitunter wird die Erbschaftsteuer auch als Mittel zur *Ergänzung* der *Einkommensteuer* des Erblassers begründet, um eine stärkere Belastung des *fundierten* Einkommens zu bewirken. Die Anwendbarkeit dieser Begründung ist zunächst abhängig davon, wieweit bei gegebenem Steuersystem das fundierte Einkommen bereits im Rahmen anderer Steuern, z. B. durch eine „ergänzende" Einkommensteuer (Vermögensteuer) belastet wird. Je weniger das der Fall ist, insbesondere, wenn etwa aus anderen wirtschaftspolitischen Gründen das Besitzeinkommen durch Steuervergünstigungen entlastet wird (vgl. § 1, Einkommensteuer), um so durchschlagskräftiger ist sie. Dann aber muß vorausgesetzt werden, daß in der Tat Erbanfälle mit einer gewissen zeitlichen Regelmäßigkeit auftreten — anderenfalls erschiene das Steuerprinzip der Gleichmäßigkeit in Frage gestellt — und das Vermögen im übrigen etwa gleich groß geblieben ist. Wirtschaftliche und soziale Ungleichgewichtszustände, wie sie in den letzten Jahrzehnten doch wohl eher die Regel als die Ausnahme waren, lassen eine solche Annahme aber als unrealistisch erscheinen. Soweit wäre die genannte Begründung besser für den Ausbau laufender Steuern geeignet, oder — wenn weitere Argumente, basierend auf dem Vorliegen „unverdienter" Wertzuwächse hinzutreten — für den Ausbau spezieller Sondersteuern (vgl. § 5, Zuwachssteuern).

c) Begründungen, die sich an der Person des Erben orientieren

α) Grundsätzlich wird durch den Erbanfall der Erbe um den Vermögenszuwachs *bereichert*. So ist es verständlich, daß ergänzend oder überhaupt als eigener Gedanke unter den Begründungen der Erbschaftsteuer die Idee auftritt, daß der durch den Erbanfall beim Erben auftretende Zuwachs an Vermögen den Charakter des Unverdienten und Mühelosen habe. Es wird gefragt, warum, wenn durch Einkommen- und Ertragsteuern Wirtschaftsergebnisse belastet werden, die durch Wirtschaftstätigkeit entstanden sind, nicht auch der zufällige Erwerb erfaßt werden sollte. Allerdings würde das Argument der Bereicherung nicht den Fall einschließen, daß es sich um den direkten Übergang eines erwerbsmäßig genutzten Vermögens auf die Witwe oder auf die Kinder handelt, insbesondere, wenn diese bereits im Betrieb mitgearbeitet haben.

β) Immerhin, auch hier bliebe das Faktum, daß die Erben eine bedeutend bessere Startchance im Wirtschaftskampf hätten als andere. Es sind von extrem neoliberaler Seite auch Stimmen laut geworden, die eine Anspannung der Erbschaftsteuer aus dem Motiv heraus verstanden wissen wollen, daß dadurch eine größere *Startgleichheit* für die im Wettbewerbsprozeß Stehenden bewirkt würde. Konsequent gesehen tendiert dies in Richtung auf eine starke Einschränkung des Erbrechts dadurch, daß die Höhe des Erbanfalls bei den Erben begrenzt wird, eine Idee, die bereits von John Stuart Mill vertreten wurde.

γ) In denselben Zusammenhang gehört schließlich die Begründung der Erbschaftsteuer als ein Mittel, gewisse als zu stark empfundene Ungleichmäßigkeiten in der *Vermögensverteilung* — anknüpfend am Generationswechsel — *auszugleichen*. Das könnte einmal angestrebt werden, um in bewußter Weise eine bestimmten sozialpolitischen Idealen gemäße Vermögensverteilung zu fördern, vielleicht aber auch in pragamatischem Sinne, um vorhandene soziale Spannungen zu mildern. Jedoch ist auch hier zu fragen, ob diese Gesichtspunkte nicht besser durch andere Steuern zu berücksichtigen wären.

3. Entwicklung und Verbreitung der Erbschaftsteuern

Nicht nur die öffentlichen Gemeinwesen des Altertums, sondern auch die Feudalgewalten des Mittelalters haben bei Vermögensübergängen von Todes wegen Ansprüche geltend gemacht. Heute werden in den meisten Staaten Erbschaft- und Schenkungsteuern erhoben. Ihre Ausgestaltung ist jedoch — entsprechend unterschiedlicher geschichtlicher Entwicklung und sich darin manifestierender politischer Anschauungen und Kräfte — durchaus unterschiedlich.

So besteht in *Großbritannien* — nach einer wechselvollen Geschichte — nur noch eine Nachlaßsteuer, die von der Zentralgewalt erhoben wird. In den *Vereinigten Staaten von Amerika* wird vom Bund eine Nachlaß- und Schenkungsteuer erhoben, während gleichzeitig in den Einzelstaaten Erbanfall- und Nachlaßsteuern oder eine Kombination von beiden sowie Schenkungsteuern in verschiedener Gestalt zur Anwendung kommen. In *Frankreich* ist die Erbanfallsteuer eindeutig zur Herrschaft gelangt.

Gleiches gilt auch in *Deutschland*. Hier wurde die Erbschaftsteuer, die bislang nur in den Bundesstaaten erhoben wurde, im Jahre 1906 im Zusammenhang mit der Stengelschen Finanzreform zu einer Reichssteuer (bei gewisser Entschädigung durch eine Überweisung eines Teils der Erträge an die Staaten und der Erlaubnis, Zuschläge zu erheben) umgewandelt, und zwar wegen des Widerstandes der Rechtsparteien gegen eine Erbnachlaßsteuer als Erbanfallsteuer, bei Freilassung der Abkömmlinge und Ehegatten. Nur zeitweilig, in der ersten Zeit der Weimarer Republik, wurde neben der Erbanfallsteuer eine mäßige Nachlaßsteuer erhoben. Im Jahre 1925 fiel dann endgültig die Entscheidung zugunsten einer ausschließlichen Erbanfallsteuer.

Heute wird in der *Bundesrepublik Deutschland* die Erbschaftsteuer nach dem Erbschaftsteuergesetz in der Fassung vom 1. 4. 1959 erhoben. Sie ist eine *Erbanfallsteuer*, der der Erwerb von Todes wegen, die Schenkungen unter Lebenden und Zweckzuwendungen unterliegen. *Steuerschuldner* ist der Erwerber, bei einer Schenkung der Beschenkte und neben ihm auch der Schenker, bei einer Zweckzuwendung der mit der Ausführung der Zuwendung Beschwerte (§ 15). *Steuerbemessungsgrundlage* ist der Wert des Erwerbs, der nach den Grundsätzen des Bewertungsgesetzes zu ermitteln ist. Der *Tarif* hat eine zweifache Progression (§§ 10, 11). Erstens wächst die Belastung, je entfernter im Verwandtschaftsgrad der Empfänger zum Erblasser steht (5 Steuerklassen[1])). Innerhalb der Klassen findet dann eine Progression der Sätze je nach der Höhe des Erwerbs statt. Die Sätze gehen von 2 % in der Klasse I bei einem Erwerb von 10 000,— DM bis zu 60 % in der Klasse V bei einem Erwerb von über 10 Mill. DM. Im Sinne einer subjektiven Gestaltung der Steuer werden Freibeträge und Freigrenzen wie folgt gewährt: Bei Ehegatten mit gemeinsamen lebenden, oder auch im Kriege infolge von unmittelbaren Kriegseinwirkungen verstorbenen Abkömmlingen sind bis 250 000,— DM steuerfrei (§ 16). Sonst werden für Personen der Steuerklassen I und II Steuerfreibeträge in Höhe von 30 000,— DM bzw. 20 000,— DM und für Personen der Steuerklassen III und IV Steuerfreigrenzen bis zur Höhe des Erwerbs von 3000,— DM, der Steuerklasse V bis 1000,— DM gewährt (§ 17). Steuerbefreiungen im Falle von Hausrat, Kunstgegenständen etc. seien erwähnt.

---

[1]) Klasse I: Ehegatten und Kinder; Klasse II: Abkömmlinge der Kinder; Klasse III: Eltern, Voreltern, Stiefeltern, Geschwister; Klasse IV: Geschwisterkinder, Schwiegereltern. Schwiegerkinder; Klasse V: alle übrigen Erwerber und die Zweckzuwendungen.

§ 4. Ertragsteuern

1. Begriff und Arten

a) *Begriff*

Ertragsteuern sind Abgaben, deren Steuergegenstand ertragbringende Objekte oder aus diesen fließende Erträge sind. Bei den zugrunde liegenden Erträgen kann es sich um ein tatsächlich erzieltes Wirtschaftsergebnis handeln oder um ein nach Lage der Dinge mögliches oder sogar fingiertes (Sollertrag). Wichtig ist nur, daß der steuerliche Begriff des Ertrages von dem des Einkommens unterschieden wird in dem Sinne, daß ersterer einem ertragbringenden Objekt, z. B. einem Grundstück oder Betriebe, zuzurechnen ist ohne Rücksicht darauf, welcher Person der Wirtschaftserfolg zufließt, während das Einkommen eine auf die Person (des Zensiten) bezogene Größe ist, bei der alle die persönliche Leistungsfähigkeit bedingenden Momente berücksichtigt werden. Gegenstand einer Ertragsteuer kann auch die Arbeitskraft sein oder deren Erträge; die Merkmale der Ertragsteuer sind dann erfüllt, wenn bei der Steuerbemessung die persönlichen Verhältnisse des Zensiten nicht beachtet werden. Es ist jedoch zu betonen, daß in concreto Misch- oder Übergangsformen insofern vorkommen, als einmal Einkommensteuern ertragsteuerartige Züge aufweisen mögen (vgl. § 1) andererseits aber auch Ertragsteuern in mehr oder weniger subjektivierter Form auftreten können.

b) *Arten*

α) Zunächst sind die Ertragsteuern nach *Ertragsobjekten* zu untergliedern. Theoretisch gesehen können so viele Ertragsteuern auftreten wie es unterschiedliche Ertragsquellen gibt. Ertragsquellen sind letztlich immer die Produktionsfaktoren; wie man diese (grob) nach (a) *Arbeit,* (b) *Boden* und (c) *Kapital* unterscheiden kann, so kann man in weitgehender Entsprechung auch die Ertragsteuern in: (a) Arbeitsertragsteuern, (b) Grundsteuern und (c) Kapitalertragsteuern unterteilen. Dabei sind letzteren prinzi-

piell neben den Kapitalertragsteuern im engeren Sinne
(d. h. Steuern auf die Erträge von angelegtem Geldkapital)
auch die Kapitalertragsteuern in einem weiteren Sinne,
nämlich die Gebäudesteuern und die Gewerbesteuern, zuzurechnen. Die Grenzen sind allerdings nicht immer klar
zu ziehen; insbesondere werden vielfach bei Grundsteuern
neben den dem Boden zuzurechnenden Erträgen auch die
Gebäudeerträge erfaßt, die ja theoretisch Kapitalerträge
(im weiteren Sinne) darstellen. Ein geschlossenes Ertragsteuersystem wird alle Ertragsarten — wenn auch u. U., je
nach der Gegebenheit der Objekte, zu verschiedenen Sätzen
— belasten. Jedoch sind solche konsequenten Systeme nicht
allenthalben ausgebildet worden.

Neben „allgemeinen" Ertragsteuern, die die Erträge
eines bestimmten Produktionsfaktors unterschiedslos zur
Besteuerung heranziehen, gibt es auch Sonderertragsteuern,
die sich nur auf bestimmte Grundstücke, Gebäude oder
auch Gewerbebetriebe etc. beziehen. Insbesondere Sonder-
gewerbesteuern sind für wirtschaftspolitische, vor allem
mittelstandspolitische Zwecke eingesetzt worden wie z. B.
Warenhaussteuern oder Hausiererabgaben.

β) Weiter können die Ertragsteuern nach der Art, wie die
Steuerbemessungsgrundlage bestimmt wird, gegliedert werden. Danach sind zu unterscheiden:

β_1) Merkmalsbesteuerung: Hierbei werden äußere
Merkmale, die als Index für den steuerbaren Ertrag angenommen werden, als Bemessungsgrundlage verwendet
wie z. B. bei den älteren Gewerbesteuern die Gewerbeart,
die Ortsgröße, Raumbeanspruchung, Arbeiterzahl usw.,
zum Teil in verschiedenen Kombinationen. Im heutigen
deutschen Steuersystem spielt dieser Gesichtspunkt insbesondere bei der im Rahmen der Gewerbesteuer möglichen
Lohnsummenbesteuerung eine Rolle (vgl. u., 5 b).

β_2) Weiterhin kann der Kapitalwert als Bemessungsgrundlage gewählt werden (Kapitalwertbesteuerung). Der
Wertbestimmung kann der gemeine Wert (Verkaufswert)
zugrunde gelegt werden, aber auch der Ertragswert, aus der

Kapitalisierung der Erträge gewonnen, wobei naturgemäß der gewählte Kapitalisierungsfaktor besondere Bedeutung hat.

β_3) Schon die Besteuerung nach dem Ertragswert läßt den Ertrag selbst eine wesentliche Größe bei der Ermittlung der Bemessungsgrundlage werden. Unmittelbar tritt das bei der *Ertragsbesteuerung im engeren Sinne* (Bickel) in Erscheinung. Wird der Ertrag geschätzt, so nähert man sich in der Praxis der Steuertechnik doch der Merkmalsbesteuerung, sofern dann äußere Merkmale der Schätzung des Ertrages die Grundlage bieten. Wird der Ertrag dagegen auf Grundlage einer Deklaration und nachfolgender Veranlagung ermittelt, so muß die Steuerbehörde tiefer in die besonderen Verhältnisse des Ertragsobjektes des Zensiten eindringen als bei der Merkmalsbesteuerung. Je nachdem, ob der Rohertrag oder der Reinertrag, der Produktionsüberschuß, herangezogen wird, spricht man von Rohertrag- oder Reinertragsteuern.

γ) Dem Wesen der Ertragsteuern als einer Steuerart, welche von der Belastungsfähigkeit der Person Abstand nimmt, wird auf den ersten Blick ein proportionaler *Tarif* entsprechen (Bickel). Das gilt natürlich nur solange, wie die wirtschaftspolitische Auffassung gegenüber den Größen der Ertragsobjekte indifferent ist (vgl. u. 2 b γ).

2. Würdigung der Ertragsteuern

a) Fiskalische Gesichtspunkte

Weil und insoweit die Ertragsteuern nach objektiven Merkmalen veranlagt werden, welche die persönlichen Verhältnisse des Besitzers der besteuerten Objekte nicht oder nur in geringem Maße in Betracht ziehen, ist ihre Belastungshöhe begrenzt. Werden die Steuersätze stärker angezogen, so mag der einzelne Zensit, gemessen an seiner persönlichen steuerlichen Leistungsfähigkeit, übermäßig belastet werden, im Grenzfalle mit der Folge ernster Schädigung seiner wirtschaftlichen Existenz. Wird dieses Mo-

ment, wie z. B. in einer im wesentlichen auf der privaten
Produktionstätigkeit beruhenden Wirtschaftsgesellschaft,
als wirtschafts- und finanzpolitisch bedeutsam in Rechnung
gestellt, so können die Ertragsteuern fiskalisch nie so ergiebig sein wie Einkommensteuern, welche die persönliche
Leistungsfähigkeit berücksichtigen und deshalb tiefer eindringen können; m. a. W. die Ertragsteuern werden, wenn
der Staatsbedarf eine bestimmte Höhe erreicht, fiskalisch
gesehen notwendigerweise in die Rolle ergänzender Steuern gedrängt oder durch andere Steuern ersetzt. Werden
sie den Gemeinden als Steuerquelle zugewiesen, ergeben
sich besondere Probleme, die unten (c β) gesondert zu behandeln sind.

b) Finanz- und wirtschaftspolitische Bezüge

α) Allerdings bietet die objektive Ausgestaltung der Ertragsteuern auch gewisse Vorteile im Sinne grundlegender
steuerpolitischer Prinzipien. Sie sind in einem besonderen
Maße von vornherein „*bestimmt*" und erfordern steuertechnisch gesehen nicht ein so tiefes Eindringen in die
persönlichen Verhältnisse des Zensiten wie andere direkte
Steuern, z. B. die Einkommensteuer (gradweise geringere
Vermeidung der „inquisition fiscale"). Das gilt vor allem
für die nach äußeren Merkmalen erhobenen Ertragsteuern.
Natürlich läßt sich der „wirkliche" (Ist-) Ertrag auf Grund
äußerer Merkmale nur annähernd erfassen.

β) Gerade in dem darin zum Ausdruck kommenden *Sollertragscharakter der Ertragsteuern* haben aber einige Steu-
ertheoretiker einen entscheidenden Vorzug der Ertragsteuern gesehen, der sogar noch durch entsprechende Ausgestaltung der Steuertechnik gefördert werden sollte. Wenn
es nämlich gelänge, mit Hilfe geeigneter Merkmale die unter
gegebenen Umständen „möglichen" Erträge, also die Er-
trags*fähigkeit* zu fixieren, so würde dann, wenn man einen
in der Wirklichkeit über dieses Maß hinausgehenden Ertrag
als verdienstvoll, einen minderen dagegen als ein Ver-
schwenden volkswirtschaftlicher Quellen auffassen wollte,

durch eine Sollertragsbesteuerung der „Tüchtige" belohnt,
der „Untüchtige" dagegen bestraft werden. Eine Besteuerung gemäß dem Sollertrage würde somit Anreize bieten,
durch eine Verbesserung des (im Sinne neuerer Theorie)
Input-Output-Verhältnisses die Steuerbelastung „einzu-
holen" (vgl. Band II, S. 92). Diese Art der Steuereinholung
würde aber die volkswirtschaftliche Produktivität fördern
im Gegensatz zu solchen Steuern, welche auf dem Istertrag
basieren. In dem Maße, wie die tatsächlichen (Ist-) Erträge
zur Bemessungsgrundlage gemacht würden[1]), ginge dieser
Vorteil verloren. Der (zeitweise immer wieder) diskutier-
ten Neuentwicklung konsequent ausgestalteter Sollertrag-
steuern stehen allerdings einige Gesichtspunkte entgegen:

β_1) Zunächst ergibt sich die Frage, wieweit das Soller-
tragsprinzip mit der Idee der *Wettbewerbswirtschaft* ver-
einbar ist. Wird es konsequent durchgeführt, so beinhaltet
das einen Angriff auf jene Auffassung, nach der soweit wie
möglich der Markt, nicht aber staatliche Interventionen über
die Lebensfähigkeit eines Betriebes entscheiden sollten. Soll-
ertragsteuern sind aber gerade von dieser Sicht aus gesehen in einem besonderen Maße *nicht neutral*. Man mag
zwar einwenden, es würde sich mildernd auswirken, daß
eine Sollertragsteuer leichter *überwälzbar* ist als eine Steuer
nach dem Ist-Ertrag, und zwar deswegen, weil auch die
Grenzproduzenten von der Steuer erfaßt würden, wenn
auf sie die der Steuerbelastung zugrunde liegenden Normen
zutreffen. Über eine Preiserhöhung würde somit eine Entlastung stattfinden. Aber: Eine Preiserhöhung hat, wenn
nicht eine völlig unelastische Nachfrage vorausgesetzt wird,
eine Verringerung des Absatzes zur Voraussetzung. Das
aber besagt, daß auf dem Wege zu dem neu sich einspie-
lenden höheren Marktpreise bisherige Grenzproduzenten
aus dem Markt geworfen werden, die auch bei dem höheren
Preise ihre Kosten zuzüglich Sollsteuer nicht ersetzt be-
kommen. M. a. W. die Steuer bewirkt eine Konzentration

---

[1]) Gilt vor allem für Steuern nach Ist-Reinerträgen, welche den Kosten-
verbrauch (Input-Output-Verhältnis) außer acht lassen (Kostenindifferenz, insbesondere „Kostenschinderei" ist, volkswirtschaftlich gesehen, ein Verlust).

des Angebots bei den leistungsfähigen Firmen, die bei gegebenen objektiven, der Steuerbelastung zugrunde gelegten Daten, noch mithalten können. Eine Steuer dagegen, welche die Ist-Erträge zur Bemessungsgrundlage hat, wirkt gradmäßig in jedem Falle geringer in dieser Richtung. Hier werden nur die intramarginalen Produzenten besteuert, die Überwälzbarkeit der Steuer ist dementsprechend geringer, redistributive Wirkungen nehmen einen größeren Raum ein. Es ist in diesem Zusammenhang zu bemerken, daß auch die heutigen deutschen Steuern Sollertragselemente enthalten, vgl. z. B. die Gewerbesteuer, soweit es sich um die Bemessungsgrundlagen Gewerbekapital und Lohnsumme handelt.

β_2) Dazu kommen auf *institutioneller* Ebene liegende Schwierigkeiten bei der Festlegung der Sollerträge. Die die Sollerträge festlegenden Gremien werden schwersten Belastungen durch die betroffenen Steuerzahler ausgesetzt. Denn: Die technische Entwicklung hat infolge der produktionsmäßigen Spezialisierung eine derartige Differenzierung zur Folge gehabt, daß die „objektiven" Tatbestände von Branche zu Branche (intra) und auch in den Betrieben innerhalb einer Branche (inter) sehr unterschiedlich liegen. Deshalb unterliegt jede Festsetzung von Sollerträgen der Gefahr — zumindest aber vom Gesichtspunkt der betroffenen Zensiten oder Zensitengruppen aus gesehen — willkürlich zu erscheinen. Die Betroffenen würden sich insbesondere wegen des heute stark entwickelten Gruppensolidarismus einer Belastung widersetzen, welche die Grenzproduzenten ad exitum bringt — gestützt durch Überlegungen derart, daß eine hohe Sollfestsetzung auch die intramarginalen Produzenten stärker trifft als eine mäßige.

γ) Zu erwähnen ist schließlich noch ein Gesichtspunkt, dessen Verfolgung ein Abschwächen des objektiven Charakters der Ertragsteuern hin zu einer Subjektivierung bedeuten würde. Ausgehend von dem für die Wettbewerbswirtschaft eintretenden Neoliberalismus — soweit er seine ursprüngliche theoretische Grundlage: viele kleine Produzenten zur Erfüllung der klassischen Voraussetzungen auch im wirtschaftspolitischen Rahmen völlig ernst

nimmt — könnte für die Höherbelastung größerer Ertragsobjekte (Firmen) eingetreten werden. Bei Vorliegen von Sollertrag-
steuern wäre ein solches Anliegen durch höhere Festsetzung der
Sollerträge (bei äußerlich gleichen Steuersätzen) zu verwirklichen.
Bei Istertragsteuern könnte es erreicht werden durch Verlassen
des proportionalen Tarifs, der, wie erwähnt, dem objektiven Charakter der Ertragsteuern grundsätzlich am besten entspricht. Ein
Beispiel in dieser Beziehung bietet, zumindest im Ansatz, die
deutsche Gewerbesteuer, die für Einzelunternehmen, Personengesellschaften und personenbezogene Kapitalgesellschaften eine
versteckte Progression aufweist, verursacht durch Freibetrag
und gestufte Grenzsteuersätze im Bereich bis 16 800,— DM des
Gewerbeertrages.

c) Die Bedeutung der Ertragsteuern
als Gemeindesteuern

α) Weiterhin hat man den Ertragsteuern eine Rolle zu-
weisen wollen, die dem sonst (zumindest im Rahmen der
direkten Steuern) weithin zurücktretenden Gesichtspunkt
der *Äquivalenz* ein Refugium verschaffen soll. Werden
die Ertragsteuern — wie in Deutschland letzten Endes nach
einer wechselvollen Geschichte — den Gemeinden zugewiesen, so bietet sich die Möglichkeit, solche Lasten, die
den Gemeinden gerade im Zusammenhang mit der Ertrags-
erzielung der Haus- und Grundstücksbesitzer, insbesondere
aber der Besitzer von Gewerbebetrieben anfallen, gemäß
den Vorteilen, die den genannten Privaten zufließen, um-
zulegen. Das würde auch gelten im Zusammenhang mit
der Tatsache, daß die Gemeinden als untere Gebietskörperschaften leichter die Leistungsfähigkeit der besteuerten Objekte und damit der Zensiten beurteilen könnten.

Mit Recht hat jedoch insbesondere Georg von Schanz auf
die Schwierigkeiten der Zurechnung aufmerksam gemacht,
die sich dadurch ergeben, daß die Leistungen der Gemeinden nicht nur den genannten Kreisen, sondern mehr oder
weniger allen Einwohnern zugute kommen. Darüber hinaus spricht gegen die Betonung des Äquivalenzprinzips,
daß Lasten- und Steuerbezug nicht immer in der gleichen

Gemeinde liegen. Zu denken ist hier an das Problem der sogenannten Pendelwanderungen: Arbeiter sind nicht in ihrer Wohngemeinde beschäftigt, so daß diese zwar die Lasten der Arbeiterbevölkerung zu tragen hat, aber an den Steuerzahlungen des die Arbeiter beschäftigenden Betriebes nicht beteiligt ist. Hier setzt aber z. B. bei der deutschen Gewerbesteuer ein Ausgleichszuschuß der Betriebs- an die Wohngemeinde ein.

β) Immerhin, die Zuweisung der Ertragsteuern an die Gemeinden hat für diese eine besondere *fiskalische* Bedeutung insofern, als ihnen dadurch — besonders bei Vorliegen von Merkmalsteuern — eine einigermaßen stetig fließende Quelle zur Verfügung gestellt wird, die weniger stark von Konjunkturschwankungen abhängig ist als dies bei andern Steuern der Fall ist. Zudem könnte auch durch eine Variation der Steuersätze ein solch stetiger Strom herbeigeführt werden. Aber gerade wegen dieser Möglichkeit ergeben sich besondere finanzpolitisch-volkswirtschaftliche *Probleme*: Durch eine Erhöhung der Steuersätze in gesamtwirtschaftlichen Depressionszeiten wird eine in heutiger Sicht unliebsame *Parallelpolitik* praktiziert. Zum anderen ist zu bedenken, daß durch die Neigung ärmerer Gemeinden, dauernden finanziellen Notlagen mit einer nachhaltigen Erhöhung der Steuersätze zu begegnen, hier „*Steuerwüsten*" geschaffen werden, denen „*Steueroasen*" in reichen Gemeinden gegenüberstehen, so daß dadurch eine negative oder positive Attraktion entsteht, d. h. *Standortverschiebungen* eintreten, oder zumindest die Hinwendung zu im übrigen ökonomisch gesehen günstigeren Standorten verhindert wird. Wer wie die Vertreter klassischer Theorie davon ausgeht, daß eine solche Standortverteilung „optimal" ist, die sich nach rein wirtschaftlichen Gesichtspunkten vollzieht, wird darin eine Verhinderung der günstigsten Standortwahl sehen müssen, die mit volkswirtschaftlichen Produktivitätsverlusten verbunden ist. Das erwähnte Argument der Entstehung von Steuerwüsten und -oasen reicht jedoch tief in die Problematik des Finanzausgleichs hinein (vgl. Band IV, X, § 1).

3. Entwicklung und Verbreitung der
Ertragsteuern

Wird die Darstellung der älteren Entwicklung — die Ertragsbesteuerung gehört, insbesondere in der Form von
Grundsteuern, zu den ältesten Steuerformen — hier
vernachlässigt, so läßt sich sagen, daß die Ertragsteuern im
19. Jahrhundert, vor allem auf dem europäischen Kontinent, eine hervorragende Rolle spielten, ja daß, wie Bickel
betont, dieses Jahrhundert das „Jahrhundert der Ertragsteuern" war. Insbesondere in *Frankreich* haben die im
Anschluß an die große Revolution eingeführten vier großen Ertragsteuern (Grundsteuer, Personal-Mobiliarsteuer[1]),
Gewerbesteuer, Tür- und Fenstersteuer) eine hervorragende
Rolle gespielt. Der immer wieder erhobenen Forderung
der politischen Linken nach Einführung progressiver Einkommensteuern wurden vom liberalen Bürgertum zwei
Gedanken entgegengestellt: Einmal die Idee der Freiheit,
zu der ein inquisitorisches Eindringen der Behörden in die
Verhältnisse der Bürger im Widerspruch stünde. Bei vorzüglich an äußeren Merkmalen anknüpfenden Ertragsteu-
ern aber würde eine solche „inquisition fiscale" vermieden.
Zum anderen die Idee der Gleichheit, die eine prinzipielle
Ablehnung jeder Progression erforderlich mache. Über die
neuere Entwicklung, die dennoch eine Einmündung in die
Einkommensbesteuerung brachte, vgl. oben, § 1, 3 c.

In *Deutschland* sind vor allem die dem französischen Einfluß in starkem Maße offenen *süd-* und *west*deutschen
Staaten zum Ausbau des Ertragsteuersystems übergegan-
gen, dem erst relativ spät Einkommensteuern hinzuge-
fügt wurden.

In *Nord*deutschland dagegen, vor allem in *Preußen*, sind
frühzeitig — zunächst primitive und auch nur für das flache
Land geltende — Personalsteuern eingeführt worden, die in
der Einführung moderner allgemeiner Einkommensteuern
und Vermögensergänzungssteuern gipfelten, während die

---

[1]) Der eine Teil dieser Steuer, die taxe proportionnelle, war eine kopfsteuerartige Arbeitsertragsteuer.

Steuern des nur rudimentär entwickelten Ertragsteuersystems (Grund- und Gebäudesteuern, Gewerbesteuern)
1893 den Gemeinden überwiesen wurden.

Das Landessteuergesetz von 1920 überließ nach der Über-
führung der Einkommensbesteuerung auf das *Reich* den
Ländern nur mehr die Steuern vom Grundvermögen und
vom Gewerbebetrieb zur eigenen Erhebung.

Eine Kapitalertragsteuer i. e. S. wurde, nachdem sie in
einigen süddeutschen Ländern schon seit langem innerhalb
des dort vorherrschenden Ertragsteuersystems bestanden
hatte, von Reichs wegen 1920 zur Vorbelastung fundierter
Einkommen eingeführt. Da sie neben der Einkommensteuer
erhoben wurde und eine Anrechnung in der Regel nicht möglich war, hatte sie grundsätzlich den Charakter einer Ertragsteuer. Diese Regelung wurde jedoch bereits 1923
wieder außer Kraft gesetzt. Heute erfolgt die Besteuerung
der Kapitalerträge im Rahmen der Einkommensteuer nach
Grundsätzen, durch die der Ertragsteuercharakter fast völlig verlorengegangen ist. Vgl. oben, § 1, 4.

Durch die Realsteuerreform von 1936 sind die Grund-
und die Gewerbesteuer unter einheitlicher steuergesetzlicher
Regelung durch das Reich den Gemeinden überwiesen
worden. Heute steht nach Art. 105 des Grundgesetzes die
(konkurrierende) Gesetzgebung dem Bunde zu, das Aufkommen der Realsteuern dagegen den Gemeinden (Art.
106 GG).

Zur *britischen* Sonderentwicklung s. o. bei der Einkommensteuer. Der zeitweilig vertretenen Meinung, daß die
englische Einkommensteuer ein Mittelding zwischen einer
allgemeinen Einkommensteuer und einer Ertragsteuer bilde,
kann man wohl, wenn man die Struktur, wie sie oben skiz-
ziert wurde, genauer betrachtet, nicht folgen: Sie hat sich
inzwischen in Wesen und Erfolg zu einer Einkommensteuer
voll entwickelt. Neben der Einkommensteuer bestehen
heute noch Grund- und Gebäudesteuern mit ertragsteuer-
artigem Charakter, die von den Selbstverwaltungskörper-
schaften als „local rates" erhoben werden und auch in die

von England besiedelten überseeischen Gebiete verpflanzt wurden. In mehreren überseeischen Ländern kommen besondere „land taxes" vor, die z. T. von bodenreformerischen Ideen inspiriert sind und die reine Bodenrente treffen sollen.

Will man zu einem abschließenden Urteil über die heutige Bedeutung der Ertragsteuern gelangen, so ist an ihre Verbreitung in den romanischen Ländern zu denken, wo ein umfassendes Ertragsteuersystem besteht, und die aufgesetzte globale Einkommensteuer grundsätzlich nur ergänzenden Charakter hat. Man hat in diesem Zusammenhang auch vom romanischen Typus der Ertragseinkommensteuer gesprochen. Immerhin ist aber daran zu erinnern, daß, wie gezeigt wurde, mit Frankreich jetzt eines der bedeutendsten romanischen Länder den Weg zur reinen Einkommensteuer beschritten hat (einige Ertragsteuern noch als Departments- und Gemeindesteuern). Inwieweit Italien und Spanien, wo Ertragsteuern sogar noch in der einfachsten Form der Merkmalsbesteuerung vorkommen, dieser Entwicklung folgen werden, mag dahingestellt bleiben. In Italien jedenfalls sind Bestrebungen im Gange, eine einheitliche Einkommensteuer einzuführen.

4. Die deutsche Grund- (und Gebäude-) steuer

a) Die Grundsteuer, die finanzgeschichtlich zu den ältesten Steuern zählt, hat im 19. Jahrhundert in Deutschland eine durchaus wechselvolle Geschichte gehabt. Sie wurde z. B. in Preußen seit 1861 als kontingentierte Ertragsteuer erhoben, wobei entsprechend der Bodengüte festgesetzte, nachhaltig erzielbare Durchschnittserträge zugrunde gelegt wurden. Infolgedessen hatte die Grundsteuer den Charakter einer Sollertragsteuer (vgl. oben, 2 b), deren erzieherischer Wert für die Landwirtschaft insbesondere von Aereboe betont wurde. Nach 1923 erhielt sie die Form einer „Grundvermögensteuer" (s. o., § 4, 1 b, β2), die den Wert der Grundstücke zur Bemessungsgrundlage hatte. Wichtige Stationen zu einer (reichs-)einheitlichen Regelung waren das Reichsbewertungsgesetz vom 10. 8. 1925, durch das die Einheitswerte (vgl. oben bei Vermögensteuer) geschaffen wurden und die nach vorbereitenden Schritten Ende der 20er Jahre 1936 erfolgende Realsteuerreform, die die bis dahin immer wieder aufgeschobene Verwendung der Einheitswerte bei der Grundsteuer durchsetzte. Die Stellung der Besteuerung von Gebäuden im Steuersystem war ebenfalls wechselvoll. Staatenweise und auch zeitlich unterschiedlich bestanden teils besondere Gebäudesteuern, zum anderen erfolgte die steuerliche Belastung der Gebäude im Rahmen der Grundsteuer.

b) Heute gilt das Grundsteuergesetz vom 1. 12. 1936 in der Fassung vom 10. 8. 1951, zuletzt geändert durch Gesetz vom 24. 8. 1965, das die Besteuerung des Grund und Bodens wie der Gebäude in einem einheitlichen Gesetz erfaßt. Danach ist die Grundsteuer eine bundesrechtlich geregelte Gemeindesteuer, die als Realsteuer mit dem Charakter einer öffentlichen Last von landwirtschaftlichen, Wohn- und gewerblichen Zwecken dienenden Grundstücken erhoben wird. *Steuergegenstand* sind dementsprechend:

(1) land- und forstwirtschaftliches Vermögen im Sinne des Bewertungsgesetzes, genauer der landwirtschaftliche Betrieb (d. h. nicht nur der landwirtschaftlich genutzte Boden, sondern auch Häuser, lebendes und totes Inventar, Nebenbetriebe und Sonderkulturen);

(2) Grundvermögen im Sinne des Bewertungsgesetzes, d. h. Grundstücke (nicht landwirtschaftlicher Art), die nicht zu einem gewerblichen Betrieb gehören, ohne Trennung der Gebäude vom Boden. Also vor allem: städt. Wohnbesitz, nicht landwirtschaftlich genutzter Grundbesitz auf dem Dorfe;

(3) gewerbliche Betriebsgrundstücke, d. h. die zu einem gewerblichen Betrieb gehörenden Grundstücke.

Eine Reihe von *Befreiungen und Vergünstigungen* betreffen die öffentliche Hand, gemeinnützige und mildtätige Organisationen, Krankenanstalten; Erlaß ist möglich u. a. bei wesentlicher Ertragsminderung.

Die *Höhe der Steuer* bemißt sich wie folgt: Für die *Bewertung* der Grundstücke ist der *Einheitswert* maßgebend. An den Einheitswert wird der Steuersatz (*Steuermeßzahl* genannt) angelegt. Die allgemeine Steuermeßzahl beträgt 10 $^o/_{oo}$, nach der Grundsteuerdurchführungsverordnung besteht jedoch eine Differenzierung der Sätze, durch die bei land- und forstwirtschaftlichen Betrieben die Höhe des Einheitswertes, bei bebauten Grundstücken darüber hinaus das Alter der Bauten und die Größe der Gemeinden berücksichtigt werden; ein ermäßigter Satz gilt auch für unbebaute Grundstücke, wenn sie nicht für eigene oder fremde gewerbliche oder betriebliche Zwecke genutzt werden oder nicht Vorratsgelände öffentlicher oder gewerblicher Betriebe sind. Für unbebaute baureife Grundstücke wurden nach dem Bundesbaugesetz vom 23. 6. 1960 vom 1. 1. 1961 an erhöhte Steuermeßzahlen (20 $^o/_{oo}$ bis 30 $^o/_{oo}$) festgelegt (siehe dazu unten, § 5, Zuwachssteuern). Diese Regelung ist jedoch am 10. 6. 1964 mit Wirkung vom 1. 1. 1963 wieder aufgehoben worden.

Das Besteuerungsverfahren verläuft in drei Stadien: (1) Grundlage sind die nach dem Bewertungsgesetz festzustellenden Einheitswerte; (2) vom zuständigen Finanzamt wird der Grundsteuermeßbescheid erlassen, in dem unter Anwendung des Steuersatzes auf den Einheitswert der steuerliche Grundbetrag (*„Steuermeßbetrag"*) festgelegt wird; (3) die Gemeinden setzen jährlich die *Hebesätze* fest und erteilen den Grundsteuerbescheid, den sie zugleich mit den ihnen vom Finanzamt gelieferten „Grundsteuermeßbescheiden" an die Zensiten versenden. Die Hebesätze für landwirtschaftlichen Zwecken dienende Grundstücke sind meist niedriger (Grundsteuer A) als die gewerblichen oder Wohnzwecken dienenden Grundstücke. Die auf den letzteren lastende Steuer erscheint in den Statistiken daher gesondert als Grundsteuer B. Erstreckt sich der Steuergegenstand über mehrere Gemeinden, ist der Steuermeßbetrag zu zerlegen. An die Stelle der Zerlegung kann auch ein Steuerausgleich zwischen den Gemeinden treten.

5. Die deutsche Gewerbesteuer

a) Die Gewerbesteuern, die zwar mit den Grund- und Gebäudesteuern zu den „alten" Ertragsteuern gehören, haben ihre eigentliche Bedeutung jedoch erst mit der Einführung der Gewerbefreiheit (Frankreich 1791, Preußen 1810, in anderen deutschen Ländern später) erlangt. Während zunächst ihre fiskalische Bedeutung geringer war als die der Grundsteuern, wurde sie mit fortschreitender Industrialisierung immer wichtiger, gleichzeitig aber wurde auch die steuerliche Erfassung des Gewerbeertrages immer schwieriger. Im Zusammenhang mit dem allgemein auftretenden Streben, dem Grundsatze der „Gerechtigkeit" Eingang in das Steuerwesen zu verschaffen, also dem Gedanken, bei den direkten Steuern eine auf das Einkommen bezogene Progression, verstärkt durch die Mehrbelastung des „fundierten" Einkommens, durchzusetzen, trat die Gewerbesteuer bedeutungsmäßig zurück.

Die zunächst vorherrschende Merkmalsbesteuerung ist immer mehr aufgegeben worden. So hat z. B. Preußen im Rahmen der 1810 eingeführten, mit ihren Veränderungen von 1820 und 1861 vor allem an Gewerbeklassen und Ortsgröße anknüpfenden Gewerbesteuer, 1891 den Gewerbeertrag und das Kapital als Bemessungsgrundlage eingeführt. Immerhin blieb es dabei, so ausdrücklich im Landessteuergesetz des Deutschen Reiches von 1920 verfügt, daß die Gewerbesteuer nicht wie die Einkommensteuer ausgestaltet sein und Merkmale, die auf Berücksichtigung der persönlichen Leistungsfähigkeit abzielen, der Besteuerung nicht zugrunde gelegt werden dürfen.

b) Heute wird die Gewerbesteuer in der Bundesrepublik Deutschland nach dem Gewerbesteuergesetz (GewStG) in der Fassung vom 25. 5. 1965 erhoben. Sie ist eine bundesrechtlich geregelte, den Gemeinden zufließende Steuer, der jeder stehende Gewerbebetrieb und jeder Reisegewerbebetrieb unterliegt, soweit er im Inland betrieben wird (§§ 1, 2, 35a). Unter Gewerbebetrieb ist ein gewerbliches Unternehmen im Sinne des Einkommensteuergesetzes zu ver-

stehen (§ 2, 1), d. h. jede selbständige, nachhaltige Be-
tätigung, die mit Gewinnabsicht unternommen wird und
sich als Beteiligung am allgemeinen wirtschaftlichen Verkehr darstellt, wenn sie weder als Land- und Forstwirtschaft noch als freier Beruf noch als eine andere selbständige Arbeit im Sinne des EStG anzusehen ist. Die Gewinnabsicht braucht nicht Hauptzweck der Tätigkeit zu sein
(§ 1, 1 GewStDV). Der Kreis dieser gewerbesteuerpflichti-
gen Tätigkeiten wird erweitert durch § 2, 2. Danach gilt
stets und in vollem Umfang als Gewerbebetrieb die Tätigkeit:

a) der offenen Handelsgesellschaften, Kommanditgesellschaften und anderer Gesellschaften, bei denen die Gesellschafter als Unternehmer (Mitunternehmer) des Gewerbebetriebes anzusehen sind. Das bedeutet, daß bei Personengesellschaften wenigstens eine Tätigkeit vorliegen muß,
deren Charakter eine gewerbliche ist. In diesem Falle gilt
die Gesamttätigkeit als Gewerbebetrieb.

b) der Kapitalgesellschaften, der Erwerbs- und Wirtschaftsgenossenschaften und der Versicherungsvereine auf
Gegenseitigkeit (Gewerbesteuerpflicht kraft Rechtsform).
Ist ein solches Unternehmen dem Willen eines anderen inländischen Unternehmens derart untergeordnet, daß es keinen eigenen Willen hat (Organschaft), so gilt es als Betriebsstätte dieses Unternehmens.

Nach § 2, 3 gilt als Gewerbebetrieb auch die Tätigkeit
der sonstigen juristischen Personen des privaten Rechts und
der nichtrechtsfähigen Vereine, soweit sie einen wirtschaftlichen Geschäftsbetrieb (ausgenommen Land- und Forstwirtschaft) unterhalten. Die Steuerpflicht ist hier im Gegensatz zu den eben genannten Fällen auf den wirtschaftlichen
Geschäftsbetrieb beschränkt.

Die öffentliche Hand ist steuerpflichtig einmal für regelrechte Gewerbebetriebe, die sie unterhält, weiter für Versorgungsbetriebe im steuerrechtlich anerkannten Sinne (Gas,
Wasser, Elektrizität, Häfen, Verkehr, Wärme), auch wenn

sie mit Zwangs- und Monopolrechten ausgestattet sind. Unternehmen, die überwiegend der Ausübung der öffentlichen Gewalt dienen (Hoheitsbetriebe), gehören nicht zu den Gewerbebetrieben (§ 2 GewStDV). Von der Gewerbesteuer befreit sind nach § 3 Bundespost, Bundesbahn, Bundesbank u. a.

Steuerschuldner ist der Unternehmer, für dessen Rechnung das Gewerbe betrieben wird.

Es werden bei der Gewerbesteuer verschiedene *Bemessungsgrundlagen* unterschieden: Gewerbeertrag, Gewerbekapital und die Lohnsumme, wobei die beiden ersten obligatorisch sind, die letzte dagegen den Gemeinden freigestellt ist; die Lohnsummensteuer darf nur mit Zustimmung der Landesregierung erhoben werden. Sie kommt für Reisegewerbetreibende nicht infrage.

Steuerrechtliche Grundlage des *Gewerbeertrages* ist der für die Einkommensbesteuerung ermittelte Gewinn, verändert durch gewisse Hinzurechnungen und Kürzungen, die den Gewinn in Richtung auf den Ertragsbegriff objektivieren. So sind z. B. hinzuzurechnen die Zinsen für Dauerschulden, womit der Tatsache Rechnung getragen wird, daß es bei dem Ertrag des Betriebes als solchem nicht darauf ankommt, ob er mit Eigen- oder Fremdkapital erzielt wurde. Abzuziehen sind z. B. 3 % des Einheitswertes der Betriebsgrundstücke, weil diese von der Grundsteuer erfaßt werden.

Als *Gewerbekapital* gilt grundsätzlich der jeweils letzte festgestellte Einheitswert des Gewerbebetriebes, aber auch hier werden (zwecks Objektivierung) Hinzurechnungen und Kürzungen vorgenommen.

Für die Gewerbeertrag- und Gewerbekapitalsteuer wird ein einheitlicher Grundbetrag („Steuermeßbetrag") wie folgt ermittelt: An den *Gewerbeertrag* wird ein Steuersatz („Steuermeßzahl") von 5 % angelegt. Bei natürlichen Personen und Personengesellschaften besteht ein Freibetrag von 7200,— DM, dann steigt bis zu einem Ertrage von 16 800,— DM im Sinne eines Stufengrenzsatztarifs der Grenzsteuersatz von 1 % auf 4 %, darüber hinaus beträgt

er ebenfalls 5 %. Das Ergebnis ist der „Steuer-Meßbetrag"
der Gewerbeertragsteuer. Für das *Gewerbekapital* beträgt
der Steuersatz („Steuermeßzahl") 2 $^0/_{00}$, das Ergebnis bei
gegebenem steuerlich relevantem Gewerbekapital ist der
Steuermeßbetrag der Gewerbekapitalsteuer (Freigrenze
6000,— DM Gewerbekapital). Die Zusammenzählung der
Steuermeßbeträge der Gewerbeertrag- und der Gewerbekapitalsteuer ergibt den „einheitlichen Steuermeßbetrag".
   Die Gemeinden setzen — wie bei den Grundsteuern —
jährlich den Hebesatz fest. Die Multiplikation dieses He-
besatzes mit dem Steuermeßbetrag ergibt dann den Steuerbetrag. Der Steuermeßbetrag wird in Steuermeßbeschei-
den durch das Finanzamt festgelegt, der Steuerbetrag in Ge-
werbesteuerbescheiden durch die kommunalen Steuerämter.
Es ist zu betonen, daß grundsätzlich der Hebesatz für die
Gewerbeertrag- und Gewerbekapitalsteuer lt. Gesetz einheitlich und für alle Betriebe gleich sein muß. Ausnahmen
sind möglich für Zweigstellen ortsfremder Bank-, Kredit-
und Wareneinzelhandelsunternehmen, denen ein bis zu
drei Zehnteln höherer Hebesatz auferlegt werden kann.
Damit soll den Gemeinden die Möglichkeit gegeben werden, das bereits ansässige Gewerbe vor neu auftauchenden
ortsfremden Unternehmen zu schützen. Für Wareneinzelhandelsunternehmen ist die Zweigstellensteuer durch eine
Entscheidung des Bundesverfassungsgerichts vom 13. 7. 1965
für verfassungswidrig erklärt worden, da sie den Gleich-
heitsgrundsatz verletze.
   Die Hebesätze der (nicht obligatorischen) *Lohnsummen-*
steuer dürfen von denen der Gewerbeertrag- und Gewerbekapitalsteuer abweichen. Die Bemessungsgrundlage der
Lohnsummensteuer ist die Summe der Vergütungen, die in
einem Monat an die Arbeitnehmer gezahlt werden, wobei
bei einer Jahreslohnsumme bis 24 000,— DM die ersten
9000,— DM abgezogen werden. Der Steuersatz der Lohnsummensteuer beträgt 2 $^0/_{00}$. Es ist zu bemerken, daß die
Lohnsummensteuer in einem besonderen Maße umstritten ist.
Es besteht die Gefahr, daß die Gemeinden wie überhaupt
bei den Gemeindesteuern gerade in beschäftigungsmäßigen

und damit auch staatsfinanziellen Notzeiten höhere Hebesätze beschließen. Diese „fiscal perversity" mag bei der
Lohnsummensteuer speziell eine „Substituierung" von Arbeit durch Kapital und damit eine Verstärkung der im Ge-
meinderevier vorhandenen Arbeitslosigkeit zur Folge
haben.

Erstreckt sich eine Betriebsstätte über mehrere Gemeinden oder hat ein Unternehmer verschiedene Betriebsstät-
ten in mehreren Gemeinden, wird der einheitliche Steuermeßbetrag für die Gewerbeertrag- und die Gewerbekapitalsteuer zerlegt. Bei der Lohnsummensteuer ist eine besondere Zerlegung nur nötig, wenn sich eine Betriebsstätte über
mehrere Gemeinden erstreckt (vgl. ergänzend Bd. IV, X,
§ 3, 3b, δ).

Im Zusammenhang mit der Diskussion um eine Gemeindefinanzreform ist jüngst in dem „Gutachten über die Finanzreform in der Bundesrepublik Deutschland" von der Kommission für die Finanzreform vorgeschlagen worden, den unbefrie-
digen Zustand der einseitigen Verlagerung des Schwergewichts
der gemeindlichen Besteuerung auf die Gewerbesteuer und die
damit verbundene starke Konjunkturempfindlichkeit der kommunalen Steuereinnahmen zu beseitigen. Ferner wurde hervorgehoben, daß das Übergewicht der Gewerbesteuer von Gemeinde zu
Gemeinde zu einer völlig unterschiedlichen Entwicklung des
Steueraufkommens geführt hat. Die Kommission schlägt demzufolge vor, die Gewerbeertragsteuer ganz aufzugeben. Da die
Kommission die Meinung vertritt, daß die Mängel, die heute
der Gewerbeertragsteuer anhaften, bei der Kapital- und Lohnsummensteuer nicht im gleichen Maße ausgeprägt sind, spricht
sie sich für eine — zumindest vorläufige — Beibehaltung der Gewerbekapitalsteuer und für die Ausdehnung der Gewerbelohn-
summensteuer auf alle Gemeinden aus.

§ 5. Zuwachssteuern

1. Begriff und Arten

a) Begriff

Unter dem zusammenfassenden Begriff Zuwachssteuern
seien solche Steuern verstanden, bei denen der Zuwachs,
nicht die aktuelle Größe eines Steuergegenstandes Steuer-

bemessungsgrundlage ist. Dabei kann sich der Zuwachs grundsätzlich auf das Einkommen oder das Vermögen beziehen. Bei letzterem kann weiter unterschieden werden zwischen Zuwächsen, die sich auf das Gesamtvermögen beziehen und solchen, die lediglich Vermögensteile zum Gegenstand haben. Entsprechend dieser Gliederung soll hier von Mehreinkommensteuern gesprochen werden, soweit es sich um Einkommenszuwächse handelt, von Vermögenszuwachssteuern, wenn es sich um Zuwächse am Gesamtvermögen handelt; Steuern, die sich auf Wertzuwächse bei Vermögen*teilen* beziehen, werden als Wertzuwachssteuern definiert.

b) Mehreinkommensteuern

Bei den Mehreinkommensteuern ist — wie gesagt — der Ansatzpunkt (Bemessungsgrundlage) das Mehreinkommen, finanzhistorisch vor allem der Mehr- oder Übergewinn. Er kann als Mehrbetrag gegenüber dem Gewinn (G) einer vorangegangenen Basisperiode oder dem Durchschnittsgewinn verschiedener früherer Perioden ermittelt werden. Die Dimension der Bemessungsgrundlage ist $\triangle G/\triangle t$, d. i. der zeitbezogene Zuwachs einer Stromgröße. Der Mehrgewinn kann auch definiert werden als Überschuß des laufenden über einen „normalen“ Gewinn, dessen „Angemessenheit“ durch einen bestimmten Prozentsatz des Gewinns zum investierten Kapital ausgedrückt wird.

Es sind auch Kombinationen dieser beiden Grundformen denkbar und in concreto belegbar. Der Tarif kann proportional gestaltet sein (u. U. unter Gewährung von Steuerfreibeträgen), aber auch progressiv.

Übergewinnsteuern sind vor allem in den letzten beiden Weltkriegen, aber auch im Zusammenhang mit dem Korea-Krieg erhoben worden. Hervorzuheben sind insbesondere die recht scharfen Belastungen, die sowohl in *Großbritannien* (Excess Profits Duty and Excess Profits Levy) als auch in den *Vereinigten Staaten von Amerika* (Excess Profits Tax, War Excess Profits Tax) auferlegt wurden. Aber auch *neutrale Länder*, so Schweden und die Schweiz, haben Kriegsgewinnsteuern erhoben. In *Deutschland* wurde im Rahmen der im übrigen milden Kriegssteuer-

reformen erst 1916 eine Kriegsgewinnbesteuerung der Kapitalgesellschaften eingeführt, während bei den natürlichen Personen
eine Besteuerung auf der Grundlage des Vermögenszuwachses
erfolgte. Dadurch wurde ein übersteigerter Verbrauch geradezu
herausgefordert, so daß es verständlich ist, daß innerhalb der
a. o. Kriegsabgaben von 1918 und 1919 für natürliche Personen
auch das Übereinkommen gegenüber Friedenszeiten, ausgehend
von den einzelstaatlichen Einkommensteuer-Veranlagungen, als
Steuerbemessungsgrundlage herangezogen wurde. Im zweiten
Weltkrieg wurde durch die sogenannte „Gewinnabführung" der
Teil des Gewinns erfaßt, der einen bestimmten aus Kapital und
Umsatz abgeleiteten Betrag überstieg. Zwischenzeitlich wendete
man in den Jahren 1941 und 1942 den zeitlichen Vergleich an.

c) Vermögenszuwachssteuern

Im Gegensatz zu den Mehreinkommensteuern bezieht
sich die Steuerbemessungsgrundlage bei den Vermögenszuwachssteuern ausschließlich auf den Zuwachs von Bestandsgrößen, die Dimension ist $\Delta K / \Delta t$. Dabei umfaßt die Größe
K das jeweilige Gesamtvermögen einer Person und ist sub-
jektiv-qualifiziert, d. h., es werden die persönlichen Umstände
des Zensiten durch Freibeträge, Freigrenzen usw. berücksichtigt.

In *Deutschland* sind Vermögenszuwachssteuern sowohl in einer
Zeit erhöhter Rüstungsanstrengungen vor dem ersten Weltkriege
als auch während des ersten Weltkrieges erhoben worden. Die
sogenannte „Besitzsteuer" von 1913, in zeitlicher Verbindung
mit dem einmaligen „Wehrbeitrag" eingeführt, war als laufende
Vermögenszuwachssteuer gedacht, ist aber in der Folge nur zwei-
mal, zuletzt 1920, veranlagt worden. Die 1916 und 1917 zur
Erfassung der Kriegsgewinne von natürlichen Personen erhobene
Vermögenszuwachssteuer wurde bereits oben erwähnt. Sie
war progressiv gestaffelt und wurde ergänzt durch eine allgemeine Vermögensteuer auf den Stamm des Vermögens, soweit es
90 % des 1913 festgestellten Vermögens überstieg. Die Vermö-
genszuwachssteueridee hat dann nach dem Kriege im Rahmen der
Erzbergerschen Steuerreformversuche eine in besonderem Maße
ethisch begründete Bedeutung erfahren. Die zuletzt durch das
Gesetz vom 8. 4. 1922 geordnete Reichsvermögenszuwachssteuer
ist jedoch bereits 1925 außer Hebung gesetzt worden.

d) Wertzuwachssteuern

Auch hier hat, wie bei den Vermögenszuwachssteuern, die Steuerbemessungsgrundlage die Dimension $\triangle K/\triangle t$, d. h., es wird der Zuwachs in einer Bestandsgröße steuerlich belastet. Die zu vergleichenden Bestandsgrößen sind jedoch nicht das gesamte Vermögen, sondern die Werte bestimmter Vermögensgegenstände, bei deren Feststellung (im Falle einer „reinen" Wertzuwachssteuer) auch die persönlichen Umstände des Zensiten nicht berücksichtigt werden.

Im Vordergrund der Diskussion standen die Bodenwertzuwachssteuern, deren Bedeutung vor allem von den Bodenreformern (Henry George, Adolf Damaschke) hervorgehoben wurde. Steuertechnisch können sie als Katastersteuern oder als Verkehrsteuern erhoben werden, wobei bei letzteren allerdings nur der Wertzuwachs besteuert wird, der bei einem Besitzwechsel in Erscheinung tritt. Nachdem in Deutschland um die Jahrhundertwende bereits in Einzelfällen Gemeinde- und Kreis-, z. T. auch Landessteuern erhoben worden waren, hat das Reich seit 1911 eine Grundwertzuwachssteuer als Verkehrsteuer erhoben, die allerdings bereits 1913 im Zusammenhang mit der Einführung der „Besitzsteuer" (s. o.) wieder abgeschafft wurde, da man eine Doppelbelastung nicht glaubte vertreten zu können. Die Verfügung über die Grundwertzuwachssteuer wurde finanziell wie rechtlich in die Gewalt der Einzelstaaten gelegt. Mit der Novelle zum Finanzausgleichsgesetz vom 10. 8. 1925 wurde den Ländern die Pflicht auferlegt, eine Wertzuwachssteuer zu erheben, wenn Grundstücke, die in der Zeit vom 1. 1. 1919 bis 31. 12. 1924 erworben worden waren, veräußert würden. Über die weitere Entwicklung in Deutschland siehe unten, 3 a. Erwähnt sei noch die französische Einrichtung der sogenannten Mehrwertabgabe, die zur Abschöpfung von Wertsteigerungen des Bodens infolge öffentlicher Aufwendungen erhoben werden kann.

Nach der großen Inflation wurde eine als „Hauszinssteuer" bekanntgewordene Steuer eingeführt, welche die im Zusammenhang mit der Geldentwertung entstandenen Gewinne der Hypothekenschuldner belasten und den Wohnungsbau mit Hilfe der dadurch erhaltenen Finanzmittel fördern sollte. Die laufende Belastung ist während des zweiten Weltkrieges zwecks „Abschöpfung überhängender Kaufkraft" durch eine Kapitalisierung der Steuerschuld, d. h. eine einmalige abschließende Belastung, ersetzt worden. Auch die im Zusammenhang mit der Geldreform

1948 erhobenen Sonderbelastungen, die *Kreditgewinnabgabe* und die *Hypothekengewinnabgabe*, sind deswegen in die Kategorie der Wertzuwachssteuern einzuordnen, weil hierbei nicht ein laufender Gewinn, sondern der Vorteil, der Schuldnern andernfalls in ihrem Vermögen erwachsen wäre, durch die Besteuerung — hier allerdings in gebotener rigoroser Weise — abgeschöpft wird. Vgl. dazu unten 3 b.

2. Würdigung

Bei der Begründung der Zuwachssteuern treten — wie in der Regel — mehrere Motivreihen auf.

a) Fiskalische Begründung

Mehrgewinn- und *Vermögenszuwachssteuern* sind vor allem in Zeiten erhoben worden, die einen besonders hohen Staatsaufwand erforderlich machten, gegeben durch besondere Rüstungs- und Kriegsanstrengungen oder zur Überwindung von staatsfinanziellen Notlagen nach Kriegen. Soweit erscheint die Einziehung besonderer Abgaben zunächst als ein Ausweg, um weitere Steuerquellen zu erschließen, wenn aus institutionellen oder anderen Gründen die weitere Ausschöpfung gegebener Quellen nicht möglich oder nicht ratsam erscheint.

b) Steuergerechtigkeit

α) Dazu kommt ein weiteres: In solchen staatsfinanziellen Situationen ergeben sich oft, d. h. dann, wenn eine überhöhte öffentliche Nachfrage wegen der Ausschöpfung der Produktionsquellen auf ein unelastisches Angebot stößt und wenn nicht gleichzeitig entsprechende, Kaufkraft in privater Hand abschöpfende Steuern erhoben werden, Preissteigerungen und dadurch prima facie *Übergewinne*, daraus folgend: *Vermögenszuwächse* in der Hand der Unternehmer, während die Preissteigerung in bekannter Weise der Allgemeinheit zur Last fällt. Dadurch erhält die zunächst nur unter fiskalischen Momenten betrachtete Notlösung der Erhebung besonderer Steuern ein ergänzendes Motiv: Die Belastung „unverdienter", auf Kosten der

Allgemeinheit erworbener Vorteile zugunsten dieser Allgemeinheit.

Bei den Vermögenszuwachssteuern ist allerdings eine Steuervermeidung dann möglich, wenn der Mehrgewinn zu einem erhöhten Konsum benutzt wird, so daß er sich nicht in einem Zuwachs im Vermögensstamm niederschlägt. Bei einer Mehrein-
kommensteuer ist das nicht zu erwarten, da ein erhöhter
Konsum nicht ihre Steuerbemessungsgrundlage mindert.

Es ist darüber hinaus zu fragen, ob nicht in einem allgemeinen
Sinn der Gerechtigkeitsgesichtspunkt mit anderen, politischen
und volkswirtschaftlichen Zielen kollidieren kann: Wenn Sondergewinne aus kreislaufmäßig bedingten Gründen deswegen entstehen, weil eine überhöhte Staatsnachfrage auf eine unelastische
Produktion stößt, dann mag eine rigorose Besteuerung der Gewinne gerade etwa sonst versuchte Produktionsanstrengungen negativ beeinflussen, ja vielleicht verhindern. Verstärkung des Preis-
drucks und damit Überwälzungserleichterungen mögen die Folge
sein. Quale und Quantum solcher Reaktionen hängen natürlich
von moralischen (Patriotismus in Kriegszeiten) und administra-
tiven Maßnahmen des Staates (Produktionslenkung und Preis-
politik in Kriegs- und Notzeiten) ab. Im übrigen gilt das Problem in stärkerem Maße bei alsbald (den Zensiten bei ihrer jeweiligen Entscheidungsfindung bekannten) als bei nachträglich erhobenen Steuern, weil dann die Steuererhebung nicht mehr die zeitlich früheren Wirtschaftsentscheidungen der Zensiten beeinflußt.
Wollte man deshalb in nachträglich erhobenen, also vor allem in
Vermögenszuwachssteuern, eine Lösung dieses Problems sehen,
so ist zum einen notwendig, auch auf die bereits genannte Vermeidungsmöglichkeit durch zwischenzeitlich erhöhten Konsum zu
verweisen, der im übrigen ebenfalls, allerdings nachfrageseitig
bedingt, preissteigernd wirken kann; zum anderen kommt bei
Vermögenszuwachssteuern — sofern sie nur in genügender Höhe
erhoben werden — auch das Liquiditätsproblem mit ins Spiel.
Sind die Mehrgewinne in Sachwerten angelegt worden, so mag
eine etwa notwendige Flüssigmachung der Werte zum Zweck der
Steuerzahlung ihren Verkaufswert wesentlich senken und damit
zu Störungen führen. Das Ausmaß solcher Wirkungen hängt
allerdings von der gesamten in der Volkswirtschaft gegebenen
Liquiditätssituation ab. Ist die Liquidität, wie in und nach den
Weltkriegen, infolge der besonderen Form der Kriegsfinanzierung
(Geldschöpfung durch im Bankensystem untergebrachte Staats-
kredite) groß, so sind sie durchaus begrenzt (Waren- oder Sach-

werthunger). Gleiches gilt abgesehen davon auch dann, wenn die Steuerzahlung sich auf einen längeren Zeitraum erstreckt.

β) Gerechtigkeitsmomente, neben — allerdings übertrieben wirkenden — Hoffnungen auf eine wesentliche finanzielle Bedeutung (H. George) spielen auch bei der Begründung von *Bodenwertzuwachssteuern* mit. Während jedoch bei der Begründung der personalen Zuwachssteuern (Mehreinkommen-, Vermögenszuwachssteuern) in staatsfinanziellen Notzeiten vor allem der Blick darauf gelenkt wird, daß die gewissen Privaten zufließenden Vorteile erkauft werden durch Opfer der Allgemeinheit, so stehen bei den Wertzuwachssteuern solche Vorteile im Vordergrund der Betrachtung, die auf der Grundlage positiver Leistungen der — ganz allgemein gesagt — Sozialgemeinschaft, den Besitzern von Bodeneigentum zufließen. An erster Stelle stehen dabei allgemeine volkswirtschaftliche Wachstumsprozesse, die zu einer Wertsteigerung des Bodenvermögens führten, vor allem in der Nähe von wachsenden oder neu entstehenden Wirtschaftszentren. Die Wertsteigerung mag dazu in spezieller Weise durch öffentliche Investitionen (z. B. Straßenbau und andere Erschließungsvorhaben) oder auch durch Investitionen Privater (z. B. Industrieunternehmen) hervorgerufen werden. Auch durch die Rechtsgestaltung (Planungen und Nutzungsvorschriften) mag eine Wertsteigerung bestimmter Grundstücke erfolgen. All das mag als „unverdienter" Wertzuwachs bezeichnet werden, der zugunsten der Allgemeinheit abgeschöpft werden könnte, ohne übrigens negative Ansbornwirkungen zur Folge zu haben. Das gilt natürlich nur insoweit, als die Wertsteigerungen von Grundstücken nicht auf Grund eigener Anstrengungen, unter Einsatz von Kapital und/oder Arbeit, hervorgerufen wurden. Daraus ergibt sich ein charakteristisches Problem, den „unverdienten" Wertzuwachs von dem zu trennen, der durch eigene Aufwendungen entstanden ist. Daher kommt in diesem Zusammenhang der Wissenschaftliche Beirat beim Bundesfinanzministerium in seinem Gutachten „Organische Steuerreform" vom 14. 2. 1953 zu dem Kompromißvorschlag, als Besteuerungsmaßstab zwar den ge-

samten Wertzuwachs abzüglich gewisser Beträge — für Neuinvestitionen, Anliegerbeiträge u. a. — zu wählen, andererseits aber den Steuersatz nicht annähernd so hoch zu
bestimmen, wie er sein könnte, wenn die Steuerbemessungsgrundlage der echte unverdiente Wertzuwachs wäre.

Für den besonderen Fall, daß, wie es bei Wertänderungen
durch öffentliche Planungen und Nutzungsvorschriften meist
der Fall sein dürfte, Wertzuwächsen bei den einen Wertminderungen bei anderen Grundstücken gegenüberstehen,
ist von Nell-Breuning eine „zweischneidige" Wertzuwachssteuer vorgeschlagen worden. Eine solche Steuer hätte die
Aufgabe, einerseits die durch öffentliche Planungen entstandenen Wertzuwächse abzuschöpfen, andererseits aber
durch eine Ausschüttung an anderer Stelle dort durch
Planung entstandene Nachteile auszugleichen.

γ) Wenn die Zuwachssteueridee auch zum größten Teil einen
steuermäßigen Zugriff auf Vorteile beinhaltet, die den besitzen-
den Schichten allgemein zufließen, so ist es doch finanzsoziolo-
gisch gesehen nicht ohne Interesse, daß die Neigung, Zuwachssteuern zu fordern, auch entzündet werden kann infolge eines
wachstumsmäßigen Vorprellens bestimmter Wirtschaftszweige
und der mit ihnen vor allem verbundenen Wirtschaftstätigkeiten,
so daß sich ein z. T. auch ressentimentgeladenes „Gerechtigkeits-
empfinden" ergibt, das den Finger auf die in diesem „bevorzug-
ten" Bereich entstehenden Vorteile legt. Das kommt z. B. — auf
dem Hintergrund der wirtschaftspolitischen Grundsatzdiskus-
sion über die Wünschbarkeit der vorwiegenden Industriestaats-
oder Agrarstaatsentwicklung zu sehen — deutlich in den Steuer-
reformkämpfen in der letzten Zeit vor dem ersten Weltkriege
zum Ausdruck, als die Konservativen, eine zwar allgemein den
„Besitz", besonders aber die landwirtschaftlichen Interessen ver-
tretende Partei, einer Besteuerung des Wertzuwachses bei „Im-
mobilien", die praktisch vor allem den städtischen Grundbesitz
treffen mußte, und des „mobilen" Kapitals in Gestalt einer Steuer
auf den beim Verkauf festzustellenden Wertzuwachs bei Wertpapieren, das Wort redeten.

δ) Für die Zuwachssteuern, die sich auf das Anwachsen von
Bestandsgrößen beziehen, ergibt sich in Inflationszeiten, daß sie
besonders stark den Charakter von sogenannten *Valutasteuern*
annehmen, d. h. „Scheingewinne" belasten, weil die Steuerbemes-

sungsgrundlage der nominale Wert der besteuerten Objekte ist. Als „Vorzug" von Zuwachssteuern mit Valutasteuercharakter wurde während der großen Inflation nach dem ersten Weltkriege angeführt, daß durch sie dafür gesorgt werden könnte, daß das Sachvermögen das gleiche Schicksal der Entwertung wie das Geldvermögen erlitte. Darüber hinaus wurde für die Erhebung von Bodenwertzuwachssteuern als Valutasteuer der Vorteil eines Ausgleichs der für die Grundbesitzer im Zusammenhang mit der Entwertung entstehenden Sondergewinne aus Hypotheken, sofern solche auf dem Grundstücke lasten, geltend gemacht. Dieses Ziel kann allerdings durch eine gesonderte Hypothekengewinnabgabe weit besser erreicht werden.

c) Marktwirtschaftliche Bezüge

Als weitere Begründung für die Erhebung von Zuwachssteuern, die allerdings vorzüglich für *Bodenwertzuwachssteuern* von Bedeutung ist, wird angeführt, daß dadurch die Neigung angeregt würde, die besteuerten Gegenstände (Objekte) zu verkaufen und sie nicht aus spekulativen Gründen zu behalten, wodurch ihr Preis weiterhin (d. h. über das Maß, das durch das gegebene Nachfragewachstum bedingt sein mag) infolge verstärkten Angebotsmangels angehoben würde. Denn: Wenn der Wertzuwachs weggesteuert wird, ist es kein Vorteil, aus spekulativen Gründen Boden ungenutzt zurückzuhalten, d. h. zu sperren.

Allerdings spielt dabei die Erhebungsform der Steuer eine ganz besondere Rolle. Werden Wertzuwachssteuern in der Form von Verkehrsteuern, d. h. aus Anlaß der Veräußerung des Bodens erhoben, so wird nur der von der Steuer getroffen, der den Boden veräußert, nicht aber derjenige, der ihn zurückhält. Mit anderen Worten, die Steuer wird die Veräußerungswilligkeit sogar mindern und dadurch die Überwälzbarkeit der Steuer erhöhen. Daher haben die Verfasser des Gutachtens „Organische Steuerreform" angeregt, daß eine solche Steuer durch eine besondere Steuer (Baulandabgabe) oder durch eine entsprechende Bewertung im Rahmen der bestehenden Grundsteuer ergänzt wird.

Es bleibt jedoch festzuhalten, daß, sofern von diesen

Sonderbelastungen gemäß dem Vorschlag nur baureife
Grundstücke erfaßt werden, nicht die Verkaufsbereitschaft,
sondern nur die Bauwilligkeit erhöht werden könnte. Eine
Lösung im Sinne des Zuwachssteuergedankens ist daher nur
in dem ebenfalls gemachten Vorschlag einer Zuwachsbesteu-
erung auf Grund einer von Verkehrsakten unabhängigen
regelmäßigen Bewertung sämtlicher Grundstücke im Rahmen der bestehenden Grundsteuer zu sehen, wobei allerdings die Wertsteigerung, die auf das persönliche Verdienst
des Eigentümers zurückzuführen ist, eliminiert werden
müßte. Zum Problem vgl. oben, 2 b, β.

3. Derzeitiger Stand der Zuwachsbesteuerung in der Bundesrepublik Deutschland

Als Objekte für Zuwachssteuern boten sich in der Zeit
nach dem letzten Kriege zwei große Komplexe an: Einmal
beträchtliche Bodenwertsteigerungen, zum anderen Vorteile,
die im Zusammenhang mit der Währungsreform 1948
bestimmten Privaten ohne steuerliche Ausgleichsbelastung
zugeflossen wären.

a) Bodenwertzuwachssteuern

In den letzten Jahren sind bedeutsame Bodenwertsteigerungen aufgetreten, z. T. hervorgerufen durch die wirtschaftliche Expansion, z. T. aber auch infolge des Zustroms
von Flüchtlingen und Heimatvertriebenen, d. h. durch eine
relative Verknappung des Produktionsfaktors Boden gegenüber den Faktoren Kapital und Arbeit. Nach Nell-
Breuning haben die Bodenwertsteigerungen sogar in be-
trächtlichem Maße die beabsichtigten Wirkungen der Vermögensabgabe im Rahmen der Lastenausgleichsgesetzgebung
kompensiert. Seit einigen Jahren, eindeutig in dem Gutachten des Wissenschaftlichen Beirats beim Bundesministerium der Finanzen „Zur gegenwärtigen Problematik
der Gemeindefinanzen" vom 11. 7. 1959, wird eine Bodenwertzuwachssteuer aus „Gerechtigkeitsgründen" gefordert.

Jedoch ist in praxi auf diesem Gebiete nichts Entscheidendes geschehen. Auf keinen Fall ist die Lücke, die 1944 durch den Verzicht auf die Bodenwertzuwachssteuer im System der Besteuerung entstanden ist, durch die ersatzweise erfolgende Erhöhung der Grunderwerbsteuer geschlossen worden, da ein eindeutiger Zusammenhang zwischen Bodenwertzuwachs und Höhe der Steuer nicht mehr besteht. Der Versuch, das Problem mit Hilfe einer durch das Bundesbaugesetz vom 23. 6. 1960 erfolgten Verschärfung der Grundsteuer für baureife Grundstücke durch Erhöhung der Meßzahlen zu lösen, konnte nur als ein erster Ansatz gewertet werden, weil sie die Grundbesitzer lediglich vor die Alternative zu bauen oder zu verkaufen stellte, da ja die Sonderbelastung nach etwaiger Eigenbebauung entfiel. Diese sogenannte Baulandsteuer ist mit Wirkung vom 1. 1. 1963 wieder aufgehoben worden, da sie offenbar ihr Ziel, eine Erhöhung des Baulandangebots, nicht erreicht hat. Eine eigentliche Wertzuwachssteuer, die, wie erwähnt, gemäß dem Gutachten „Organische Steuerreform" (s. o.) durch eine Sonderbelastung baureifer Grundstücke bestenfalls zu ergänzen wäre, ist nicht eingeführt worden.

b) Zuwachssteuern im Zusammenhang mit der Lastenausgleichsgesetzgebung

Anders ist bei Vorteilen verfahren worden, die im Zusammenhang mit der Währungsreform 1948 ohne steuerliche Belastung enstanden wären. Hier sind die im Rahmen der Lastenausgleichsgesetzgebung neben der Vermögensabgabe (vgl. § 3, Vermögensteuern) erhobene Hypothekengewinnabgabe[1]) und die Kreditgewinnabgabe zu nennen.

α) Ziel der *Hypothekengewinnabgabe* ist es, Schuldnergewinne aus (1) der Umstellung von durch Grundpfandrechte gesicherten Reichsmarkverbindlichkeiten[2]) und (2)

---

[1]) Erste vorbereitende Maßnahme war das Hypothekensicherungsgesetz vom 2. 9. 1948.

[2]) Bekanntlich wurden die Verbindlichkeiten im Zusammenhang mit der Währungsreform im Verhältnis 10 : 1 umgestellt.

aus der Umstellung von Grundpfandrechten abzuschöpfen.
Das Grundpfandrecht muß am 20. 6. 1948 an einem in der
Bundesrepublik Deutschland oder in Westberlin gelegenen
Grundstück bestellt gewesen sein. Abgabepflichtig sind die
Eigentümer der belasteten Grundstücke. Abgabeschuld ist
der Betrag, um den der Nennbetrag der Verbindlichkeit
in Reichsmark den Umstellungsbetrag in Deutscher Mark
übersteigt. Das sind im allgemeinen 90 % der Reichsmark-
verbindlichkeit.

Unter bestimmten Voraussetzungen wurden aus wirt-
schafts- und sozialpolitischen Gründen Ermäßigungen der
Abgabeschuld vorgesehen, so z. B., wenn das belastete
Grundstück durch Kriegseinwirkungen zerstört worden ist.

Die Abgabeschuld, eine öffentliche Last, ist in der Regel
langfristig zu tilgen, und während der Tilgungszeit zu verzinsen, wobei je nach Art der zugrunde liegenden Reichsmarkverbindlichkeiten unterschiedliche Regelungen gelten.

β) Ähnlich wie die Hypothekengewinnabgabe verfolgt
die *Kreditgewinnabgabe* das Ziel, die durch den Währungs-
schnitt entstandenen Schuldnergewinne[1]) abzuschöpfen.
Zur Abgabe verpflichtet ist jeder gewerbliche Betrieb, der
entweder nach dem DM-Eröffnungsbilanzgesetz oder nach
dem Einkommensteuergesetz zwecks Gewinnermittlung
verpflichtet ist, eine Bilanz aufzustellen. Einige Unternehmen sind von der Abgabepflicht aus wirtschaftspolitischen
Gründen ausgenommen, so z. B. Wohnungs- und Siedlungs-
unternehmen. Bemessungsgrundlage ist der Mehrbetrag (Gewinnsaldo) an Schuldnergewinnen gegenüber den Gläubi-
gerverlusten und den Betriebsverlusten; Schuldnergewinn
ist der Betrag, um den der in der Reichsmarkschlußbilanz
ausgewiesene Wert einer Verbindlichkeit den Ansatz in der
DM-Eröffnungsbilanz übersteigt; Gläubigerverlust ist der
Betrag, um den der in der Reichsmarkschlußbilanz ausgewiesene Wert für Bargeld, für ein Guthaben, einen Scheck,
einen Wechsel, eine Forderung oder ein fest verzinsliches
Wertpapier den entsprechenden Ansatz in der DM-Eröff-

---

[1]) Vgl. vorhergehende Fußnote.

nungsbilanz übersteigt; unter Betriebsverlusten, die bei der Ermittlung des Gewinnsaldos abzuziehen sind, ist die Summe der vom 1. 1. 1945 bis 20. 6. 1948 nach den Vorschriften des Einkommensteuerrechts festgestellten Verluste des Betriebes, soweit sie die Summe der für diesen Zeitraum festgestellten Gewinne des Betriebes übersteigt, zu verstehen.

Die Abgabeschuld (der 1000,— DM übersteigende Gewinnsaldo) ist ab 1. 7. 1948 jährlich mit 4 % zu verzinsen und ab 1. 7. 1952 jährlich mit 3 % zuzüglich der ersparten Zinsen zu tilgen.

Die Einnahmen aus der Hypotheken- und Kreditgewinnabgabe fließen gleich der Vermögensabgabe des Lastenausgleichs einem Sondervermögen des Bundes, dem Lastenausgleichsfonds, zu.

c) Besteuerung von Spekulationsgewinnen

Als durchaus anregend mag die gelegentlich vertretene Auffassung gewertet werden, auch die Einbeziehung von Spekulationsgewinnen in die Einkommensbesteuerung in einen Zusammenhang mit den Wertzuwachssteuern zu bringen. Bei der deutschen Einkommensteuer werden ja (s. o. § 1) auch die Gewinne aus Spekulationsgeschäften (d. i. der Unterschied zwischen dem Veräußerungspreis einerseits und den Anschaffungs- oder Herstellungskosten sowie den Werbungskosten andererseits) bei der Ermittlung der Steuerbemessungsgrundlage berücksichtigt. Es ist aber zu beachten, daß sie nur dann steuerlich relevant werden, wenn sie bei der Veräußerung innerhalb kurzer Fristen entstehen, die z. B. bei Grundstücken zwei Jahre, bei Wertpapieren 6 Monate betragen. Bei längeren Fristen setzt die Steuerpflicht nicht ein. Schon deswegen erfüllt diese Regelung nicht in vollem Maße die Charakteristika einer Wertzuwachssteuer. Das auch aus einem anderen Grunde: Selbst wenn die Steuerpflicht gegeben ist, ist die steuerliche Belastung von Gewinnen aus dem Wertzuwachs nicht allein von der Höhe *dieser* Gewinne abhängig, sondern von der Gesamthöhe des steuerpflichtigen Einkommens unter Berücksichtigung aller anderen auf den Zensiten zutreffenden steuerrelevanten Merkmale. Das ist besonders bedeutungsvoll in Hinblick auf den Progressionstarif und die Berücksichtigung persönlicher Umstände bei der Einkommensbesteue-

7*

rung. Den Charakter einer Wertzuwachssteuer im oben definierten Sinne trägt die Belastung der Spekulationsgewinne durch die deutsche Einkommensteuer auch aus diesem Grunde nicht.

§ 6. Verkehrsteuern

1. Begriff und Arten

a) Begriff

Verkehrsteuern sind dadurch definiert, daß ihr Steuergegenstand die Vornahme eines Verkehrsaktes ist, wobei unter Verkehrsakten die im Rahmen einer Tauschbeziehung[1]) stattfindenden Vorgänge des Rechtsverkehrs verstanden werden, durch die Personen Rechtsansprüche oder Eigentum an Dingen erhalten oder in den Genuß von Dienstleistungen kommen.

Jede Tauschbeziehung beinhaltet mehrere Verkehrsakte, z. B. entstehen beim Kauf eines Gutes im sogenannten Verpflichtungsgeschäft für Käufer und Verkäufer Forderungsrechte, was gleichbedeutend mit einem Verkehrsakt ist, der theoretisch und auch praktisch (vgl. z. B. die deutsche Grunderwerbsteuer) Steuergegenstand werden kann. Danach werden im sog. Erfüllungsgeschäft die entstandenen Ansprüche durch zwei weitere Verkehrsakte befriedigt: Einmal die Übertragung des Eigentums am Gute an den Käufer und zum anderen die Zahlung des Kaufpreises an den Verkäufer; auch diese Verkehrsakte sind Gegenstand von Verkehrsteuern.

Theoretisch könnte eine Verkehrsteuer an jedem Verkehrsakt jeder beliebigen Tauschbeziehung angreifen. In der Praxis sind jedoch wegen der unterschiedlichen Bedeutung der einzelnen Tauschbeziehungen eine Vielzahl von Verkehrsteuern anzutreffen, die bestimmte Arten von Verkehrsakten in jeweils unterschiedlicher Weise belasten.

b) Arten

Verkehrsteuern können sich unterscheiden nach der Art der Tauschbeziehung, also dem *Steuerobjekt,* nach der *Bemessungsgrundlage* und nach dem *Steuersubjekt.*

---

[1]) Das bedeutet Erwerb mit Gegenleistung; Erbschaft- und Schenkungsteuern sind damit aus der Definition ausgeschlossen.

α) *Steuerobjekt.* Je nach Art der Tauschbeziehung, aus welcher ein Verkehrsakt zum Steuergegenstand gemacht wird, kann man verschiedene Arten von Verkehrsteuern unterscheiden. Zunächst sei eine Trennung in zwei Gruppen vorgenommen, die in wesentlichen Bezügen voneinander abweichen. Wenn man als „Realverkehrsbeziehung" ein Tauschgeschäft bezeichnet, in dessen Rahmen eine Lieferung von Gütern und Diensten erfolgt, die entweder in Haushalten einen unmittelbaren (konsumtiven) Nutzen bewirken oder erforderlich sein können, um in Unternehmungen andere Güter und Dienste zu produzieren[1]), und andererseits als „Nominalverkehrsbeziehung" ein Tauschgeschäft, in dessen Rahmen keine derartige Lieferung stattfindet, so kann man *Realverkehrsteuern* von *Nominalverkehrsteuern* unterscheiden je nachdem, ob ein Verkehrsakt in einer „Realverkehrsbeziehung" oder in einer „Nominalverkehrsbeziehung" Steuergegenstand ist. Die meisten deutschen Verkehrsteuern, so vor allem die „allgemeine" Umsatzsteuer, sind in diesem Sinne Realverkehrsteuern; Beispiele für Nominalverkehrsteuern sind im deutschen Steuersystem durch die Rennwett- und Lotteriesteuer und durch die Börsenumsatzsteuer gegeben.

Denn im Rahmen eines Rennwett- oder Lotteriegeschäftes oder eines Geschäftes auf Zweiterwerb[2]) eines Wertpapiers (Börsenumsatzsteuer) finden keine Lieferungen von Gütern und Diensten statt, die einen unmittelbaren Nutzen bewirken oder produktionsnotwendig sind.

Weiter sind bei den Realverkehrsteuern *generelle* und *spezielle* denkbar; erstere würden sich auf alle „Realverkehrsbeziehungen" beziehen, während letztere jeweils nur eine bestimmte Art von „Realverkehrsbeziehungen" betreffen würden. Die deutsche „allgemeine" Umsatzsteuer kann als „quasi-generell" bezeichnet werden, da sie zwar nicht

---

[1]) Geld als solches fällt nicht in diese Kategorie von Gütern; nur wenn es als Kapital gegeben wird, liegt eine — für die Produktion erforderliche — Kapitaldienstleistung vor.

[2]) Das bedeutet, daß die Kapitaldienstleistung an eine Unternehmung schon erfolgt ist, und daß nur noch der Austausch in der Person des Aktionärs oder Gläubigers besteuert wird.

alle, aber doch fast alle Realverkehrsbeziehungen betrifft. Kapital-, Versicherungs- und Beförderungsdienstleistungen z. B. werden nicht durch die „allgemeine" Umsatzsteuer, sondern durch spezielle Realverkehrsteuern erfaßt, während weitere „Realverkehrsbeziehungen" (z. B. Vermietungs- und Verpachtungsgeschäfte) überhaupt von Verkehrsteuern befreit sind.

β) *Bemessungsgrundlage.* Weiterhin können sich Verkehrsteuern nach ihrer *Steuerbemessungsgrundlage* unterscheiden, die Entgelt-Charakter haben kann oder nicht. Ist Entgelt die Bemessungsgrundlage, so soll von *Entgeltsteuern* gesprochen werden, in anderem Falle von *Nicht-Entgeltsteuern.*

β₁) *Entgeltsteuern.* Entgelte sind Gegenleistungen für irgendwelche Güter und Dienste. Handelt es sich um den vollen Erlös oder Preis, so spricht man von *Bruttoentgelt.* Es entspricht in seiner Höhe dem bei der Erstellung des Gutes bis zu seiner Lieferung oder bei der Einbringung der Dienstleistung insgesamt auf allen, auch den vorgelagerten Produktions- und Umsatzstufen geflossenen privaten Einkommen zuzüglich der auf allen Stufen angefallenen, vom Gewinn abzugsfähigen (indirekten) Steuern. Dagegen ist als *Nettoentgelt* derjenige Teil des Erlöses definiert, der dem auf der jeweiligen Produktions- oder Umsatzstufe dem Produkt zugesetzten Wert, oder dem auf dieser Stufe geflossenen privaten Einkommen unter Hinzurechnung der gezahlten, vom Gewinn abzugsfähigen Steuern (einschließlich oder ausschließlich der zu zahlenden Entgeltsteuern), entspricht. Dieses Nettoentgelt, auch Wertschöpfung (value added) genannt, entspricht auch der Differenz zwischen dem Einkaufspreis der bezogenen Vorprodukte[1]) und den Verkaufspreisen der abgesetzten Endprodukte.

Demgemäß sind *Bruttoentgeltsteuern,* die das Bruttoentgelt als Steuerbemessungsgrundlage haben und *Nettoentgeltsteuern,* bei denen das Nettoentgelt Bemessungsgrundlage ist, zu unterscheiden. Da die vorgenommene Gliede-

---

[1]) Anlagegüter sind nicht Vorprodukte in diesem Sinne, nur die Abschreibungen auf diese Anlagegüter.

rung nach dem Steuerobjekt sowohl für Real- als auch für
Nominalverkehrsteuern gilt, kann es sich auch bei beiden
um Entgeltsteuern handeln. In der Praxis haben jedoch —
zumindest in Deutschland — alle Entgeltsteuern Realver-
kehrsteuercharakter. Realverkehrsteuern, die gleichzeitig
Entgeltsteuern sind, sollen in Anlehnung an den Sprachge-
brauch als Umsatzsteuern bezeichnet werden. Der Begriff
„Umsatzsteuer" umfaßt aber in konsequenter Verfolgung
der bisherigen Gliederungsprinzipien nicht nur quasi-generelle Verkehrsteuern wie z. B. die deutsche „allgemeine"
Umsatzsteuer, sondern auch spezielle Verkehrsteuern. Je
nachdem, ob eine Umsatzsteuer das Brutto- oder Nettoentgelt zur Bemessungsgrundlage hat, ist von *Brutto-* oder
Nettoumsatzsteuern zu sprechen.

Bruttoumsatzsteuern. Das bedeutendste Beispiel für eine
Bruttoumsatzsteuer ist die deutsche „allgemeine" Umsatzsteuer. Daneben gibt es im deutschen Steuersystem noch
spezielle Bruttoumsatzsteuern, und zwar die Beförderungsteuer (Bemessungsgrundlage insbesondere, neben Ersatz-
maßstäben: Bruttoentgelte für Beförderungsdienstleistungen), die Versicherung- und Feuerschutzsteuer (Bemessungsgrundlage: Bruttoentgelte für Versicherungsdienstleistun-
gen, Ausnahme: Hagelversicherung) und die Grunderwerbsteuer.

Letztere ist eine Realverkehrsteuer, da Grundstücke entweder
konsumtiv oder produktiv genutzt werden können. Sie kann weiterhin als Bruttoentgeltsteuer klassifiziert werden, wenn man sich
vergegenwärtigt, daß ihre Bemessungsgrundlage der Kaufpreis
des umgesetzten Grundstücks ist und dieser in ganzer Höhe als
Bruttoentgelt angesehen werden kann, da er dem seit der Besetzung durch den ersten denkbaren Eigentümer insgesamt auf
allen Umsatzstufen geflossenen Arbeits- oder Gewinneinkommen
entspricht.

Es gilt also grundsätzlich dasselbe wie beim Umsatz von pro-
duzierbaren Gütern und Dienstleistungen, nur daß bei diesen
der infrage kommende zurückliegende Zeitraum sehr viel kleiner ist.

Nettoumsatzsteuern. Das Ziel einer Besteuerung nur gemäß der Wertschöpfung läßt sich einmal erreichen durch

eine Steuer mit „Vorumsatzabzug", bei der bereits zur Ermittlung der Bemessungsgrundlage die „Vorumsätze", d. h. die Bezüge von Vorlieferanten, von den Verkaufsumsätzen abgezogen wurden. Zum anderen ist eine Steuer mit „Vorsteuerabzug" möglich. Bei dieser wird der Steuersatz zunächst auf den vollen Erlös (Bruttoentgelt) — in der Regel ausschließlich der Umsatzsteuer — angewendet (vgl. u. 3 (1), γ). Der sich ergebende Ertrag wird dann aber um die Summe aller von den Vorlieferanten (auch von denen der Vorstufen) entrichteten Umsatzsteuerbeträge[1]) gekürzt und ergibt dann den vom Zensiten zu zahlenden Steuerbetrag. Bei einheitlichem Steuersatz liegt auch hier eine proportional zur Wertschöpfung erhobene Steuer vor; man spricht daher auch bei dieser Steuer von „Nettoumsatzsteuer", obwohl das Nettoentgelt nicht unmittelbar Bemessungsgrundlage ist. Auch die Bezeichnungen „Wertschöpfungssteuer" und „Mehrwertsteuer" sind in Gebrauch und spielen besonders bei den Reformvorschlägen zur deutschen „allgemeinen" Umsatzsteuer, in denen eine Nettobesteuerung befürwortet wird, eine Rolle. Dabei sind aber Differenzen insbesondere in der Frage entstanden, wieweit die in einer Periode erfolgenden Aufwendungen für Neuinvestitionen als „Vorumsatz" bzw. die Umsatzsteuer auf diese Investitionen als „Vorsteuerabzug" in der gleichen Periode berücksichtigt werden kann. Die Steuer stellt in diesen Fällen nur dann im theoretischen Sinne eine reine Wertschöpfungssteuer dar, wenn bei Anlagegütern als „Vorumsätze" nur die Abschreibungen bzw. als „Vorsteuerabzüge" nur die in den Abschreibungen enthaltenen Umsatzsteueranteile gelten können. Um gewissen technischen Schwierigkeiten bei der Ermittlung der eben genannten Größen zu entgehen, ist auch vorgeschlagen worden (Pohmer), die Wertschöpfung mit Hilfe einer Summierung von Gewinn- und Faktoreneinkommen sowie weiterer Wertschöpfungselemente zu errechnen.

---

[1]) Diese Summe (Vorsteuer) ergibt sich auch aus der Multiplikation der vom Zensiten an seine Lieferanten gezahlten Entgelte mit dem Steuersatz.

Es ist gesagt worden, daß Nettoumsatzsteuern mit Ertragsteuern verwandt oder gar identisch seien (Littmann). Diese Aussage ist in dieser Form nicht richtig: Während eine (echte) Wertschöpfungssteuer alle Wertschöpfungen, d. h. die Erträge aller Produktionsfaktoren eines Unternehmens *gleichmäßig* und als *Ganzes* erfaßt und belastet, hat eine Ertragsteuer (vgl. § 4, 1 b, α) nur die Erträge eines in bestimmter Weise spezifizierten Produktionsfaktors zum Gegenstand. Übereinstimmung könnte nur vorliegen zwischen einer Wertschöpfungssteuer und einem *geschlossenen System* von *mehreren* Ertragsteuern, welches die Erträge *aller* Produktionsfaktoren mit einem *einheitlichen Steuersatz* belastet. Jedoch erfolgten steuerpolitische Ansätze zu einer gleichmäßigen Belastung aller Produktionsfaktoren bezeichnenderweise immer über Versuche, Umsatzsteuern (nicht aber ganze Ertragsteuersysteme) zu verändern oder einzuführen, so daß eine Behandlung der Wertschöpfungsbesteuerung als besonderer Fall der *Umsatz*besteuerung geboten erscheint.

β₂) *Nicht-Entgeltsteuern.* Bei den Nicht-Entgeltsteuern, soweit sie *Realverkehrsteuern* sind, ist Bemessungsgrundlage zumeist eine Kredit- oder Beteiligungssumme wie z. B. bei der deutschen Gesellschaftsteuer und der früher erhobenen Wertpapiersteuer. Da das Entgelt für die zugrunde liegende Kapitaldienstleistung nur durch Zinsen bzw. Dividenden vertreten wird und nicht durch die Höhe der Kapitalsumme, liegen bzw. lagen hier Nicht-Entgeltsteuern vor. Bei der Hagelversicherung ist Bemessungsgrundlage die Versicherungssumme, die übrigens früher z. T. auch bei anderen Versicherungsverhältnissen maßgeblich war.

Bei den *Nominalverkehrsteuern* liegt, wie schon oben gesagt, zwar keine Dienstleistung zugrunde, die unmittelbar konsumierbaren Nutzen stiftet oder für die Produktion erforderlich ist, jedoch erfolgen bei z. B. Rennwett- und Lotteriegeschäften Dienstleistungen der Buchmacher und Lotterieveranstalter und beim Zweiterwerb von Wertpapieren Dienstleistungen der Börsenmakler, deren Entgelt theoretisch Bemessungsgrundlage sein könnte. In Deutschland sind jedoch nicht diese Entgelte Bemessungsgrundlage, sondern jeweils die Spielsummen (Preise der Lose, Wetteinsätze) oder die Umsatzwerte der Wertpapiere, so daß also diese Nominalverkehrsteuern als Nicht-Entgelt-steuern zu charakterisieren sind.

γ) *Steuersubjekt.* Die einzelnen Verkehrsteuern können sich weiter danach unterscheiden, ob alle an den Verkehrs-vorgängen beteiligten Wirtschaftssubjekte oder nur eine Gruppe von ihnen (in Frage kommt hier vor allem die Gruppe der Unternehmer oder Unternehmer bestimmter Branchen) Steuersubjekt sind. Hinsichtlich der deutschen Verkehrsteuern kann gesagt werden, daß sie praktisch nur Unternehmer belasten, mit Ausnahme der Grunderwerb-steuer, die alle Wirtschaftssubjekte, d. h. auch Haushalte, besteuert. Soweit alle Unternehmer (als Anbieter oder als Nachfrager) mögliche Steuersubjekte sind, kann für die Realverkehrsteuern — denn nur sie belasten ja Leistungen im Produktionsprozeß — noch unterschieden werden, ob Unternehmer auf allen Produktions- oder Handelsphasen von der Steuer betroffen werden (*„Allphasensteuer"*), nur auf einigen ausgewählten Umsatzstufen (*„Mehrphasen-steuer"*) oder nur auf einer einzigen Umsatzstufe (*„Einpha-sensteuer"*). Mehr- bzw. Einphasensteuern können als Pro-duktions-, Groß- und/oder Einzelhandelssteuern auftreten. Bei der sog. *Phasenpauschalierung* wird die Steuer zwar nur an einer Stelle erhoben, die Bemessungsgrundlage jedoch nach der Zahl der Umsatzstufen berechnet bzw. geschätzt.

Es bleibt festzustellen, daß die eben genannten Begriffe theo-retisch korrekt für *alle* Realverkehrsteuern gelten, also nicht nur für quasi-generelle wie z. B. die deutsche „allgemeine" Umsatz-steuer, bei der sie sich insbesondere eingebürgert haben. Bei der Grunderwerbsteuer haben die Begriffe nur bei der Besteuerung von Unternehmern Bedeutung. Dementsprechend gelten weiter unten hinsichtlich Allphasensteuern usw. gemachte Aussagen für die Grunderwerbsteuer auch nur, insoweit Unternehmer und nicht, wenn Haushalte besteuert werden.

c) Abgrenzungsprobleme

α) *Das Problem der „Nicht-Markt-Umsätze".* Ein be-sonderes Problem liegt in der Frage, inwieweit man Steuern, die neben „über den Markt" gehenden Verkehrsakten auch andere Tatbestände zum Gegenstand haben wie z. B. den

Selbstverbrauch bei der deutschen „allgemeinen" Umsatzsteuer, noch als Verkehrsteuern definieren kann. Ähnliches
gilt für die steuerliche Erfassung des nicht „über den Markt"
gehenden Werkfernverkehrs durch die Beförderungsteuer.
Wie wäre eine Steuer zu klassifizieren, die auch „inner-
betriebliche Umsätze", z. B. innerhalb vertikaler Konzen-
trationsformen, zum Gegenstand haben würde (obgleich
privatrechtlich gar kein Umsatz gegeben wäre)? Elemente
einer solchen Steuer mögen z. B. in der deutschen Zusatz-
umsatzsteuer für Textilbetriebe gesehen werden. Der oben
gegebenen Definition der Verkehrsteuern nach gehören
solche Ausformungen zwar nicht zu den Verkehr- und damit auch nicht zu den Umsatzsteuern; jedoch ist hier vielleicht folgendes beachtlich: Der eigentliche Grund der Besteuerung ist wohl im Bestreben des Gesetzgebers zu suchen,
das Prinzip der Gleichmäßigkeit der Besteuerung zu wahren,
sicher nicht zuletzt auch deswegen, um die Steuer ertrag-
reicher zu gestalten. Die Besteuerung auch der genannten
Tatbestände verhindert, daß bestimmte Unternehmer anderen gegenüber den Vorteil genießen, ihrem Betrieb zum
konsumtiven oder reproduktiven Verbrauch Güter steuerfrei zu entnehmen, die sie sonst — steuerlich belastet — am
Markt kaufen müßten oder: selbst im Werkfernverkehr
steuerfrei zu transportieren, was sie sonst — ebenfalls besteuert — durch ein Transportunternehmen befördern lassen müßten.
Der Gesetzgeber geht hier offenbar von einer Modell-
oder Normvorstellung der Wirtschaft aus und fingiert gewissermaßen, daß die Abweichungen von dieser Norm ebenfalls Umsätze sind. Läßt man das gelten, so sind wir berechtigt, auch im Zusammenhang mit den erwähnten Tatbeständen von Umsatz- und damit von Verkehrsteuern zu sprechen.
Zumindest ebenso schwierig ist die Einordnung der deutschen Ausgleichsteuer. Sie ist institutionell im Umsatzsteuergesetz erfaßt, hat jedoch keinen Verkehrsakt im oben definierten Sinne zum Gegenstand, sondern die „Einfuhr von
Gegenständen in das Inland" (Umsatzsteuergesetz [UStG]

§ 1, 3). Obwohl sie vom Steuergegenstand her gesehen eindeutig in die Kategorie der Zölle gehört, sogar den Charakter eines Schutzzolles für die im Inland hergestellten
umsatzsteuerbelasteten Waren hat, soll sie aus gewissen
Gründen nicht bei den Zöllen behandelt werden. Ihr Sinn
ist ausschließlich der einer Ergänzungsteuer zur „allgemeinen" Umsatzsteuer: Gäbe es keine Umsatzsteuer, so wäre
die Ausgleichsteuer sinnlos. Die recht enge Verknüpfung
der Ausgleichsteuer mit der Umsatzsteuer und die belastungspolitische Zielsetzung der Ausgleichsteuer, die beinahe zwingend aus den Belastungswirkungen einer Umsatzsteuer begründet werden kann, lassen es geraten erscheinen, sie mit den Umsatzsteuern zusammen zu behandeln,
ebenso wie ihr außenhandelspolitisches Gegenstück, die
Umsatzsteuerrückvergütung für Exporte, an dieser Stelle
zu erörtern ist.

   β) *Die Einordnung der sog. „Transportverkehrsteuern".*
Eine besondere Frage werfen solche Steuern auf, bei denen
das technische Moment der Bewegung von Sachen und Personen von Ort zu Ort (Verkehr im technischen Sinne) in
weitaus stärkerem Maße bestimmend ist als das rechtliche.
Neben der Beförderungsteuer, die, wie gezeigt wurde, als
spezielle Umsatzsteuer eingeordnet werden kann, wird auch
die Kraftfahrzeugsteuer vielfach zu den Verkehrsteuern
gerechnet, obgleich ihr Steuergegenstand durchaus nicht ein
rechtlicher Verkehrsakt, sondern die Nutzung eines Kraftfahrzeuges ist. Zuweilen spricht man hier deshalb von
„Transportverkehrsteuern", die zusammen mit den sogenannten „Rechtsverkehrsteuern" unter den Oberbegriff
„Verkehrsteuern" zu subsumieren wären; gelegentlich wird
den „Transportverkehrsteuern" noch die Mineralölsteuer zu-
geordnet. Da jedoch die Einordnung der Einzelsteuern
in dieser Arbeit nach dem Steuerobjekt erfolgt, erscheint es
besser, sie an der von hier aus gesehen steuersystema-
tisch richtigen Stelle einzuordnen, nämlich die Beförderungsteuer als spezielle Umsatzsteuer (§ 6, 3 (8)), die Mine-
ralöl- und die Kraftfahrzeugsteuer als Verbrauchsteuern
(§ 7, 4 a, (13) und (14)).

2. Würdigung der Verkehrsteuern

Auch bei den Verkehrsteuern sollen Steuerwirkungen nur in dem Umfang Berücksichtigung finden, wie sie zur Auseinandersetzung mit gegebenen Zielsetzungen nötig sind. Da jedoch die Vielzahl der genannten Arten der Verkehrsteuern auch in ihren Wirkungen unterschiedlich sind, andererseits die zur Frage stehenden Zielsetzungen je nach Art der Verkehrsteuern eine jeweils andere Beurteilung erfordern, ist es zweckmäßig, einen Überblick über die Wirkungen innerhalb der nach Real- und Nominalverkehrsteuern getrennt erfolgenden Würdigung zusammenfassend voranzustellen.

a) Würdigung der Realverkehrsteuern

Der grundsätzliche kreislauftheoretische Unterschied zwischen direkten Steuern und Realverkehrsteuern kann folgendermaßen umrissen werden: Bei den direkten[1]) Steuern ergeben sich keinerlei Verschiebungen der Angebotskurven, vielmehr nur Einschränkungen der privaten Nachfrage, da das verfügbare Einkommen (bzw. das Vermögen oder der Ertrag) der Zensiten um die Steuern gekürzt wird, bei Berücksichtigung etwaiger Abzugsfähigkeit einzelner Steuern untereinander. Es ist jedoch anzunehmen, daß weithin eine durch diese Steuern finanzierte staatliche Nachfrage *an die Stelle* der ausfallenden privaten Nachfrage tritt. Bei den Realverkehrsteuern ist es dagegen idealtypisch so, daß die Angebotskurven durch die Steuern gehoben werden, daß das Nominaleinkommen der Zensiten unverändert bleibt, daher ihre Nachfragekurven sich — abgesehen von Substitutionseffekten — nicht ändern und demzufolge die steuerlich finanzierte Staatsnachfrage nach Endprodukten *zusätzlich* neben die private Nachfrage tritt[2]).

---

[1]) „Direkt" wird hier als abkürzendes Synonym für nicht überwälzbar gesetzt, obwohl, wie wir wissen, unter ganz besonderen Umständen auch die als direkt bezeichneten Steuern (vgl. oben §§ 1—5) überwälzt werden können.

[2]) Interessanterweise hat Föhl (vgl. Band II) diesen Mechanismus insbesondere bei den Gewinnsteuern geschildert, obwohl gerade da kaum mit ihm zu rechnen ist.

Daraus wird klar, daß, während bei den direkten Steuern die Belastungseffekte unmittelbar gegeben sind, entsprechende Aussagen für die Realverkehrsteuern erst nach weiterer Analyse gemacht werden können.

α) *Überblick über die Wirkungen der Realverkehrsteuern.*

α₁) Soweit es sich bei den Realverkehrsteuern um Steuern handelt, bei denen die *Anbieter* als Steuersubjekt oder Steuerzahler betroffen sind, ist nach der in Band II behandelten allgemeinen Steuerwirkungslehre mit einer „*Hebung*" der *Angebots*kurve zu rechnen. Im deutschen Steuersystem trifft das für die „allgemeine" Umsatzsteuer, die Versicherungsteuer und Feuerschutzsteuer sowie für die Beförderungsteuer[1]) zu.

Bei den Realverkehrsteuern, bei denen Steuersubjekt der *Nachfrager* ist, muß entsprechend (vgl. Band II, Kapitel VI, § 9, 4 c, γ) eine „*Senkung*" der *Nachfrage*kurven erwartet werden. Im deutschen Steuersystem trifft das — jedenfalls im theoretischen Ansatz — für die Gesellschaftsteuer und die Wechselsteuer zu, die die Inanspruchnahme von Kapitaldienstleistungen besteuern, sowie für die früher erhobene Wertpapiersteuer.

Bei der Grunderwerbsteuer sind Steuersubjekt sowohl der Anbieter als auch der Nachfrager des Grundstücks, so daß hier die Zuordnung nicht eindeutig ist. Die Praxis zeigt jedoch, daß auch hier mit einer Belastung desjenigen, der ein Grundstück erwirbt, zu rechnen ist.

Bei steigender Nachfrage nach Endprodukten wegen der zusätzlichen staatlichen Nachfrage (s. o.) und ferner: wegen der wahrscheinlich mehr oder weniger vorhandenen Überzeugung der Unternehmer, die genannten Steuern als „Kostensteuern" sinnvoll in den Preisen der Produkte fortwälzen zu können, ist es sehr wahrscheinlich, daß auch diejenigen Unternehmer, die als Nachfrager Steuern zu zahlen

---

[1]) Bei der deutschen Beförderungsteuer ist Steuerschuldner der Nachfrager, der Unternehmer haftet und entrichtet jedoch die Steuer; praktisch wird die Steuer in den Beförderungspreis mit eingerechnet, so daß man auch hier von einer vom Anbieter zu entrichtenden Steuer sprechen kann.

haben, d. h. also bei Steuern auf Kapitaldienstleistungen und zum Teil bei der Grunderwerbsteuer, die Nachfrage nach diesen versteuerten Dienstleistungen nicht wesentlich einschränken. D. h. aber, daß sie die Steuern nicht rückwälzen, sie vielmehr als Anbieter fortzuwälzen versuchen werden, indem sie die Angebotspreise ihrer Produkte erhöhen. Grundsätzlich ist also damit zu rechnen, daß die Realverkehrsteuern in jeder Phase, in der sie anfallen, auf die Preise der in dieser Phase erzeugten Produkte aufgeschlagen werden.

α_2) Wenn somit angenommen werden kann, daß die Besteuerung auf allen Umsatz- und Produktionsphasen eine Hebung der Angebotskurven für Güter und Dienste zur Folge hat, so ist das Maß der Anhebung der Gleichgewichtspreise und damit der Überwälzungsmöglichkeit bei den einzelnen Produkten weitgehend (bei gegebener Nachfrageelastizität) von der Elastizität des Angebots und ferner davon abhängig, in welchem Maße durch steuerfinanzierte Zusatznachfrage des Staates eine Verschiebung der Nachfragekurve einsetzt. *Kurzfristig* gesehen darf im allgemeinen eine relativ unelastische Angebotsfunktion angenommen werden. D. h. aber, daß auf Märkten, auf denen infolge erhöhter Staatsnachfrage eine Hebung der Nachfragekurve einsetzt, die Überwälzung leicht ist, auf anderen nicht derartig begünstigten Märkten die Anbieter einen Teil der Steuer selbst tragen müssen. *Langfristig* wird jedoch mit einem relativ elastischen Angebot zu rechnen sein, da bis zu einem gewissen Grade die Kapazitäten auf den „begünstigten" Märkten ausgedehnt und auf den „benachteiligten" Märkten eingeschränkt werden. Die Annahme solcher Kapazitätsanpassungen ist bekanntlich gleichbedeutend mit der Annahme einer elastischen langfristigen Angebotsfunktion. Da nun die Überwälzung der zu zahlenden Steuern im Preise um so größer ist, je elastischer das Angebot ist, so spricht zumindest einiges dafür, daß bei einer langfristigeren Betrachtung mit einer erheblichen Überwälzung der zu zahlenden Steuern zu rechnen ist. Das Gesagte gilt grundsätzlich nicht nur für die Märkte, auf denen Endprodukte umgesetzt werden, sondern auch für Vorprodukte.

α_3) Es stellt sich nunmehr die Frage, in welchem *Umfange* die Preise der Endprodukte erhöht werden, und ob dabei, durch die Art der Realverkehrsteuern bedingt, *unterschiedliche* Wirkungen bei den verschiedenen Produkten eintreten.

Zunächst ist festzustellen, daß, wenn eine volle Überwälzung der Steuer jeweils gelingt, was hier angenommen werden soll, im Preise eines jeden Endprodukts alle bisher auf den Vorstufen angefallenen Steuern summiert werden. Das gilt für alle Allphasensteuern. Jedoch ist für die Belastungswirkungen im Preise des Endprodukts die *Steuerbemessungsgrundlage* von entscheidender Bedeutung.

Im folgenden ist zu zeigen, daß bei Bruttoumsatzsteuern (α_4) ebenso wie bei Nicht-Entgeltsteuern (α_5) die Preise der Endprodukte, selbst wenn es sich jeweils um eine einzige generelle Realverkehrsteuer mit gleichen Steuersätzen handelte, einen ganz unterschiedlichen Anteil an Steuern enthalten würden, je nach der Zahl der bei ihrer Produktion durchlaufenen Phasen und nach der Produktionsstruktur. Neutral im Hinblick auf die steuerliche Belastung der verschiedenen Endprodukte ist nur eine generelle Nettoumsatzsteuer (α_6).

α_4) Im Falle einer *Allphasen-Bruttoumsatz*steuer spricht man von einer *kumulativ* wirkenden Steuer, denn: Auf jeder der aufeinanderfolgenden Umsatzstufen ist ein wachsendes Bruttoentgelt Bemessungsgrundlage, das die Summe der auf früheren Umsatzstufen erfolgten Wertschöpfungen einschließlich der überwälzten Steuerzahlungen umfaßt. Der Steuerbetrag, der das Produkt auf einer bestimmten Phase belastet, ist nicht proportional zur Wertschöpfung dieser Phase, vielmehr relativ um so höher, je größer die Zahl der vorangegangenen Phasen und je kleiner die Wertschöpfung im Verhältnis zum Bruttoentgelt auf der betrachteten Phase ist, d. h. also je größer sich der Anteil der bereits in den Vorprodukten niedergeschlagenen Wertschöpfungen (Materialkostenanteile im Preis) stellt (*Lawi-*

nenwirkung). Das wiederum bedeutet, daß ein Endprodukt, welches eine große Anzahl von Produktionsphasen zu seiner Herstellung benötigt und/oder einen hohen Materialkostenanteil an den jeweiligen Bruttoentgeltwerten besonders in den letzten Phasen aufweist, eine viel stärkere Preiserhöhung erfährt (und damit auch stärker „belastet" wird) als andere Endprodukte, bei denen weniger Produktionsphasen und/oder geringere Materialkostenanteile auf den letzten Phasen vorliegen. Ein Konsumgut z. B., dessen Produktion sehr arbeitsintensiv ist, trägt in seinem Endpreis eine geringere aus früheren Stufen herrührende kumulierte Steuerlast in sich als ein anderes, bei dem der Anteil an steuerlich vorbelasteten Materialien größer ist.

Das Gesagte gilt grundsätzlich für alle Allphasen-Brutto-Umsatzsteuern. Davon abgesehen ist die praktische Bedeutung der geschilderten Wirkungen natürlich dann besonders groß, wenn es sich um eine relativ generelle Realverkehrsteuer wie z. B. die deutsche „allgemeine" Umsatzsteuer handelt.

Die Folge eines Bruttoumsatzsteuersystems ist eine steuerlich bedingte *Änderung* im *Preisgefüge*, und damit wiederum in der *Verbrauchsstruktur* und der *„realen"* *Belastung* verschiedener *Einkommensschichten*.

Nun wissen wir zwar (vgl. Band I, Finanzpolitische Zielsetzungen), daß solche Einwirkungen grundsätzlich nicht aus den Zielsetzungen — auch der Finanzpolitik — auszuschließen sind; was im vorliegenden Falle aber auffällt, ist, daß es sich bei der Unterschiedlichkeit in der Belastung und ihrer Wirkungen nicht um eine beabsichtigte, sondern um eine vom gerade angedeuteten Gesichtspunkt aus gesehen völlig *zufällige* handelt. Besonders erschwerend kommt noch hinzu, daß man wegen der Anonymität der Input-Output-Kette den Anteil der Steuer am Preis der verschiedenen Produkte einigermaßen zuverlässig nur mit einem derart hohen und ständig weiterzuführenden Forschungsaufwand errechnen könnte, daß praktisch einigermaßen exakte Aussagen über diese Steueranteile nicht im zu realisierenden Bereich liegen. Ganz zu schweigen davon, daß mit diesem Steueranteil am Preis nur die formale In-

zidenz dargestellt wäre und nicht die in Wirklichkeit eintretenden Preisänderungen (effektive Inzidenz), die ja dann
sicher von diesem Steueranteil am Preis abweichen, wenn es
u. a. wegen nicht völlig elastischen Angebots nicht zu
einer vollständigen Überwälzung kommt.

Diese Tatbestände seien als *„belastungspolitische Unbestimmtheit* der Allphasen-Brutto-Umsatzsteuer" gekennzeichnet. Der Tatbestand, daß bei einer kumulativen Allphasen-Brutto-Umsatzsteuer die Steuerbelastung je nach
der Zahl der steuerrechtlich relevanten Umsatzstufen höher
oder niedriger ist, wirkt sich weiterhin in einer Förderung
der *vertikalen Unternehmenskonzentration* aus, weil die
Produkte solcher Unternehmen, die mehrere Stufen in sich
vereinigen (mehrstufige Unternehmen) steuerlich weniger
stark belastet werden; diese Unternehmen erzielen damit
als Anbieter im Wettbewerb Vorteile. Es sind auch Hin-
weise darauf erfolgt, daß infolge solcher Zusammenschlüsse
zum Zwecke der Steuervermeidung als Nebenwirkung die
Rationalisierung, die sich aus der zwischenbetrieblichen
Arbeitsteilung ergibt, *gehemmt* würde. Während dies natürlich eine Aussage ist, die vorzüglich produktionstech-
nisch begründet werden muß (Schumpeter wäre sicher anderer Meinung gewesen), tangiert die Grundaussage auf
alle Fälle Auffassungen, welche aus wirtschaftsordnungs-
politischen Gründen die Unternehmungskonzentration nach
Möglichkeit in Grenzen halten wollen.

Es sei noch erwähnt, daß die oben geschilderten Nachteile der
kumulativen Belastungswirkungen dann verschwinden, wenn
eine allgemeine Brutto-Umsatzsteuer nicht als Allphasensteuer,
sondern als Einphasensteuer ausgeprägt ist, ein Gesichtspunkt,
der u. a. in den Reformvorschlägen zur deutschen Umsatzsteuer
seinen Niederschlag gefunden hat (s. u., 3 (1)).

α_5) Bei den Realverkehrsteuern, die *Nicht-Entgeltsteuern* sind, kann gesagt werden, daß sie schon hinsichtlich der Belastung einer einzigen Phase „nichtneutral" sind.
Im deutschen Steuersystem sind diese Steuern durch die Ge-
sellschaft- und die Wechselsteuer vertreten, deren Bemessungsgrundlage stets die Summe des zur Verfügung gestell-

ten Kapitals ist und nicht das Entgelt (Dividenden, Zinsen) für die Kapitaldienstleistung. Je höher Dividenden und Zinsen[1]) desto niedriger ist die relative Belastung des Unternehmers, der diese Kapitaldienstleistung nachfragt. Wenn die Erfordernisse für diese Kapitaldienstleistungen auf jeder Phase der Güterproduktion etwa in Proportion zum Umsatz stünden, könnte man auch hier Kumulationswirkungen wie bei den Bruttoumsatzsteuern konstatieren. Sicher ist jedoch, daß nicht alle Unternehmen gleichmäßig diese Kapitaldienste in Anspruch nehmen müssen; je größer die Möglichkeit zur nicht durch Verkehrsteuern belasteten Selbst- oder Bankfinanzierung, um so weniger ist es erforderlich, besteuerte Kapitaldienste nachzufragen. Wie die Bruttoumsatzsteuern sind auch diese Nicht-Entgeltsteuern *„belastungspolitisch"* äußerst *unbestimmt.*

α_6) Eine *Allphasen-Nettoumsatzsteuer,* bei der die Steuerschuld von der in jeder Wirtschaftsstufe erzielten Wertschöpfung (value added) berechnet wird, wäre hinsichtlich der Belastung verschiedener Endprodukte neutral und würde die obenerwähnten Kumulationswirkungen nicht haben. Es entfallen Anreizwirkungen zu vertikaler Konzentration (Zusammenschluß produktionsstufenmäßig hintereinander geordneter Betriebe) mit dem Zweck der Steuerersparnis. Denn nach einem solchen Zusammenschluß würde dennoch, wenn die Steuer auf allen Stufen mit gleichem Satz erhoben wird, die Steuerbelastung gleichbleiben, d. h. proportional zu der mit dem Zusammenschluß wachsenden Steuerbemessungsgrundlage (Summation der Wertschöpfung bisher getrennt besteuerter Firmen).

Da der Endpreis eines Produkts gleich der Summe der auf den verschiedenen Produktions- oder Umsatzstufen entstandenen Wertschöpfung ist, wird durch eine solche Steuer — vollständige Überwälzung auch hier vereinfachend vorausgesetzt — das Preisniveau von Konsum- und Investi-

---

1) Welche ja entscheidend von der Fristigkeit des Kapitals und der Höhe des Zinssatzes abhängen.

tionsgütern gleichermaßen entsprechend dem Steuersatz gehoben. Das würde auf eine völlig proportionale Belastung aller Einkommensbezieher, unabhängig von der Art der Verwendung ihres Einkommens[1]), dann hinauslaufen, wenn der Gesetzgeber auch die Dienstleistungen von Nichtunternehmern (z. B. von Hausangestellten) in privaten Haushaltungen belasten würde.

Werden solche Dienstleistungen dagegen nicht besteuert, so liegt insofern keine Belastung der Einkommensverwendung für diese Zwecke vor; daraus ergibt sich eine Begünstigung vornehmlich der Bezieher höherer Einkommen, denen der Konsum solcher Dienste leichter möglich ist. Das gilt übrigens auch für die deutsche „allgemeine" Bruttoumsatzsteuer, da sie Dienstleistungen von Nichtunternehmern nicht trifft.

β) *Zielsetzungen bei den Realverkehrsteuern.* Die mit der Erhebung von Realverkehrsteuern vor allem verbundene Zielsetzung ist (1) die Mittelbeschaffung für den Staatshaushalt (fiskalische Zielsetzung); jedoch lassen sich auch (2) belastungspolitische (Realeinkommensumverteilung) und (3) konjunkturpolitische Gesichtspunkte vertreten.

β₁) Als ein wirksames Instrument zur *fiskalischen* Einnahmeerzielung wird an erster Stelle eine quasi-generelle Realverkehrsteuer wie z. B. die deutsche „allgemeine" Umsatzsteuer angesehen. Sie ist, insbesondere, wenn sie als Allphasensteuer vom Bruttoentgelt ausgestaltet wird, selbst bei mäßigen Sätzen eine sehr ertragreiche Steuer; der Zugriff ist erhebungstechnisch nicht allzu schwierig und erfüllt auch die Smith'sche Forderung nach „Bequemlichkeit" der Steuerzahlung, da sie auf dem „Gipfelpunkt der Liquidität" (Laufenburger) erhoben wird. Der Gesichtspunkt der Neutralität, der ja oft — zumindest lehrgeschichtlich evident — in Verbindung mit einer rein fiskalischen Zielsetzung auftritt, wird allerdings bei einer solchen Steuer, wie aus dem oben gebrachten Überblick über die Wirkungen hervorgeht, vernachlässigt. Eine in dieser Hinsicht neu-

---

[1]) Das gilt auch für gespartes Einkommen unter der hier zu machenden Voraussetzung eines Gleichgewichts zwischen geplanten Ersparnissen und Investitionen, da dann der reale Wert der Sparbeträge entsprechend dem Anstieg des allgemeinen Preisniveaus fällt (vgl. dazu *β₂*).

trale Netto-Umsatzsteuer erfordert zur Erzielung gleicher
Erträge höhere Sätze.

Da die Steuerzahler bei den Realverkehrsteuern wegen
der Überwälzung zumeist nicht die Steuerträger sind, sind
diese Steuern auch wegen ihrer Unmerkbarkeit für die
letztlich Betroffenen und demzufolge wegen der nur uner-
heblichen Steuerwiderstände gerühmt worden.

β₂) *Belastungspolitisch* ist folgendes relevant: Im Rahmen des Steuersystems sind die Realverkehrsteuern, insbesondere die *quasi-generellen* Umsatzsteuern, wie z. B. die
„allgemeine" deutsche Umsatzsteuer, als Abgaben zu bezeichnen, welche die Einkommens*verwendung* belasten, indem sie das Realeinkommen verringern, und damit die Besteuerung der Einkommenserzielung nach mehreren Seiten
hin wirksam ergänzen. Einmal, indem sie bei hohem Finanzbedarf der öffentlichen Hand ein allzu starkes „Anziehen
der Steuerschraube" bei den Einkommensteuern vermeiden helfen, d. h. bei Steuern, die bei hohen Progressions-
sätzen u. U. die Leistungswilligkeit einzuschränken vermögen (Anreizproblematik). Dabei mag, zum anderen, die
Funktion der verkehrsteuerlichen Ergänzung darin gesehen werden, auch solche Kreise, die von der Besteuerung
des Einkommens nicht oder nur in geringem Maße betroffen
werden, zur Deckung der Staatslasten heranzuziehen.

Zuweilen ist in diesem Zusammenhang insbesondere die „allgemeine" Umsatzsteuer als „allgemeine Verbrauchsteuer" bezeichnet worden, in dem Sinne, daß Umsatzsteuern vornehmlich nur
den Verbrauch, nicht dagegen die Verwendung des Einkommens
für Spar- bzw. Investitionszwecke belasten, was gleichbedeutend
mit einer Höherbelastung der mehrverbrauchenden Bezieher kleiner Einkommen ist. Überwälzung vorausgesetzt, würden nämlich
letztendlich die Preise der Verbraucherendprodukte erhöht, so
daß auch bei gleichbleibendem Nominaleinkommen die Realeinkommen der Verbraucher gekürzt werden. Das gelte auch für
solche Steueranstöße, die zunächst Investitionsgüter treffen, denn
deren Preiserhöhungen würden via Erhöhung der kalkulierten
Abschreibungen wieder hereingeholt, so daß auch hierdurch letzten Endes die Endverbraucher belastet würden. Im Gegensatz zu
dieser Schlußfolgerung ist geltend zu machen, daß auch die Spa-

rer und Investoren real belastet werden. Selbst bei vollständiger
Überwälzung der Investitionsgüter treffenden Steuern, via Preiserhöhungen der damit erzeugten Endprodukte, erreichen Sparer
und Investoren ja nur ein Konstantbleiben ihrer Nominaleinkommen. Deren Realwert muß jedoch wegen der gestiegenen
Preise auch der Investitionsgüter auf jeden Fall zurückgehen.

In welchem Ausmaß die verschiedenen Einkommensschichten, insbesondere die mehr oder weniger verbrauchen-
den von einer Umsatzsteuer betroffen werden, hängt bei
einer — vollständig überwälzten — *Bruttoumsatzsteuer*
entscheidend von der Produktionsstruktur ab. Da wegen
der oben erläuterten *„belastungspolitischen Unbestimmtheit"* der Bruttoallphasenumsatzsteuer das Ausmaß dieser
Belastungswirkungen kaum bekannt ist, ist diese Steuer als
(realeinkommens-) *verteilungspolitisches* Instrument praktisch *wertlos*, denn die rein qualitative Aussage, daß „auch
die Verbraucher, und damit auch ärmere Einkommensschichten belastet werden" ist für eine wie auch immer ge-
artete konsequente Belastungs- bzw. Realeinkommensver-
teilungspolitik unzureichend.

Dagegen ist die reine *Wertschöpfungsteuer*belastung
theoretisch wesentlich *eindeutiger*. Unter der Voraussetzung, daß die effektive der formalen Inzidenz entspricht,
würde im Falle einer generellen Steuer jedes Gut eine gleiche
Steuerbelastung, d. h. gleiche relative Preiserhöhung erfahren, was gleichzeitig bedeutet, daß sämtliche Nachfrager
gleichmäßig belastet werden. Insbesondere hinsichtlich der
Einkommensverwendung werden im Gleichgewicht — bei
einer Besteuerung aller Wertschöpfungen — alle Einkommensbezieher in gleicher Proportion zu ihrem Geld- oder
Realeinkommen belastet. Diese „Neutralität" der reinen
Wertschöpfungsteuer bedeutet, daß sie als solche nur für
die Zielsetzung einer gleichmäßigen Belastung oder — anders ausgedrückt — unveränderter Einkommensrelationen
zu verwenden ist. Sie ist jedoch als *Basis* für *belastungspolitische Zielsetzungen* dann zu verwenden, wenn man
beispielsweise bestimmte Güter durch *zusätzliche* einphasige Umsatz- oder spezifische Verbrauchsteuern belastet. Be-

sonders zweckmäßig für eine exakte Kontrolle dieser Belastungswirkungen wäre jeweils diejenige Wertschöpfungsstufe, von der aus das betreffende Gut dem Endverbraucher zugeführt wird. Zum Beispiel können bei den deutschen Verbrauchsteuern Ansätze für diese Betrachtungsweise gefunden werden.

Bei den *speziellen* deutschen Umsatzsteuern sind vor allem bei der *Beförderungsteuer* belastungspolitische Zielsetzungen vertreten worden, indem auf die durch die Besteuerung gegebene Wirkung auf die Wettbewerbsbedingungen zwischen „Schiene" (vor allem bundeseigene Eisenbahnen) und „Straße" (insbesondere privates Kraftverkehrsgewerbe) hingewiesen wurde.

Im Zusammenhang mit dem Straßenverkehr wurde weiterhin der Gedanke vertreten, daß einer besonderen Inanspruchnahme von Staatsleistungen durch die Abnutzung öffentlich unterhaltener Verkehrswege auch eine besondere Steuerbelastung gegenüberstehen müßte (Gebührenprinzip), daß aber andererseits dann auch diese Steuereinnahmen vorzüglich zugunsten der belasteten Verkehrsteilnehmer zur Erhaltung und zum Ausbau des Straßennetzes verwendet werden sollten (Zwecksteuer). Einen gewissen Niederschlag haben diese Gedankengänge, die eine Annäherung an das Äquivalenzprinzip bedeuten, im Verkehrsfinanzgesetz vom 6. 4. 1955 gefunden. Jedoch sind davon in stärkerem Maße die übrigen sog. „Transportverkehrsteuern" (vgl. oben, 1c, β), also die Kraftfahrzeugsteuer und die Mineralölsteuer betroffen worden. Vgl. dazu unten, § 7, 4 α, (13), (14).

Aber auch die Grunderwerbsteuer und die Kapitalverkehrsteuern (d. h. hier nur die Gesellschaftsteuer und die frühere Wertpapiersteuer) sind mit dem Ziele einer ergänzenden Belastung der „leistungsfähigen" höheren Einkommen oder Vermögen gerechtfertigt worden, denen allein ein Erwerb dieser Vermögensanlagen möglich sei. Eine solche Belastung wird allerdings nur in dem Maße realisiert, wie diese Steuern tatsächlich von den Anlegern in diesen Vermögenswerten getragen werden und sich nicht durch die oben geschilderten Überwälzungsprozesse in einer Preiserhöhung von Gütern und Diensten niederschlagen.

β_3) Zur Frage, ob Realverkehrsteuern als Instrument für *konjunkturpolitische* Zielsetzungen sinnvoll verwendbar sind, ist zu sagen, daß — ebenso wie bei den „direkten" Steuern — eine antizyklische Politik durch Nicht-Ausgeben erhöhter Steuereinnahmen in der Hochkonjunktur möglich ist, da die dabei eintretende Entzugswirkung die privaten verfügbaren Gewinne mindert und somit einen dämpfenden Effekt auf die Unternehmernachfrage ausübt. Gehen wir davon aus, daß in einer Hochkonjunktur das Ziel gegeben sei, eine bevorstehende (a) oder eingetretene (b) „inflationäre" Preisentwicklung zu verhindern bzw. zurückzudrängen, die wegen einer — zu den ursprünglich gegebenen (niedrigeren) Preisen — über die Vollbeschäftigungsausstoßgrenze hinausgehenden Nachfrage zu erwarten (a) oder eingetreten (b) ist. Für die Situation bei Vollbeschäftigung aller Faktoren sei als charakteristisch angenommen, daß Produktion und Angebot von Gütern nicht mehr vergrößert werden können, so daß Nachfragesteigerungen nur noch zu Preiserhöhungen und infolgedessen zu sog. „windfall-profits" führen. In partiellen Marktmodellen wäre diese Situation durch Abb. 2 darzustellen, die den infolge der inflationären Entwicklung zu erwartenden (a) oder eingetretenen (b) Gleichgewichtspreis p_g als Schnittpunkt der (im übrigen durch die Einkommensverhältnisse im Zeitpunkt der Hochkonjunktur erklärten) Nachfragekurve NN mit der bei Erreichen der Vollbeschäftigungsausstoßgrenze x_v unelastischen Angebotskurve AA zeigt. Wenn p_k der Kostenpreis ist, liegen in Höhe von $x_v \cdot (p_g - p_k)$ „windfall-profits" vor. Grenz- und Durchschnittskostenerhöhungen, die nicht über $(p_g - p_k)$ hinausgehen, ändern weder den Gleichgewichtspreis p_g noch die Ausbringungsmenge x_v.

Eine durch Steuererhöhungen herbeigeführte Kostensteigerung an der Stelle x_v um nicht mehr als $(p_g - p_k)$ — neue Angebotskurve A'A — kann nicht überwälzt werden, wenn sich die Nachfragekurve nicht nach rechts verschiebt, was bedeutet, daß der Staat mit Hilfe der empfangenen

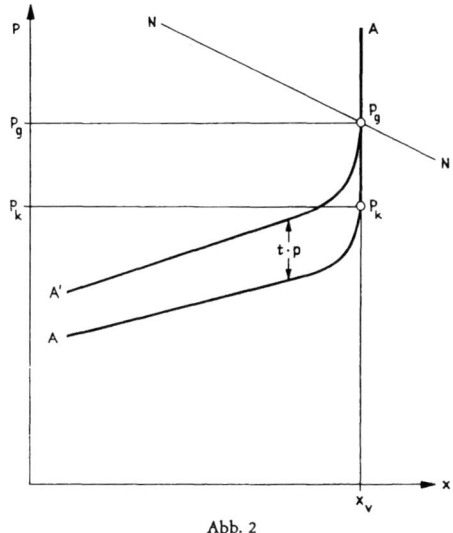

Abb. 2

Steuerbeträge auf diesem Markte (und auf anderen Märkten in der gleichen Situation) keine zusätzliche Nachfrage ausübt (d. i. Voraussetzung einer antizyklischen Politik). Bei — auf diesem Markt — konstantem (b) oder jedenfalls nicht über das ohnehin erwartete (a) Gleichgewichtspreisniveau p_g hinausgehendem Preis wäre zwar soweit das Ziel der Preissenkung noch nicht erreicht; jedoch ist bei den Unternehmern eine Gewinnminderung in Höhe der Steuer eingetreten, was ihre Möglichkeiten und Neigung, auf anderen Märkten nachzufragen, einschränken dürfte. Insbesondere auf Investitionsgütermärkten mögen daher durch eine solche antizyklische Politik Preissenkungen eintreten oder drohende Preiserhöhungen verhindert werden.

Vor dem Erreichen von Engpässen, d. h. bei elastischem Angebot, treten übrigens die erwähnten Entzugseffekte einer nicht verausgabten Steuererhöhung ebenfalls auf. Nur kann dann

eventuell durch die dabei eintretenden Mengeneffekte (d. h. durch
Steuervermeidungswirkungen) das Erreichen des Vollbeschäfti-
gungszieles der Fiskalpolitik infragegestellt werden; da eine Erörterung dieses Problems der Fiskalpolitik hier verfrüht wäre
(vgl. dazu Bd. IV, IX, § 4, 5b), beschränken wir uns auf den
„Spezialfall", daß Vollbeschäftigung aller Faktoren bereits erreicht ist.

Es ist eigentlich trivial, zu bemerken, daß in der vorangegangenen Analyse das partielle Marktmodell nur verwendet wurde,
um den Entzugseffekt pars pro toto auf einem der vielen Märkte
darzustellen und daß die Schlußfolgerung hinsichtlich der Minderung der privaten Unternehmernachfrage auf *anderen* Märkten deutlich macht, daß die Analyse eben nicht nur (wie Littmann behauptet) partieller Natur ist.

Für das Gegenstück einer solchen Politik in Depressionszeiten, d. h. Steuersenkungen bei konstanten (oder gestiegenen) Ausgaben, gilt ähnliches vice versa: Erhöhung der
Unternehmergewinne (oder Senkung ihrer Verluste) und
dadurch möglicherweise Nachfrage- und Beschäftigungs-
steigerung.

Im Rahmen dieser allgemeinen Betrachtungen könnten
alle Realverkehrsteuern gleichwertig sein. Es können sich
jedoch Situationen ergeben, in denen es wünschenswert erscheint, nicht alle Unternehmer dem Druck einer erhöhten,
antizyklisch gehandhabten Umsatzsteuerbelastung auszuset-
zen, sondern nur diejenigen Branchen „gezielt" zu treffen,
die — im Gegensatz zu anderen Wirtschaftszweigen —
einer „überhitzten" Nachfrage gegenüberstehen und infolgedessen überdurchschnittliche Gewinne machen. Unter diesem Gesichtspunkt sind Bruttoumsatzsteuern oder Nicht-
entgeltsteuern abzulehnen, da wegen ihrer oben festgestellten „belastungspolitischen Unbestimmtheit" genauere Aussagen über ihr Wirkungsausmaß auf Preise, Gewinne und
Nachfrage schwerlich zu machen sind. Auch hier ist für eine
Wertschöpfungsteuer zu plädieren, die durch spezielle einphasige Umsatz- oder Verbrauchsteuern flankiert wird, denen die Funktion zufällt, auf den jeweils überhitzten
Märkten die überhöhten Gewinne in besonderem Maße zu
treffen.

b) *Würdigung der Nominalverkehrsteuern*

Wer auch immer der Träger der „Nicht-Umsatz-Steuern" sein mag, Überwälzungseffekte auf Preise von Gütern oder Diensten sind — jedenfalls unmittelbar — auszuschließen.

Eine Erhöhung der *Rennwett- und Lotteriesteuer* wird in erster Linie die Gewinnsummen der Spieler verkleinern; darüber hinaus mögen die Einkünfte der Lotterie- oder Wettunternehmer verringert werden. Möglicherweise wird die „Spielneigung" etwas zurückgehen und dementsprechend das Einkommen mehr in anderer Richtung verwendet werden, was u. U. Effekte auf Nachfrage nach Gütern und ihre Preise haben mag.

Eine Erhöhung der *Börsenumsatzsteuer* würde je nach den Marktumständen (Angebots- und Nachfrageelastizitäten) entweder die Kurserlöse der Veräußerer senken oder die von den Erwerbern zu zahlenden Kurse erhöhen, wenn wir einmal von der — im übrigen unwahrscheinlichen — Möglichkeit absehen, daß die Börsenmaklerprovisionen zusammenschrumpfen. Wie auch die Wirkung sein mag, eine *unmittelbare* Auswirkung auf Menge und Preise von Gütern und Diensten ist nicht gegeben. Allerdings muß die Einschränkung gemacht werden, daß u. U. durch die Börsenumsatzsteuer eine vorzeitige Liquidierung eines Wertpapiers geringere Werte erwarten läßt und daß daher potentielle Erstanleger abgeschreckt werden könnten und somit eventuell das Ausmaß der Investitionen zurückgehen könnte, was langfristige Wirkungen auf das Güterangebot und die Preise haben könnte; diese Möglichkeit sei jedoch als relativ fragwürdig ausgeschlossen.

Es kann zusammengefaßt werden, daß die genannten Steuern vorzüglich als fiskalische Ertragsquelle geeignet erscheinen, ohne daß durch sie nennenswerte oder unerwünschte Nebenfolgen auftreten. Beide Steuern lassen sich darüber hinaus positiv würdigen im Hinblick auf ihre Effekte hinsichtlich der Einkommens- bzw. Vermögensverteilung: Die Rennwett- und Lotteriesteuer erschwert die zufallsbedingte Bildung „unverdienter" hoher Vermögen, während die Börsenumsatzsteuer die Börsenspekulation unrentabler zu machen in der Lage ist und in der Regel hohe Einkommens- und Vermögensgruppen belastet.

3. Einzelne Verkehrsteuern

Im folgenden werden die Verkehrsteuern wie in den vorhergehenden Paragraphen in ihrer institutionellen Gegebenheit behandelt. Ihre Geschichte wird aus Zweckmäßigkeitsgründen bei den einzelnen Steuern jeweils gesondert dargestellt.

(1) *„Allgemeine"* Umsatzsteuer

a) Wie bereits oben unter 1 c, β erwähnt wurde, existieren in praxi generelle oder allgemeine Umsatzsteuern nicht. Es finden sich lediglich quasi-generelle, zu denen auch die deutsche „allgemeine" Umsatzsteuer gehört. Wegen der besonderen Bedeutung solcher quasi-generellen „allgemeinen" Umsatzsteuern soll im folgenden auch ein Blick auf Entwicklung und Verbreitung im Ausland geworfen werden.

Die heutigen „allgemeinen" Umsatzsteuern stehen mit früheren, bis in das Altertum zurückzuverfolgenden ähnlich ausgeformten Steuern entwicklungsmäßig in keinem sichtbaren Zusammenhang. Sie sind erst im ersten Weltkrieg bei der Suche nach zusätzlichen Steuerquellen geschaffen worden: In Deutschland 1916 durch den Reichstag entgegen den Intentionen des Staatssekretärs des Reichsschatzamtes, Helfferich, in der Form eines Warenumsatzstempels, der 1918 zu einer Steuer auch auf andere Leistungen als Warenlieferungen, unter Erhöhung des Steuersatzes von 1 $^0/_{00}$ auf 0,5 $^0/_0$, ausgebaut wurde; in Frankreich, nach gewissen Ansätzen bereits 1914, im Jahre 1917. Nach dem Kriege folgte die Mehrzahl der europäischen Länder, eine Reihe außereuropäischer trat hinzu; in Großbritannien erfolgte die Einführung im zweiten Weltkrieg 1940, in der Schweiz und in Schweden im Jahre 1941.

Stellung und Bedeutung dieser Steuern sind gemäß dem vorherrschenden Wirtschaftssystem in den einzelnen Staaten durchaus unterschiedlich. Während sie in den verkehrswirtschaftlich orientierten Ländern vorzüglich — wenn auch nicht immer allein: belastungs- und damit verbunden gewisse lenkungspolitische Zielsetzungen spielen mehr oder minder überall hinein — eine Finanzsteuer ist, erfüllt sie in den planwirtschaftlich ausgerichteten insbesondere die Funktion einer Lenkungssteuer.

In der *Sowjetunion* bildet eine „allgemeine" Umsatzsteuer zusammen mit den Gewinnabführungen der Staatsunternehmungen die weitaus wichtigste staatsfinanzielle Einnahmequelle; die direkten Einkommensteuern treten demgegenüber fast gänzlich zurück. Über ihren fiskalischen Zweck hinaus aber haben sie in ganz besonderer Weise die Funktion, durch Preiserhöhung die mengenmäßige Nachfrage nach Konsumgütern allgemein zugunsten der Investitionen, vor allem in der Schwer- und Rüstungsindustrie, und durch differenzierte Sätze insbesondere die Nachfrage nach solchen Konsumgütern, die dem Wirtschaftsplan gemäß in der Produktion zurückgedrängt werden sollen, einzuschränken. Deshalb werden die Produkte der Schwer- und Rüstungsindustrie steuerlich begünstigt, die Steuersätze für Verbrauchsgüter sind nach „Luxuscharakter" gestaffelt, die höchsten Sätze sind die für Genußmittel. Die Sätze der grundsätzlich einstufigen Steuer — Umsätze innerhalb der sowjetischen Produktions- und Handelsorganisation sind nicht steuerpflichtig, sondern nur der Verkauf nach „außen" — werden häufig geändert und neu festgesetzt.

In den vorzüglich verkehrswirtschaftlich orientierten Ländern kommen „allgemeine" Umsatzsteuern in verschiedenster Ausgestaltung vor. In *Frankreich* gab es bis vor kurzem keine Steuer, die der deutschen „allgemeinen" Umsatzsteuer entsprechen würde. Statt dessen bestand seit den Reformen von 1954 und 1955 ein System mehrerer Steuern, nämlich der *„Mehrwertsteuer"* (taxe sur la valeur ajoutée, TVA), einer Nettoumsatzsteuer mit Vorsteuerabzug, welche die bis 1954 geltende Produktionssteuer abgelöst hatte; der *Dienstleistungssteuer* (taxe sur les prestations de services), die seit 1955 nicht mehr, wie die zuvor erhobene, kumulativ ausgestaltet war; der *örtlichen Steuer* (taxe locale), einer einphasigen Umsatzsteuer auf der Einzelhandelsstufe, sowie weiterer Sondersteuern, z. B. einphasiger Steuern für Wein und Fleisch. Aufgrund einer Umsatzsteuerreform sollen ab 1. 1. 1968 die TVA bis zum Einzelhandel ausgedehnt, ferner die Dienstleistungen sowie Transportleistungen im Güterverkehr in die TVA einbezogen werden. Somit entfallen neben ca. 15 Sondersteuern die örtliche Steuer, die Dienstleistungssteuer und die Kraftfahrzeugsteuer im Güterverkehr. Auch in *Belgien* wird die Besteuerung in mehreren Formen vorgenommen: Die Warenumsatz-

steuer (taxe de transmission), eine kumulative Steuer, die nach-
einander alle Umsatzstufen einer Ware trifft, belastet alle
entgeltlichen Übertragungen beweglicher Güter. Für zahlreiche
Warengruppen wird die Phasenpauschalierung angewandt. Neben verschiedenen Dienstleistungssteuern besteht noch eine
„Luxussteuer" mit erhöhten Sätzen (z. B. für Autos, Motorräder,
Yachten, Waffen usw.). In der *Schweiz* wird eine einphasige
Steuer auf Warenlieferungen auf der Großhandelsstufe sowie
auf Bezüge von Waren (die einen bestimmten Betrag übersteigen) bei inländischen Urproduzenten erhoben. Die *italienische*
„allgemeine" Umsatzsteuer (Imposta generale sull' entrata) belastet alle Eingänge an Geld oder geldwerten Mitteln aus Lieferungen von Gütern und Dienstleistungen. In den *Niederlanden*
wird eine kumulative Mehrphasensteuer erhoben, welche die Lieferungen in der Kleinhandelsphase freiläßt. In den *Vereinigten
Staaten von Amerika* werden „allgemeine" Umsatzsteuern von
den Einzelstaaten und einigen Gemeinden erhoben. Sie treten vorwiegend als einstufige Steuern auf der Einzelhandelsstufe (sales
tax), gelegentlich aber auch als mehrstufige oder phasenpauscha-
lierte Steuern auf. Daneben bestehen mehr spezielle Umsatzsteuern sowohl des Bundes (excise taxes) als auch anderer Gebietskörperschaften. Die *britische* purchase tax ist gegenüber der deutschen „allgemeinen" Umsatzsteuer weniger umfassend. Sie betrifft nur eine ausgewählte Gruppe von Konsumgütern, die weder
lebensnotwendig sind, noch als für den täglichen Normalbedarf
der Lebenshaltung erforderlich angesehen werden. Die Sätze sind
nach dem Grad der Entbehrlichkeit abgestuft. Die Erhebung erfolgt bei den Großhändlern bzw. bei solchen Produzenten, die
unter Umgehung der Großhandelsstufe weiterverkaufen. Sie enthält beachtliche Elemente der Konsumlenkung.

β) Die *deutsche* „allgemeine" Umsatzsteuer ist seit ihrer
Einführung im Kriegsjahr 1916 eine Allphasen-Bruttoum-
satzsteuer. Nur eine Zeitlang (1918—1926) wurde sie durch
eine Kleinhandels- bzw. Herstellersteuer auf Luxusgegen-
stände ergänzt. Der Versuch der Bundesregierung im
Jahre 1951, wiederum eine besondere Steuer auf Gegenstände des gehobenen Bedarfs einzuführen, ist am Wider-
stand der gesetzgebenden Instanzen gescheitert. Die deutsche „allgemeine" Umsatzsteuer ist, seit 1918, eine Dekla-
rationssteuer. Neben monatlichen Voranmeldungen und
Vorauszahlungen erfolgt die Veranlagung auf Grund einer

Steuererklärung über den Jahresumsatz für ein Kalenderjahr. Das gilt allerdings nicht für die Umsatzausgleichsteuer für Importe (s. u.), die von den Zollbehörden erhoben und für jeden einzelnen steuerpflichtigen Vorgang besonders berechnet wird. Die gesetzlichen Bestimmungen sind im übrigen des öfteren geändert worden, insbesondere auch im Hinblick auf die Steuersätze, die, obgleich zwischenzeitlich Senkungen erfolgten, langfristig dennoch stark angehoben wurden (1916: 1‰ heute 4 %). Während früher die Länder am Ertrag der Steuer beteiligt waren, fließt dieser heute voll dem Bund zu.

In *Mitteldeutschland* ist man dem sowjetrussischen Beispiel gefolgt. Die entscheidende Abkehr vom alten System der „allgemeinen" deutschen Umsatzsteuer erfolgte bereits 1955 durch die Schaffung einer allgemeinen Produktions- und Dienstleistungsabgabe (PDA) für die Industriebetriebe, Verkehrswirtschaft und einige andere Betriebe des volkseigenen Sektors. Eine Erweiterung der Bestimmungen unter Einbeziehung der Landwirtschaft erfolgte 1957. Desgleichen wurde im gleichen Jahr für den staatlichen Handel die Handelsabgabe (HA) eingeführt. Diese Produktions-, Dienstleistungs- und Handelsabgabe (PDHA) trat an die Stelle verschiedener traditionsreicher Steuern, zu denen neben der „allgemeinen" Umsatzsteuer u. a. auch die Körperschaftsteuer und die Gewerbesteuer gehörten. Die besondere Aufgabe der PDHA, die wie bei der Umsatzsteuer der Sowjetunion in der Lenkung von Produktion und Konsumtion liegt, kommt insbesondere in der Möglichkeit einer Differenzierung nach Produkten, nach Zweckbestimmung der Produkte sowie nach betrieblichen Merkmalen zum Ausdruck. Für Genossenschaften, private Betriebe und Privatpersonen gilt noch das alte Umsatzsteuersystem, das aber durch zahlreiche Änderungen den Zwecksetzungen des Wirtschaftssystems angepaßt wurde.

Heute gilt in der *Bundesrepublik Deutschland* das Umsatzsteuergesetz in der Fassung vom 1. 9. 1951 mit einer Reihe von Änderungen, der letzten vom 24. 5. 1966. Weiterhin sind Durchführungsbestimmungen, Verordnungen und Erlässe zu beachten.

Steuergegenstand ist der Umsatz, d. h. Leistungen und Lieferungen, die ein Unternehmer (*Steuerschuldner*, § 9) gegen Entgelt im Rahmen eines Unternehmens im Inland ausführt sowie der Eigenverbrauch. Die Einfuhr von Gegenständen wird einer Ausgleichsteuer unterworfen, für die die Vorschriften für Zölle sinngemäß gelten. Der Begriff des Unternehmers ist weit gefaßt. Es genügt eine nachhaltige selbständige Tätigkeit zur Erzielung von Einnahmen, auch wenn die Absicht, Gewinn zu erzielen, fehlt (§ 2). Selbständigkeit gilt jedoch nicht als gegeben im Falle von Organverhältnissen, d. h., besteht zwischen zwei Rechtspersönlichkeiten ein derartiges Unterordnungsverhältnis, daß die eine, die eine juristische Person sein muß, keinen eigenen Willen hat, so tritt für die „Innenlieferungen" zwischen Ober- und Untergesellschaft die Steuerpflicht nicht ein. Diese 1934 gesetzlich anerkannte, für Konzerne sehr wichtige Regelung, war seit 1946 durch Kontrollratsgesetz aufgehoben, ist inzwischen aber wieder in Kraft gesetzt worden.

Es gelten eine Reihe von *Steuerbefreiungen* (§ 4), deren wichtigste gegeben sind einmal im Zusammenhang mit dem Außenhandel (wie bei der Einfuhr bzw. der „verlängerten" Einfuhr gewisser wichtiger Roh- und Hilfsstoffe sowie bei Ausfuhrlieferungen), dann im Binnengroßhandel (Lieferungen und gewisse erste Lieferungen nach der Einfuhr bestimmter Rohstoffe, Halberzeugnisse und Lebensmittel, die nicht oder nur in besonders zugelassener Weise bearbeitet oder verarbeitet werden dürfen), für Lieferungen und den Eigenverbrauch land- und forstwirtschaftlicher Erzeugnisse durch den Erzeuger, für den Geldverkehr, für Lieferungen von Wasser, für Lieferungen von Gas, Elektrizität oder Wärme, sofern sie zur gewerblichen Weiterveräußerung durch den Abnehmer dienen. Die bisherige Steuerfreiheit der öffentlichen Energieversorgungsunternehmen auch für Lieferungen an private Abnehmer oder an Unternehmer zur Verwendung in ihren Unternehmen ist seit dem 1. 4. 1965 aufgehoben worden. Ferner sind eine Reihe weiterer Umsätze aus sozialen Gründen steuerbefreit wie Lieferungen von Hausgewerbetreibenden und Blinden. Der „allgemeinen" Umsatzsteuer sind weiterhin Umsätze nicht unterworfen, die bereits bestimmten anderen Steuern (Grunderwerbsteuer, Beförderungsteuer, Versicherungsteuer, Rennwett- und Lotteriesteuer, Gesellschaftsteuer und Aufsichtsratsteuer) unterliegen.

Der *Steuersatz* (§§ 7—7c) beträgt in der Regel 4 % vom vereinnahmten Entgelt einschließlich der Steuer (d. s. $4^1/_6$ % von dem dem Unternehmer nach Zahlung der Steuer verbleibenden Erlös). Ermäßigte Sätze in Höhe von 3 % gelten für Lieferungen und den Eigenverbrauch von Nahrungsfetten und Zucker, von 1,5 % für Lieferungen und den Eigenverbrauch von Getreide und Getreideprodukten, Büchern, Gas, Elektrizität oder Wärme; Lieferungen und gewisse erste Lieferungen nach der Einfuhr im Großhandel, soweit sie nicht ganz steuerfrei sind, werden unter der Voraussetzung, daß keine wesentliche oder eine besonders zulässige Be- oder Verarbeitung durch den Händler stattgefunden hat, mit einem Satz von 1 % belastet. Bei Unternehmern, deren Gesamtumsatz im Kalenderjahre 120 000,— DM nicht übersteigt, sind 12 000,— bzw. 20 000 DM steuerfrei.

Für West-Berlin sieht das Berlinhilfegesetz besondere Vergünstigungen vor.

Der allgemeine Steuersatz der Ausgleichsteuer für Importe beträgt 4 %, jedoch nicht vom Entgelt, sondern vom Wert der eingeführten Waren gemäß zollrechtlichen Bestimmungen; er ermäßigt sich bei bestimmten landwirtschaftlichen Produkten auf 3 % bis 1 %, erhöht sich andererseits aber auch bei bestimmten Erzeugnissen auf 6 % bis 8 %.

Während die besondere Steuer auf Importe einen Ausgleich für die steuerliche Minderbelastung importierter Waren schaffen soll, sollen durch Steuervergütungen die Chancen der von der deutschen Umsatzbesteuerung

vorbelasteten Exportgüter auf den Ausfuhrmärkten ver-
bessert werden. Die „Ausfuhrhändlervergütung" (§§ 16 ff.),
auf Antrag dem Exporthändler zu gewähren, soll zum
Ausgleich der Steuer dienen, die auf der Lieferung der
Waren an den Händler oder auf deren Einfuhr lastet.
Sie beträgt normalerweise 4 % der Bemessungsgrundlage
(92 % des berichtigten Entgelts bzw. der volle Einkaufspreis), bei geringer besteuerten Gütern entsprechend weniger. Eine „Ausfuhrvergütung" (§§ 23 ff.) kann vom Aus-
fuhrhändler bzw. vom exportierenden Hersteller in Anspruch genommen werden. Sie soll einem Ausgleich für die
auf früheren Umsatzstufen gezahlte Umsatzsteuer bringen.
Die Vergütungssätze liegen zwischen 0,5 und 7 % der Bemessungsgrundlage. Da Voraussetzung für die Ausfuhrhändlervergütung die Nichtbearbeitung der Erzeugnisse ist,
kommt sie für Hersteller nicht in Frage. Für einen Aus-
fuhrhändler besteht in aller Regel die Möglichkeit, sowohl
die Ausfuhrhändlervergütung als auch die Ausfuhrvergütung zu erhalten.

Als Versuch, die durch eine vertikale Konzentration von
aufeinanderfolgenden Produktionsstufen mögliche Steuervermeidung zu verhindern, hat die nach § 59 Umsatzsteuer-
Durchführungsbestimmung erhobene *Zusatzsteuer* (4 %) zu
gelten, die von Unternehmen der Textilindustrie erhoben
wird, welche selbsthergestellte Spinnereierzeugnisse verwe-
ben. Eine Zeitlang wurde eine besondere Zusatzsteuer
(3 %) auch von solchen Produktionsunternehmungen erhoben, die eine Umsatzstufe dadurch umgehen, daß sie selbst
Einzelhandel betreiben. Die — im übrigen durch zahlreiche
Ausnahmen durchlöcherte — Regelung ist 1958 durch ein
Urteil des Bundesverfassungsgerichts aufgehoben worden.

γ) Abschließend sei noch auf einige *Reformvorschläge*
hingewiesen, die im Zusammenhang mit der deutschen „allgemeinen" Umsatzsteuer Gegenstand der Diskussion waren
und noch sind.

Die deutsche „allgemeine" Umsatzsteuer hat als Allpha-
sen-Bruttoumsatzsteuer die schon oben (vgl. 2 a, α₄) er-

wähnten Nachteile einer solchen Steuer. Bereits nach dem
ersten Weltkrieg ist von C. F. von Siemens eine Nettoumsatzsteuer (sog. „veredelte" Siemenssche Umsatzsteuer) vorgeschlagen worden. In neuerer Zeit sind die obenerwähnten Ausformungen der Nettoumsatzsteuer als Vorsteuer-
abzugs- oder Vorumsatzabzugssteuern diskutiert worden,
ebenso wie Steuern mit direkter Wertermittlung. Bei den
„Vorabzügen" bestanden, wie schon gesagt, Differenzen insbesondere in der Frage, wieweit die Aufwendungen für Investitionszwecke berücksichtigt werden sollten. Die Ant-
wort auf diese Frage ist von erheblichem Einfluß auf die
Schätzung derjenigen Nettoumsatzsteuersätze, die erhoben
werden müßten, um die gleichen Erträge wie die heutigen
Kumulativsteuern zu erbringen. Die Meinungen gehen darüber auseinander; es liegen Schätzungen zwischen 10 und
16 %/o vor. Es sei bemerkt, daß die Erträge der Bruttoumsatzsteuer in den letzten Jahren etwa 6 %/o des Nettosozial-
produkts zu Marktpreisen ausgemacht haben. Wollte man
dieses Verhältnis konstant halten, so müßte man, wenn
jede Wertschöpfung schlechthin besteuert werden sollte,
einen einheitlichen „Nettosteuer-Satz" von etwa 6 %/o
wählen. Da die Dienstleistungen von Nichtunternehmern
nicht besteuert werden, und wegen der erheblichen gewünschten Steuerbefreiungen und Steuerermäßigungen, ergibt sich eine Erhöhung dieses „Nettosteuer-Satzes", für den
eine Schätzung von 10 %/o eine gewisse Berechtigung hat.

Es wird gefragt, ob aus einer derartigen Umstellung sich
nicht Belastungsumschichtungen ergeben könnten. Arbeits-
intensive Betriebe, bei denen der Wertschöpfungsanteil ja
höher ist als bei materialintensiven, würden nunmehr höhere
Zahlungen zu leisten haben, die erst durch Überwälzungsprozesse, d. h. aber Prozesse, die das Preisgefüge ändern,
neu verteilt werden müßten. Wieweit das aber gelingt, wird
in Frage gestellt. Für das allgemeine Preisniveau, so wird
weiterhin geäußert, könnten sich dann Erhöhungen ergeben, wenn zwar die Höherbelasteten ihre Verkaufspreise
erhöhen, die nunmehr Minderbelasteten aber ihre Preise

nicht senken, zumindest die Steuerersparnisse nicht voll weitergeben würden (sticky prices).

Neuen Auftrieb hat die Umsatzsteuerreform durch die Bestrebungen erfahren, im Rahmen der *EWG* zu einer *Steuerharmonisierung* zu gelangen (vgl. Bd. 2 § 6, 3). Die Bundesregierung hatte bereits 1963 den Entwurf eines Gesetzes über die Einführung einer Nettoumsatzsteuer — in der Begründung zur Gesetzesvorlage Mehrwertsteuer genannt — eingebracht. Dieser Regierungsentwurf ist in unverändertem Wortlaut als Initiativantrag von den Fraktionen der Regierungskoalition im V. Bundestag erneut eingebracht worden. Der Entwurf übernimmt die gesetzlichen Grundlagen des geltenden Umsatzsteuergesetzes — in weitem Umfang unverändert — und gestaltet sie zu einer Nettoumsatzsteuer mit Vorsteuerabzug um (vgl. 1b, β1).

Der Steuergegenstand wird systemgerecht, um eine unterschiedliche Belastung der Gegenstände zu vermeiden, durch den Tatbestand des Selbstverbrauchs, d. h. Verwendung selbsterstellter bzw. zur Weiterlieferung erworbener Wirtschaftsgüter des Anlagevermögens im eigenen Unternehmen erweitert. Die Besteuerung des Eigenverbrauchs ist auf die Verwendung von Gegenständen des Anlagevermögens durch den Unternehmer für private Zwecke ausgedehnt. Steuerbefreiungen werden, sofern sie nicht aus systematischen Gründen im Zusammenhang mit dem Außenhandel (Ausfuhrlieferungen und bestimmte Leistungen für ausländische Rechnung) notwendig erscheinen, nur in eng begrenztem Maße gestattet. So entfällt die Befreiung u. a. bei der Einfuhr bzw. verlängerten Einfuhr gewisser wichtiger Roh- und Hilfsstoffe, im Binnengroßhandel, für die Lieferung und den Eigenverbrauch landwirtschaftlicher Erzeugnisse, für die Umsätze der Rundfunkanstalten, von Wasser, Gas, Elektrizität oder Wärme sowie für die Hausgewerbetreibenden. Da die Beförderungsleistungen zukünftig der Nettoumsatzsteuer unterliegen sollen, wird die Befreiung der Umsätze, die anderen Verkehrsteuern unterliegen, in diesem Sinne eingeschränkt.

Der Steuersatz beträgt in der Regel 10 % des vereinbarten Entgelts, jedoch abzüglich der Umsatzsteuer. Bei nicht buchführungspflichtigen Unternehmen kann auf Antrag die Steuer auch weiterhin wie bisher nach den vereinnahmten Entgelten berechnet werden. Ein ermäßigter Satz in Höhe von 5 % ist für bestimmte, in einer Anlage zum Entwurf bezeichneten Gegenstände (hauptsächlich Lebensmittel und landwirtschaftliche Erzeugnisse), für die Aufzucht und das Halten von Vieh für andere und Umsätze aus freiberuflicher Tätigkeit im Sinne des § 18 Abs. 1 Ziff. 1 EStG, anzuwenden. Für alle Unternehmer, deren steuerpflichtige Umsätze 20 000 DM im Vorjahr nicht überstiegen haben, besteht einer Steuerfreigrenze.

Der Vorsteuerabzug ist grundsätzlich für alle Umsatzsteuerbeträge vorgesehen. Ein Vorsteuerabzug ist dann nicht gestattet, wenn der Unternehmer steuerfreie oder nicht steuerbare Umsätze tätigt (daher Möglichkeit des Verzichts auf Steuerbefreiungen), außer wenn es sich um eine Ausfuhr oder eine Leistung für ausländische Rechnung handelt. Bei aktivierungspflichtigen Anlagegütern — geringwertige Wirtschaftsgüter ausgenommen —, die der Abschreibung unterliegen, kann die Vorsteuer entsprechend den nach steuerrechtlichen Bestimmungen vorgenommenen Abschreibungen abgezogen werden (pro rata temporis). Um den Vorsteuerabzug durchführbar zu gestalten, ist eine offene Ausweisung der auf das Entgelt entfallenden Umsatzsteuer, eine entsprechend spezifizierte Rechnungsstellung und detaillierte Aufzeichnungspflicht gesetzlich fixiert.

Die Steuerfreiheit der genannten Ausfuhrleistungen in Verbindung mit dem Vorsteuerabzug ersetzt das bisherige verwickelte Vergütungsverfahren und gestattet zugleich eine exakte Entlastung der Waren an der Grenze.

Wann und in welcher Form dieser Entwurf zum Gesetz erhoben wird, bleibt abzuwarten. Es ist aber darauf hinzuweisen, daß nach Art. 1 des geänderten Vorschlags der EWG-Kommission an den Ministerrat zur Harmonisierung der Rechtsvorschriften der Mitgliedstaaten der EWG betreffend die Umsatzsteuer vom 12. Juni 1964 in einer ersten Etappe die nationalen Gesetze, die diese Ersetzung des derzeitigen Umsatzsteuersystems durch eine Nettoumsatzsteuer zum Gegenstand haben, noch vor dem 1. Januar 1968 verkündet und spätestens am 1. Januar 1970 in Kraft treten sollen. In einer zweiten Etappe soll das Ziel der Harmonisierung, die Abschaffung der Steuergrenzen, erreicht werden. Um die Angleichung der nationalen Umsatzsteuersysteme an das vorgesehene gemeinsame Mehrwertsteuersystem zu ermöglichen, wurde dem Rat von der Kommission im April 1965 ein Richtlinienentwurf zur „Struktur und Anwendungsmodalitäten des gemeinsamen Mehrwertsteuersystems" vorgelegt. Diese Richtlinien decken sich in ihren Grundzügen mit dem oben skizzierten deutschen Entwurf. Abweichend von den Richtlinienentwürfen der EWG ist jedoch nicht der Sofortabzug bei aktivie-

rungspflichtigen Anlagegütern vorgesehen, sondern die oben be-
zeichnete „pro rata temporis"-Regelung.

Die Kumulativwirkung einer Umsatzsteuer kann auch,
wie bereits erwähnt, durch Einphasensteuern, sei es auf der
Großhandelsstufe, oder, wie Pohmer insbesondere vor-
schlägt, auf der Einzelhandelsstufe, vermieden werden. Die
vom Ifo-Institut für Wirtschaftsforschung vorgeschlagene
Zweiphasensteuer mit Anrechnungsverfahren, die eine Besteuerung des vollen Umsatzes beim Grossisten und beim
Einzelhändler vorsieht (bei diesem aber unter Abzug der
Vorsteuer), soll vermeiden, daß eine Stufe die ganze Über-
wälzungslast zu tragen hat.

(2) *Grunderwerbsteuer*

Die Grunderwerbsteuer belastet bestimmte Rechtsvorgänge, die eine Veränderung der Eigentumsverhältnisse an
Grundstücken zum Gegenstand haben. Sie ist hervorgegan-
gen aus der alten „Handwechselabgabe" oder Liegenschafts-
akzise und wurde im 19. Jahrhundert teils als Staats-,
teils als Gemeinde- oder Kreisabgabe erhoben. Seit 1909
wurde sie auch vom Reich in Anspruch genommen. Seit
1949 (Grundgesetz) ist sie als Steuer mit örtlich beding-
tem Wirkungskreis zur Landessteuer erklärt. Der Grunderwerbsteuer (Grunderwerbsteuergesetz vom 29. 3. 1940)
unterliegen vor allem folgende Rechtsvorgänge: Rechts-
geschäfte, die den Anspruch auf Übereignung eines Grundstücks begründen oder abtreten (z. B. Kauf, Tausch, Einbringung in Gesellschaften); der Eigentumswechsel, auch
wenn kein auf Übereignung gerichtetes Rechtsgeschäft vor-
ausgegangen ist (z. B. Enteignung); das Meistgebot im
Zwangsversteigerungsverfahren. Ausgenommen von der Besteuerung sind der Grundstückserwerb von Todes wegen
sowie durch Schenkungen, da er bereits von der Erbschaftsteuer erfaßt wird und eine Reihe weiterer Tatbestände.
Ferner gilt eine Reihe von landesrechtlichen Befreiungs-
vorschriften im Zusammenhang mit der Wiedergutma-
chung, der Bodenreform, dem sozialen Wohnungsbau, der
Flurbereinigung u. ä. . Steuerschuldner sind regelmäßig die
Vertragsteile als Gesamtschuldner. Steuerbemessungsgrund-

lage ist der Wert der Gegenleistung, also im Regelfalle der Kaufpreis. Ist eine Gegenleistung nicht feststellbar, so wird die Steuer vom Einheitswert berechnet. Der Steuersatz beträgt 3 %, unter gewissen Voraussetzungen 2 %. Außer diesem Landesanteil werden, nach landesrechtlichen Regelungen, zugunsten der Stadt- und Landkreise Zuschläge von 4 % (Berlin 3 %) erhoben, in die die 1944 aufgehobene Wertzuwachssteuer (vgl. § 5, 3a) von 2 % eingegangen ist. Die Gesamtbelastung beträgt demgemäß bis zu 7 %. In Rheinland-Pfalz liegt die Ertragshoheit gänzlich bei den Landkreisen und kreisfreien Städten.

Zur Ermittlung des steuerbaren Tatbestandes sind Behörden, Beamte und Notare zur Anzeige verpflichtet. Der Erwerber wird nur dann als Eigentümer in das Grundbuch eingetragen, wenn eine steuerliche Unbedenklichkeitsbescheinigung vorliegt.

(3) *Kapitalverkehrsteuern*

Zu den Kapitalverkehrsteuern gehören die Gesellschaftsteuer, die Börsenumsatzsteuer und die Wertpapiersteuer, die allerdings mit Wirkung vom 1. 1. 1965 entfallen ist. Sie sind seit 1922 im Kapitalverkehrsteuergesetz geregelt (Vorgänger der Besteuerung des Kapital- und Börsenverkehrs gab es im Reiche seit 1881). Dieses Gesetz hat zwischenzeitlich einige Änderungen erfahren, und war von 1944 bis 1948 außer Hebung gesetzt. Derzeit gilt das Kapitalverkehrsteuergesetz in der Fassung vom 24. 7. 1959 mit der letzten Änderung durch Gesetz vom 25. 3. 1965.

(a) *Gesellschaftsteuer*

Die Gesellschaftsteuer ist eine von Kapitalgesellschaften erhobene Abgabe, mit der Kapitaleinlagen im weitesten Sinne belastet werden.

Steuerpflichtig sind vor allem: Der Erwerb von Gesellschaftsrechten durch den Ersterwerber; Leistungen eines Gesellschafters, und zwar entweder auf Grund einer aus dem Gesellschaftsverhältnis folgenden Verpflichtung (z. B. Nachschüsse, Zubußen) oder freiwillige, wenn der Wert der Gesellschaftsrechte dadurch erhöht wird (z. B. Zuzahlung bei Umwandlung von Aktien in Vorzugsaktien); ferner die Gewährung von Darlehen durch einen Gesellschafter, wenn bestimmte Voraussetzungen vorliegen.

Steuerschuldner ist die Gesellschaft, jedoch haftet der Erwerber bzw. derjenige, der die Leistung erbringt; Steuerbefreiungen gelten für gemeinnützige Körperschaften und Versorgungsbetriebe der öffentlichen Hand (§ 7). Der Steuersatz (§ 9) beträgt 2,5 % vom Geldbetrag oder Wert der Leistung, er ermäßigt sich unter bestimmten Voraussetzungen auf 1 % (§ 9, 2), so z. B. bei Leistungen zur Deckung eines Verlustes am Grundkapital einer AG oder KGaA oder am Stammkapital einer GmbH.

(b) *Wertpapiersteuer*

Die mit Wirkung vom 1. 1. 1965 *aufgehobene* Wertpapiersteuer belastete die folgenden, durch die Gesellschaftsteuer nicht erfaßten Arten von Kapitalzuführungen: (1) den Ersterwerb inländischer verbriefter verzinslicher Schuldverschreibungen, (2) den Erwerb ausländischer verbriefter verzinslicher Schuldverschreibungen, (3) den Erwerb ausländischer Gesellschaftsrechte bei ihrer ersten Veräußerung im Inland. Der Steuersatz betrug zuletzt einheitlich 2,5 %.

Steuerschuldner war nicht der Erwerber, sondern der Veräußerer, aber jeder Erwerber des Wertpapiers haftete für die Steuer. Anmeldepflichtig war im Falle (1) die ausgebende Gesellschaft, in den Fällen (2) und (3) derjenige, der das Veräußerungsgeschäft vorgenommen hatte, praktisch vor allem die verkaufende Bank. Bei ausländischen Wertpapieren wurde ein Steuerausweis abgestempelt. Ausgenommen von der Besteuerung (§ 13) war der Erwerb von Schuldverschreibungen der Gebietskörperschaften von Bund, Ländern, Gemeinden und Gemeindeverbänden, Zweckverbänden, öffentlichen Versorgungsbetrieben usw.

Begründet wurde die Aufhebung der Wertpapiersteuer damit, daß die steuerliche Belastung ausländischer Schuldverschreibungen und Aktien die (zum damaligen Zeitpunkt gebotene) Verstärkung des deutschen Kapitalexports hemme und in einigen Fällen auch zu einer unerwünschten Doppelbesteuerung führe. Bei inländischen Schuldverschreibungen würde die Wertpapiersteuer infolge der erwähnten zahlreichen Ausnahmen praktisch nur Industrieanleihen belasten. Daher wären die Unternehmen auf andere Finanzierungsuellen zur Deckung ihres Fremdkapitalbedarfs ausgewichen. Die dadurch eingetretene Verödung des Marktes für Industrieanleihen ließe es geboten erscheinen, auch auf die Besteuerung der inländischen Industrieobligationen zu verzichten.

(c) *Börsenumsatzsteuer*

Während die Gesellschaftsteuer und die frühere Wertpapiersteuer vor allem den ersten Erwerb von Gesellschafts- und Forderungsrechten besteuern bzw. besteuerten, unterliegt der Börsenumsatzsteuer jeder weitere Wertpapierumsatz. Steuergegenstand ist der „Abschluß von Anschaffungsgeschäften" (§ 17), d. h., außer dem Kauf werden auch sonstige entgeltliche Erwerbsgeschäfte jeder Art über Schuldverschreibungen, Dividendenwerte und Anteilscheine an Kapitalanlagegesellschaften betroffen. Von der Besteuerung ausgenommen sind insbesondere (§ 22) Händlergeschäfte, die die Zuteilung von Wertpapieren an den ersten Erwerber zum Gegenstand haben. Steuerschuldner sind bei Kundengeschäften die Händler, bei Privatgeschäften die Vertragsteile als Gesamtschuldner (§ 25). Der Steuersatz beträgt (§ 24): Bei Anschaffungsgeschäften über Schuldverschreibungen bestimmter Gebietskörperschaften (Bund, Länder usw.) 1 $^0/_{00}$; über andere Schuldverschreibungen und über Dividendenwerte 2,5 $^0/_{00}$; über Anteilscheine an Kapitalanlagegesellschaften und vergleichbare Urkunden ausländischer Unternehmen 2 $^0/_{00}$. Die Steuer ermäßigt sich bei Anschaffungsgeschäften, die im Ausland abgeschlossen sind, auf die Hälfte, wenn nur der eine Vertragsteil Inländer ist.

(4) *Wechselsteuer*

Während es reine Steuern auf den Zahlungsverkehr, z. B. Steuern auf Quittungen (Quittungssteuern) und auf Schecks (Schecksteuern) in Deutschland trotz früherer Versuche ihrer Einführung nicht gibt, ist die Wechselsteuer, also eine Besteuerung des Kreditverkehrs, eine der ältesten deutschen, bereits 1869 als Wechselstempel eingeführten

Verkehrsteuern, die 1923 in eine regelrechte Wechselsteuer
umgewandelt wurde. Heute gilt das Wechselsteuergesetz in
der Fassung vom 24. 7. 1959. Gegenstand ist jeder im Inland umlaufende Wechsel; Steuerschuldner ist derjenige,
der den Wechsel im Zeitpunkt der Entstehung der Steuerschuld aushändigt, in der Regel der Aussteller. Alle späteren Wechselinhaber haften. Der Steuersatz, ohne Rücksicht auf die Laufzeit des Wechsels, beträgt für eigene und
gezogene Wechsel 15 Pfennig für je 100,— DM oder einen
Bruchteil dieses Betrages. Für „unvollständige" Wechsel besteht eine Sonderregelung. Auf das Ausland gezogene Wechsel sind unter bestimmten Voraussetzungen teils von der
Besteuerung ausgenommen (§ 6,1), teils werden sie nur mit
dem halben Satz, mindestens aber mit 10 Pfennig, belastet.
Die Steuer ist durch Kleben und Entwerten von Steuer-
marken zu entrichten.

(5) Versicherungsteuer

Die Versicherungsbesteuerung, bis dahin eine in den Ländern unterschiedlich gehandhabte Materie, wurde seit 1913
im Rahmen des Reichsstempelgesetzes reichseinheitlich geregelt und dem Reiche erschlossen. Seit 1922 besteht ein
besonderes Versicherungsteuergesetz, das seitdem mehrfach
geändert wurde. Derzeit gilt das Versicherungsteuergesetz
in der Fassung vom 24. 7. 1959. Steuerschuldner ist der
Versicherungsnehmer. Für die Entrichtung der Steuer haftet der Versicherer. Im Verhältnis zwischen Versicherer
und Versicherungsnehmer gilt die Steuer als Teil des
Versicherungsentgeltes, d. h., sie wird offen überwälzt.
Steuerobjekt ist die Zahlung des Versicherungsentgelts
(hierzu rechnen außer Prämien, Beiträgen usw. auch gewisse Nebenkosten wie Gebühren für die Ausfertigung
eines Versicherungsscheines) aufgrund eines Versicherungsverhältnisses, wenn (1) der Versicherungsnehmer seinen
Wohnsitz oder seinen gewöhnlichen Aufenthalt im Inland
hat oder (2) wenn ein Gegenstand versichert ist, der sich
zur Zeit der Begründung des Versicherungsverhältnisses
im Inland befand. Ausnahmen von dem Grundsatz der

Besteuerung aller Versicherungen werden im § 4 aufgeführt, so insbesondere die Rückversicherungen, Lebens- und Krankenversicherungen sowie die gesetzlichen Sozialversicherungen. Die Ausnahmen sind vorwiegend sachlich qualifiziert. Bemessungsgrundlage ist fast ausnahmslos das Versicherungsentgelt, das einem einheitlichen Steuersatz von 5 % unterliegt. Bei wenigen Versicherungen, z. B. bei der Hagelversicherung, ist die Bemessungsgrundlage die Versicherungssumme pro Versicherungsjahr, die Steuer beträgt DM 0,20 je DM 1000,— der Versicherungssumme.

(6) *Feuerschutzsteuer*

Die am 1. 2. 1939 eingeführte und noch heute geltende Feuerschutzsteuer ist eine Zwecksteuer zur Förderung des Feuerlöschwesens und des vorbeugenden Brandschutzes. Sie wird von öffentlichen und privaten Feuerversicherungsunternehmen neben der Versicherungsteuer vom Gesamtbetrag der Versicherungsentgelte aus Feuerversicherungen erhoben. Steuerschuldner ist der Versicherer. Die Steuer beträgt bei privaten Versicherungsunternehmungen 4 %, bei öffentlich-rechtlichen, wenn das Versicherungsverhältnis auf Grund eines gesetzlichen Zwanges oder eines Versicherungsmonopols entsteht, 12 %, sonst 6 % der vereinnahmten Versicherungsentgelte.

(7) *Rennwett- und Lotteriesteuer*

Die Besteuerung von Rennwetten und Lotterien erfolgt nach dem als Reichsgesetz erlassenen Rennwett- und Lotteriegesetz vom 8. 4. 1922, das seitdem nur geringfügig geändert wurde, letztmalig am 23. 3. 1934.

(a) Der *Rennwettsteuer* unterliegen die am Totalisator oder bei einem Buchmacher anläßlich öffentlicher Pferderennen und anderer öffentlicher Leistungsprüfungen für Pferde abgeschlossenen Wetten. Steuerschuldner ist der Unternehmer des Totalisators oder der Buchmacher. Der Steuersatz beträgt $16^{2}/_{3}$ % vom Wetteinsatz.

Eine entsprechende Besteuerung anderer Sportarten ist (nach ausländischem Vorbild) in Deutschland erst nach dem letzten Kriege im Falle des Fußballtotos erfolgt. Die gesetzliche Regelung über Sportwetten ist den Ländern überlassen worden.

(b) Die *Lotteriesteuer* belastet alle im Inland veranstalteten öffentlichen Lotterien und Ausspielungen. Das Gesetz sieht gewisse Befreiungen vor, u. a. bei Lotterien und Ausspielungen zu ausschließlich gemeinnützigen, mildtätigen und kirchlichen Zwecken, die den Wert von 12 000,— DM nicht übersteigen. Die Steuer beträgt 20 % des Preises sämtlicher Lose ausschließlich der Steuer, bei ausländischen Losen 25 % vom planmäßigen Preise. Die Steuer ist vom Veranstalter vor Beginn des Verkaufs zu entrichten. Bei ausländischen Losen ist die Steuer vom Einbringer oder vom ersten Empfänger zu zahlen.

Nach einer VO vom 27. 7. 1938 wird von den Gewinnen der Spielbanken die sog. *Spielbankenabgabe* erhoben, mit der außer der Lotteriesteuer auch die Steuern vom Einkommen, Vermögen, Umsatz und die Gesellschaftsteuer abgegolten werden (heute Ländersteuer, dafür Ausgleichszahlungen an den Bund für entgangene Bundessteuern und gegebenenfalls an andere Länder, deren Finanzämter für die Veranlagung der die Spielbank betreibenden Unternehmer zur Einkommen- und zur Körperschaftsteuer zuständig sind, für entgangene Länderanteile an diesen Steuererträgen).

(8) *Beförderungsteuer*

Die Beförderungsteuer ist ebenfalls seit ihrer Einführung in Deutschland im Jahre 1917 des öfteren geändert worden, wobei insbesondere einzelne Verkehrszweige zeitweilig befreit, dann wieder belastet wurden. Heute gilt das Beförderungsteuergesetz in der Fassung vom 13. 6. 1955, zuletzt geändert durch Gesetz vom 13. 4. 1965.

Steuergegenstand ist die Beförderung von Personen und Gütern im Schienenbahn- und Kraftfahrzeugverkehr sowie die Beförderung von Personen mit Seilschwebebahnen und Sesselliften. Das Gesetz nennt eine Reihe von Steuerbefreiungen, so vor allem: Personenbeförderungen im Ar-

beiter-, Schüler- und Militärpersonenverkehr, Brief- und
Paketverkehr der Bundespost, Beförderung von Stein-
kohlen, Braunkohlen, Koks und Preßkohlen im Eisenbahn-
verkehr.

In der Regel ist Steuerschuldner der Zahler des Beför-
derungsentgeltes, der Unternehmer (Beförderer) haftet und
entrichtet die Steuer. Bemessungsgrundlage ist der Beförderungspreis, daneben bestehen Ersatzmaßstäbe wie Durch-
schnittsbeförderungsentgelt und Tonnenkilometer. Bei der
Personenbeförderung im Schienenverkehr (Bundes- und
Privatbahnen) werden — soweit nur zwei Klassen vor-
handen — in der 1. Klasse 14 %, in der 2. Klasse 11 %
und im Gepäckverkehr 12 % vom Beförderungspreis erhoben. Die Steuer ermäßigt sich für Straßen- und ähnliche
Bahnen und Sessellifte auf 6 %, für die Beförderung im
zugelassenen Verkehr mit Kraftomnibussen, Landkraft-
posten u. a. auf 4 % des Beförderungspreises. Bei der
Güterbeförderung im Schienenverkehr beträgt die Steuer
im Nahverkehr (nicht weiter als 49 km) 4 %, in allen anderen Fällen 7 % des Beförderungspreises. Im Kraftfahrzeugverkehr wird für den genehmigten Güterfernverkehr
im Sinne des Güterkraftverkehrsgesetzes eine Steuer von
7 % des Beförderungspreises und in allen anderen Fällen
eine Steuer von 3 Pfennigen je Tonnenkilometer erhoben.
Die Steuer ermäßigt sich im Werkfernverkehr für die Beförderung bestimmter Güter.

§ 7. Verbrauchsteuern und Zölle

1. Begriff und Arten

a) Begriff

Nunmehr ist eine große Gruppe von Abgaben zu behandeln, die im wesentlichen die Gruppe der offiziell sogenannten „Verbrauchsteuern und Zölle" umfaßt. Diese
Termini sollen auch beibehalten werden, jedoch sind sie
hier an Hand des auch bisher als Gliederungskriterium
benutzten Steuerobjekts eindeutig zu definieren. Von den

Verkehrsteuern unterscheiden sich dann Verbrauchsteuern und Zölle dadurch, daß bei ihnen Steuergegenstand nicht ein Verkehrsakt[1]) sondern die Erstellung von Gütern und Diensten ist. Darunter ist zu verstehen (1) der Einsatz oder die Ausbringung von Gütern und Diensten auf einer beliebigen Produktionsphase, jedoch unabhängig davon, ob ein Verkehrsakt vorliegt, d. h., ob es dabei zu einer Tauschbeziehung zwischen Wirtschaftssubjekten kommt oder nicht; (2) der erfolgte Zollgrenzübergang von Importgütern bzw. der bevorstehende Zollgrenzübergang von Exportgütern. Auch hier ist Steuergegenstand nicht ein Verkehrsakt, wenn auch ein solcher in der Regel vor oder nach dem Zollgrenzübergang stattfindet.

Es fällt auf, daß in der genannten Definition der Verbrauchsteuern das Begriffselement „Verbrauch" fehlt. Das hat folgende Gründe: Faßt man nämlich Verbrauch als Marktentnahme von Gütern und Diensten durch Haushalte auf, wie beispielsweise in der volkswirtschaftlichen Gesamtrechnung üblich, so würde eine daran anknüpfende Steuer das Charakteristikum der Verkehrsteuern tragen. Der sogenannte „letzte Verbrauch" alias Verwendung im Haushalt ist andererseits für steuerliche Zwecke nur außerordentlich schwer zu erfassen, spielt jedenfalls bei den offiziell als Verbrauchsteuern bezeichneten Abgaben grundsätzlich keine Rolle. Danach drängt sich natürlich die Frage auf, warum die durch die oben gegebene Definition umrissene Gruppe von Steuern hier dennoch als „Verbrauchsteuern und Zölle" bezeichnet wird. Dafür, es bei der bisherigen Bezeichnung zu belassen, spricht aber einiges: Abgesehen von der möglicherweise durch neue Formulierungen eintretenden Begriffsunsicherheit ist zu betonen, daß für wissenschaftliche Aussagen, die hinsichtlich einer definierten Gruppe von Steuern zu machen sind, einzig und allein die Definition und nicht die Bezeichnung maßgebend ist. Zudem kann man die Bezeichnung „Verbrauchsteuern" dann positiv begründen, wenn damit nur die Art der Güter und Dienste zum Ausdruck gebracht werden soll, deren Erstellung in der finanzpolitischen Praxis zum Steuergegenstand gemacht wird. Denn die in Deutschland als „Verbrauchsteuern" bezeichneten Steuern betreffen Güter, welche überwiegend entweder von Haushalten

---

[1]) Es sei nochmals darauf hingewiesen, daß „Verkehrsakt" stets einen Rechtsakt im Rahmen einer Tauschbeziehung beinhaltet (vgl. oben § 6, 1) und daß räumliche Transportvorgänge begrifflich davon zu trennen sind.

zwecks Konsumtion erworben oder aber doch nach weniger weiteren Produktions- oder Umsatzphasen der Konsumreife zugeführt werden; daher läßt sich die Bezeichnung „Verbrauchsteuern" als ungefähre Charakterisierung vertreten; völlig eindeutig allerdings ist sie deshalb nicht, weil es Güter und Dienste, die nur durch Haushalte nachgefragt werden, kaum gibt.

Wenden wir uns nun der Frage zu, inwieweit „Verbrauchsteuern" von den „Zöllen" zu unterscheiden sind: Es läßt sich sagen, daß Verbrauchsteuern die Erstellung von Gütern schlechthin zum Gegenstand haben, während Zölle ausschließlich die Erstellung an der Zollgrenze, d. h. nur den Zollgrenzübergang, betreffen. Demnach könnte man Zölle als eine Art „eingeschränkter" Verbrauchsteuer ansehen. Da der Steuergegenstand der Zölle auch Steuergegenstand bei den Verbrauchsteuern ist, da ferner Wirkungen und verfolgte Zielsetzungen bei Verbrauchsteuern und Zöllen ein großes Maß an Übereinstimmung zeigen, ist es zweckmäßig, sie zusammen zu behandeln.

Eine weitere Frage mag hinsichtlich der Einordnung der *Finanzmonopole* gestellt werden. Ihre Behandlung wäre grundsätzlich denkbar sowohl bei den öffentlichen Betrieben als auch bei den Verbrauchsteuern. Da die Finanzmonopole — jedenfalls im deutschen Steuersystem — in sehr erheblichem Ausmaße auch Instrumente zur Einbringung der korrespondierenden Verbrauchsteuern darstellen und darüber hinaus die Monopolgewinne gegenüber dem Steueraufkommen relativ unbedeutend sind, wird hier der Regel gefolgt, die Finanzmonopole im Rahmen der Verbrauchsteuern zu behandeln.

b) Arten

Wenn das Gemeinsame der Verbrauchsteuern und Zölle das Steuerobjekt, die Erstellung von Gütern und Dienstleistungen ist, so können sie sich im einzelnen nach den näheren Umständen der *Erstellung,* nach der *Bemessungsgrundlage,* nach *Güterarten* und nach dem *Tarif* unterscheiden.

α) *Erstellung.* Bei den *Verbrauchsteuern* kann an die verschiedenen Produktionsphasen angeknüpft werden. Bei den sog. Produktionssteuern kann die Belastung an den Anfang der Produktion verlegt werden (Rohstoffsteuern, vgl. die Zuckersteuer der Zollvereinsstaaten von 1844). Sie kann aber auch an ein Zwischenergebnis anknüpfen (Halbfabrikatsteuer) oder das Fertigfabrikat treffen (Fabrikatsteuer). Die deutschen Verbrauchsteuern sind heute vor allem von letzterer Art, werden vom Hersteller erhoben; die Steuerschuld entsteht in der Regel durch Entfernung aus dem Herstellerbetrieb oder Entnahme zum Verbrauch im Betrieb. Damit bilden sie den Übergang zu den sog. Zirkulationssteuern, die wie die alten Akzisen an die Bewegung der Waren anknüpfen.

Zölle belasten importierte, heute seltener exportierte Güter beim Grenzübergang. Durchfuhrzölle sind ganz selten geworden, spielen im behandelten Zusammenhang gar keine Rolle.

Die Zollgrenze, das sei hier am Rande vermerkt, braucht sich nicht mit der Staatsgrenze zu decken, vielmehr kann das Zollgebiet kleiner sein als das Staatsgebiet, indem z. B. durch Gesetz Häfen, Lager und Gebietsteile, die staatsrechtlich Inland sind, aus dem Zollgebiet ausgeschlossen werden; das Zollgebiet kann aber auch über die Staatsgrenzen hinausreichen, vgl. z. B. für die Bundesrepublik das wirtschaftlich nur von Oberstdorf (Bundesrepublik) aus zu erreichende Kleinwalsertal (Österreich).

Weiterhin ist auf die immer bedeutsamer gewordenen Zollzusammenschlüsse auf internationaler Ebene hinzuweisen, mit deren Hilfe den wachsenden Verflechtungen großer Wirtschaftsräume entsprochen wird, ohne daß staatsrechtlich Gebietsänderungen vorgenommen werden.

β) *Bemessungsgrundlage* bei Verbrauchsteuern und Zöllen kann einmal sein der Wert (Preis mal Menge), man spricht dann von *Wertsteuern* bzw. von *Wertzöllen*. Dann aber auch eine Maßeinheit wie Gewicht, Länge, Rauminhalt; es handelt sich dann um sog. *spezifische* Steuern oder Zölle[1]).

γ) *Güterarten. Generelle* Verbrauchsteuern sind kaum denkbar, es müßten dann nämlich vom Gesetzgeber alle denkbaren und möglichen „Erstellungsvorgänge" in der Volkswirtschaft belastet werden. Bei den Zöllen hingegen wäre eine generelle Belastung schon eher möglich, indem beispielsweise alle eingeführten Produkte gleichermaßen

---

[1]) Es sind „Mischzölle" denkbar, deren Bemessungsgrundlage teilweise Maß- teilweise Werteinheiten sind.

mit einem (Wert-) Zoll belegt werden. Empirisch gesehen gibt es jedoch nur *spezielle* Zölle und spezielle Verbrauchsteuern, die nur die Erstellung ganz bestimmter Produkte zum Gegenstand haben. Eine Aufgliederung des Gesamtkomplexes solcher Steuern und Zölle wäre zumindest derart möglich, daß Belastungen von „Verbrauchsgütern", d. h. solchen, die nicht oder nur wenig umgeformt werden müssen, um dem endgültigen Verbrauch zugeführt werden zu können, von Belastungen anderer Güter, Vorprodukte und Anlagegüter, unterschieden würden. Wegen der Schwierigkeit, ein bestimmtes Gut in die eine oder die andere Klasse einzuordnen, ist diese Unterscheidung natürlich unscharf; immerhin mag sie für eine grobe Analyse der Wirkungen dieser Steuern ausreichen.

Im deutschen Steuersystem sind die Verbrauchsteuern in der Tat Abgaben, die die Erstellung solcher „Verbrauchsgüter" belasten. Immerhin sind bei einigen dieser Güter recht große „Rückversetzungen" denkbar, so z. B. im Falle des Mineralöls und der Leuchtmittel. Bei den Zöllen hingegen werden auch Produkte betroffen, die bereits ihrer technischen Eigenart nach Anlagegüter sind oder erst weiter verarbeitet werden müssen, ehe sie zur Konsumreife gelangen.

Bei der Gliederung „nach Güterarten" kann man weiterhin unterteilen in Steuern auf *„Luxusgüter"* und *„Güter des lebensnotwendigen Bedarfs"*. Einerseits mag der Hintergrund dieser Unterscheidung eine gewisse verbrauchsethische Wertung sein, nach der z. B. Tabak und Alkohol zu den Luxusgütern gerechnet werden, es kann aber auch das Ergebnis einer nachfragetheoretischen Analyse derart sein, daß man das Kriterium der Preiselastizität der Nachfrage anlegt. Danach werden Güter mit geringer Preiselastizität in die Gruppe der Güter des lebensnotwendigen Bedarfs, solche mit hoher dagegen in die Gruppe der Luxusgüter eingeordnet. Nicht immer — wenn auch vielfach gegeben — müssen, wie wir noch sehen werden, beide Gliederungsgesichtspunkte übereinstimmen. Über die Bedeutung dieser Unterscheidung hinsichtlich der Belastungswirkungen wird bei der Würdigung der Verbrauchsteuern und Zölle zu berichten sein.

2. Würdigung der Verbrauchsteuern und Zölle

a) Steuerwirkungen

Steuerwirkungen sind auch hier nur insoweit zu berücksichtigen, als sie zur Beurteilung gegebener Zielsetzungen nötig sind. Letztere sind jedoch so beschaffen, daß, um Wiederholungen zu vermeiden und um Steuern und Zölle weiterhin ihrem Wesen entsprechend gemeinsam darstellen zu können, es zweckmäßig erscheint, wie schon bei den Verkehrsteuern einen Überblick über die Wirkungen, soweit sie für die Untersuchung der Zielsetzungen relevant sind, zusammenfassend voranzustellen.

Wie schon in Band II ausgeführt, bewirken die Verbrauchsteuern eine „Hebung" der Angebotskurven der besteuerten Güter. Das gilt auch für die Zölle, weil durch sie ebenfalls das Angebot verteuert wird.

Auf die Nachfrage ergeben sich etwa folgende Wirkungen: Wenn — was wir annehmen wollen — durch das Verbrauchsteuer- und Zollsystem in erster Linie „Verbrauchsgüter" betroffen werden, wird nicht damit zu rechnen sein, daß der Staat die vereinnahmten Steuerbeträge auf den Märkten der besteuerten Güter ausgibt, d. h. also, es ist nicht mit zusätzlicher staatlicher Nachfrage auf diesen Märkten zu rechnen. Zumindest aber kann das, empirisch gesehen, als annähernd richtig vorausgesetzt werden. Staatliche Naturalalimentationen sind heute selten, spielen im wesentlichen nur im Wehrwesen eine begrenzte Rolle. Die Nachfragefunktionen für besteuerte Verbrauchsgüter werden demnach mehr oder weniger konstant bleiben. Jedoch mögen sich Interdependenzwirkungen auf die private Nachfrage nach anderen Verbrauchsgütern ergeben. Ist die Nachfrage nach dem besteuerten Gut sehr unelastisch, so wird dessen Verteuerung eine Erhöhung der monetären Nachfrage nach diesem Gut bewirken, so daß die Konsumenten ihre Nachfrage nach anderen Gütern einschränken müssen (Linksverschiebung der Nachfragekurven auf anderen Teilmärkten). Ist dagegen die Nachfrage nach dem besteuerten Gut sehr elastisch, so bringt das u. a. Substitutionsmöglichkeiten zum Ausdruck. Die monetäre Nachfrage nach dem besteuerten Gut wird zurückgehen, so daß für andere Güter den Konsumenten mehr an Kaufkraft übrigbleibt (Rechtsverschiebung der Nachfragekurven auf anderen Teilmärkten).

Insgesamt können wir — unter Voraussetzung eines nicht unelastischen Angebots — als Ergebnis der Überwälzungs- und Vermeidungsprozesse folgendes annehmen:

(1) Preissteigerungen der steuerlich belasteten Güter infolge Hebung der Angebotskurve, d. h. zumindest teilweise Überwälzung des Steueranstoßes.

(2) Einschränkungen der Nachfrage nach den besteuerten Gütern (Steuervermeidung) bei elastischer Nachfrage.

(3) Ist die Nachfrage nach den betroffenen Gütern unelastisch, so werden die Steuervermeidungseffekte unerheblich sein, dagegen wird man Mengeneinschränkungen bei anderen Verbrauchsgütern vermuten dürfen.

(4) Auf den Märkten, auf denen durch die geschilderten Substitutionseffekte zusätzliche private Nachfrage auftaucht, ebenso wie auf den „Nicht-Verbrauchsgüter"-Märkten, auf denen die vom Staat vereinnahmten Steuermittel ausgegeben werden, wird es zu Preissteigerungen, und — soweit das Angebot elastisch ist — auch zu Mengenerhöhungen kommen.

Damit sind kurz die wichtigsten Auswirkungen auf Preise und Mengen beschrieben. Es lassen sich aus diesen Ergebnissen auch Schlüsse auf die Belastung der Nachfrager und Anbieter ziehen.

Auf seiten der *Nachfrager* werden die Konsumenten betroffen, wenn es sich bei den betrachteten Steuern und Zöllen um solche auf „Verbrauchsgüter" handelt. Das ist gleichzusetzen mit einer erhöhten „regressiven" Belastung der Einkommensschwachen, da diese einen höheren Teil ihres Einkommens verbrauchen und die in Frage kommenden „Verbrauchsgüter" für sie teurer geworden sind. Die Wirkung beispielsweise des deutschen Verbrauchsteuersystems hinsichtlich der Belastung der Nachfrager ist zweifellos in großen Zügen damit richtig wiedergegeben. Jedoch darf man nicht außer acht lassen, daß einige der Verbrauchsteuern — wie schon erwähnt — auch Vorprodukte betreffen, und daß ein großer Teil der Zölle ebenfalls den Import von Vorprodukten und Anlagegütern besteuert. Dadurch werden auch die Nachfrager von Investitionsgütern (und letzten Endes auch die Sparer) getroffen; denn die Kosten für Nettoinvestitionen steigen durch die Verteuerung von Vorprodukten und Anlagegütern. Vgl. dazu das unter Verkehrsteuern, § 6, 2, a β, Gesagte.

Hinsichtlich der Belastung der *Anbieter* ist folgendes zu bemerken: Je elastischer die Nachfrage und je unelastischer das Angebot der durch die Verbrauchsbesteuerung betroffenen Güter, desto größer ist der von dem jeweiligen Produzenten selbst zu tragende Teil der Steuer und desto größer ist auch seine Einkommensminderung, die sich nicht nur aus dem Netto-Preisfall, sondern auch aus der Absatzeinschränkung ergibt. Auf den nicht unmittelbar betroffenen Märkten können wegen der Interdependenz der ökonomischen Größen ebenfalls Wirkungen auftreten, nämlich Belastungen, wenn die Nachfrage zurückgeht und Begünstigungen, wenn die Nachfrage sich über Substitutionseffekte oder zusätzliche Staatsausgaben erhöht. Langfristig wird auch hier mit einem elastischen Angebot zu rechnen sein, so daß die Produzenten die Steuer zum überwiegenden Teil überwälzen können (vgl. § 6, 2 a, α_2).

Das bisher Gesagte galt für Verbrauchsteuern und Zölle gleichermaßen. Für Zölle kann man darüber hinaus noch eine unterschiedliche Belastung je nach dem Standort des Produzenten konstatieren: Es liegt eine Benachteiligung der ausländischen Produzenten, oder, was dasselbe ist, eine Begünstigung der inländischen Produzenten vor.

Der Einfuhrzoll bewirkt eine Preiserhöhung von Waren aus dem Ausland auf dem inländischen Markt. Je nach seiner Höhe und der Elastizität von Angebot und Nachfrage kann er bis hin zum praktischen Aufhören der Einfuhr führen (Prohibitivzölle) und der einheimischen Wirtschaft gegenüber dem Weltmarkt eine Differentialrente verschaffen. Soweit jedoch das Produkt ohnehin nur im Ausland erzeugt werden kann, ist diese „nicht standortneutrale" Wirkung ohne Bedeutung.

Zu den Wirkungen von Zöllen auf die Kartellbildung vgl. Band I, Kapitel II, § 6 c.

b) Zielsetzungen

α) *Fiskalische Zielsetzungen* sind, jedenfalls historisch gesehen, vorwiegend der unmittelbare Anlaß zu Verbrauchsteuern und Zöllen gewesen. Zölle mit einer derartigen Zielsetzung werden in der finanzwissenschaftlichen Terminologie als Finanzzölle bezeichnet. Voraussetzung ist, daß keine erheblichen Vermeidungseffekte eintreten. Da, wie oben gezeigt, Vermeidungseffekte mit einer elastischen Nachfrage verbunden sind, wäre von der fiskalischen Zielsetzung her die Besteuerung von Gütern mit geringer Preiselastizität der Nachfrage (d. h. im wesentlichen von „Gütern des lebensnotwendigen Bedarfs") sinnvoll. Das Ausmaß der Vermeidungsmöglichkeit ist davon abhängig, inwieweit Substitutionsgüter ebenfalls besteuert werden. Von diesem Gesichtspunkt aus gesehen ist also eine möglichst lückenlose Besteuerung aller miteinander substituierbaren „Verbrauchsgüter" anzustreben.

In den Rahmen der fiskalischen Zielsetzungen gehört auch das Argument, daß indirekte Steuern, in unserem Falle also Verbrauchsteuern und Zölle, vorzüglich geeignet seien, hohe Steuererträge zu liefern, ohne dabei auf erhebliche Steuerwiderstände und Reibungsschwierigkeiten aller Art zu stoßen, da für die letzten Endes belasteten Gruppen von Wirtschaftssubjekten diese Belastung „unmerkbar" sei, weil sie die Steuer nicht selbst zu zahlen hätten.

β) *Beteiligung der Konsumenten an den Staatslasten.* Vielfach sind Verbrauchsteuern, in geringerem Maße auch Zölle, damit gerechtfertigt worden, auch diejenigen Kreise an den Staatslasten zu beteiligen, die bei einer vorzugsweise direkten Besteuerung kaum belastet würden. Denn während die direkten Steuern vornehmlich die Bezieher höherer Einkommen treffen, würden die Verbrauchsteuern

auch die niedrigen Einkommensgruppen belasten, relativ
sogar stärker, da diese einen höheren Anteil ihres Einkommens verbrauchen und damit auch in höherem Maße
durch die Verbrauchsteuern belastet sind. Daher mag der
genannte Gesichtspunkt mit wohlstandspolitischen Bezügen
(vgl. γ) in Widerspruch geraten. Immerhin ist zu beachten, daß stets auch die Einkommensstarken durch Verbrauchsteuern getroffen werden; einmal im Zusammenhang
mit ihrem Verbrauch und zum zweiten durch vorgenommene Investitionen in „verbrauchsbesteuerten" Vorprodukten.
Theoretisch wäre sogar eine Besteuerung nur von Vorprodukten derart denkbar, daß durch sie Konsumenten
und Investoren in gleichem Maße getroffen würden.

γ) „Wohlstandspolitische" Zielsetzungen. Wohlstandspolitische Bezüge treten auch ins Spiel, wenn die Besteuerung vor allem auf Güter eines gehobenen Lebensbedarfs
alias Luxusgüter gerichtet ist und versucht wird, die Schichten höheren Konsums aus Gerechtigkeitsvorstellungen höher
zu belasten. Solche Zielsetzungen können wiederum mit der
fiskalischen Zielsetzung in Widerspruch geraten. Danach
nämlich müßten vorzüglich, wegen geringer Nachfrageelastizität, Güter des lebensnotwendigen Bedarfs besteuert
werden. Dadurch aber würden gerade einkommensschwache
Gruppen wegen des hohen Anteils der Nachfrage nach lebensnotwendigen Gütern, gemessen an ihrem Einkommen,
vornehmlich belastet werden. Verschärfend tritt hinzu, daß
die Nachfrageelastizität, d. h. also die Vermeidungswir-
kung, bei denjenigen Schichten wieder größer werden muß,
deren Einkommen an der Grenze des Existenzminimums
steht; denn die Preissteigerung der lebensnotwendigen Güter zwingt diese Einkommensschichten, von denen man
annehmen kann, daß ihr gesamtes Einkommen für den
Kauf lebensnotwendiger Güter verwendet wird, auf jeden
Fall, ihren Verbrauch einzuschränken. Das macht hohe Sätze
bei solchen Steuern besonders „gefährlich".

δ) Sozialhygienische Zielsetzungen. Im Zusammenhang
mit der Verfolgung sozialhygienischer Zielsetzungen werden Güter steuerlich belastet, die, wie z. B. Alkohol, Niko-

tin usw., gesundheitsschädliche Wirkungen ausüben und deren Konsum durch eine bewußt gewollte Verteuerung eingeschränkt werden soll. Würde man diese Verbrauchsgüter ohne weiteres, wie „wertungsmäßig" richtig, auch im Hinblick auf ihre nachfragetheoretische Stellung in die Gruppe der „Luxusgüter" einordnen können, d. h. annehmen dürfen, daß ihre Konsumenten stark preiselastisch reagieren, wären diese sozialhygienischen Belange durch eine Erhöhung der Steuersätze — unter Voraussetzung eines ebenfalls nicht unelastischen Angebots — gut aufgehoben.

Jedoch ist diese Annahme — auch aufgrund empirischer Studien — sehr umstritten. Eine geringe Preiselastizität ist von vornherein bei solchen Verbrauchergruppen anzunehmen, die ein hohes Einkommen beziehen. Aber es kann auch nicht an solchen Aussagen vorbeigegangen werden, nach denen die Preiselastizität der Nachfrage nach solchen Gütern bei den unteren Einkommensschichten — anders als in deren Verbrauchsgüternachfrage insgesamt — aus einem gewissen „Trosteffekt" gering sei. Vorliegende Argumentation verliert in dem Maße an Gewicht, wie der Wohlstand auch unterer Einkommensschichten zunimmt. Soweit das der Fall ist, sind Aussagen, wie sie noch im angehenden 20. Jahrhundert von der alten Sozialdemokratie gemacht wurden (vgl. E. Wurm), nämlich, daß die Erhebung solcher Steuern eine zusätzliche Belastung des ohnehin gefährdeten lebensnotwendigen Bedarfs zur Folge hätte, heute in ihrer Bedeutung begrenzt.

ε) *Schutzzoll-Zielsetzungen.* Obwohl die soweit gemachten Aussagen mutatis mutandis nicht nur für Verbrauchsteuern, sondern auch für Zölle gelten, ist der Zoll in der politischen Argumentation bisher wohl kaum, bestenfalls aber nur unwesentlich, als ein Instrument zur Erreichung von verbrauchspolitischen, wohlstandspolitischen oder sozialhygienischen Zielsetzungen gesehen worden. Bei der rein fiskalischen Zielsetzung dagegen stand der (Finanz-)Zoll schon immer gleichrangig neben den Verbrauchsteuern. Wenden wir uns nunmehr der Zielsetzung zu, für deren Erreichung ausschließlich Zölle in Frage kommen: Wegen ihrer Begünstigung der inländischen Produzenten können Zölle als *Schutzzölle* mit dem Ziel erhoben werden, inländische Produzenten gegenüber ausländischer Konkurrenz zu schützen oder sogar überhaupt erst lebensfähig zu erhalten. Die Schutzbedürftigkeit kann unter den verschiedensten Gesichtspunkten begründet werden wie: Erhaltung oder Schaffung von Arbeitsplätzen, Nachholen wirtschaftlicher und technischer Fortschritte des Auslandes — Idee des Erziehungszolls —, u. U. auch ausmündend in autarkiepolitische Zielsetzungen zwecks Wahrung politischer, insbesondere wehrpolitischer Unabhängigkeit. Die Zollsätze werden dann so festgelegt, daß die inländischen Produzenten bei Marktpreisen, die auf Einfuhrpreis plus Zoll basieren, noch arbeiten bzw. sich sogar weiter ausdehnen können. Die Einnahmen aus dem Zoll selbst dürfen bei konsequenter Verfolgung des Schutzzollgedankens bei der Festsetzung der Zollsätze keine Rolle spielen. Vielfach sind aber Finanz- und Schutzzollgesichtspunkte gleichzeitig gegeben. Selbst bei fehlender einheimischer Produktion (typische Voraussetzung für Finanzzölle) könnte ja ein Zurückdrängen der Nachfrage nach dem eingeführten Gut der Nachfrage nach inländischen etwa ebenfalls besteuerten „Ersatzgütern" (Ersatz auf gleichem Gebiet oder Freibleiben für ganz anderen Bedarf) zugute kommen. Ein Finanzzoll mag also auch Schutzwirkungen für einheimische Erzeuger bewirken, wie ein Schutzzoll in aller Regel auch Einnahmen erbringt.

Im Zusammenhang mit dem Gedanken des Schutzzolls ist auf die Möglichkeit hinzuweisen, einen Zoll stetig zu erheben, oder aber — je nach der Lage auf dem einheimischen Markt — wechselnd zu gestalten, sei es wiederum als stetig wechselnd (Saisonzoll; so bei Eiern, Tomaten, Frühkartoffeln, Erhöhung des Zolls bei erwartetem Beginn eigener Ernte) oder aber von Fall zu Fall (so für Kohle 1960 eingeführt bis zum Haldenabbau!).

ζ) *Außenhandelspolitische Zielsetzungen.* Zölle (und Verbrauchsteuern auf ausländische Erzeugnisse) können auch als Instrument für außenhandelspolitische Zielsetzungen verwendet werden. Durch Erhöhung (Senkung) der Einfuhrzollsätze ist es denkbar, die Nachfrage nach Importgütern zurückzudrängen (zu erhöhen) mit dem Ziel eines Ausgleichs von Handels- und Zahlungsbilanz. Im Zusammenhang damit stehen auch — vor einiger Zeit diskutiert — konjunkturpolitische Möglichkeiten, z. B. die Senkung von Zollsätzen mit dem Ziel erhöhter Nachfrage nach Auslandgütern zwecks Dämpfung der Inlandskonjunktur.

3. Zur geschichtlichen Entwicklung der Verbrauchsteuern und Zölle

a) Verbrauchsteuern

Eine auch nur einigermaßen zureichende Geschichte der Verbrauchsteuern müßte schon wegen der Vielzahl möglicher Verbrauchsbelastungen und den dabei vorherrschenden durchaus unterschiedlichen finanzpolitischen Zielsetzungen zu kompliziert sein, um hier im gegebenen Rahmen voll behandelt zu werden. Im einzelnen soll darauf kurz bei der folgenden Behandlung der einzelnen Verbrauchsteuern eingegangen werden. Hier ist immerhin ein im grundsätzlichen, sozial- und finanzgeschichtlichen Sinne wichtiger Gesichtspunkt anzudeuten: Wir wissen bereits, daß Steuergeschichte — wenn auch dabei die Mitwirkung mehr oder weniger rationalisierter Theorien nicht völlig auszuschalten ist — in praxi doch im wesentlichen eine Geschichte von Steuerbelastungskämpfen ist. Wenn irgendwo, so zeigt sich bei den Verbrauchsteuern der Gedankengang Lassalles und anderer sozialistischer Theoretiker als bedeutsam. Jüngst hat Schmölders in seiner Lehre von den Steuerwiderständen darauf aufmerksam gemacht, daß in feudalständischen Zeiten, in denen bevorrechtigte Stände sich gegen die Auferlegung direkter Belastungen mit Erfolg wehren konnten (Steuerprivilegien), Verbrauchsteuern und Zölle eine wesentliche Rolle bei der Umgehung solcher Widerstände durch den Fiskus spielten. Besonders scharf kamen die Gegensätze im sogenannten Akzisenstreit des 17. und 18. Jahrhunderts zum Ausdruck. Eigenartig, wenn auch nicht unverständlich, ist dann der Wandel in der Beurteilung, der

sich im Laufe der zweiten Hälfte des 19. Jahrhunderts
zeigt, allerdings erst, nachdem Steuerprivilegien bei den
direkten Steuern mehr und mehr abgebaut worden waren
oder einem Abbau zielmäßig zugeführt wurden. Es erfolgt
eine auch durch die sozialwissenschaftliche Forschung her-
vorgerufene verstärkte Besinnung darauf, daß indirekte
Verbrauchsteuern wegen oder im Zusammenhang mit den
von Engel und Schwabe u. a. entdeckten (zumindest aber:
statistisch fundierten) Konsumtionsgesetzen stärker die unteren (gesellschaftlich und steuerlich auch bisher nicht privilegierten Einkommensschichten) belasten als die direkten
Steuern. Daraufhin setzt ein politisch nicht nur von sozialistischer, sondern auch von liberaler Seite geförderter
Kampf gegen die indirekten Steuern ein. Daß dieser Kampf
heute im Sinne einer endgültigen Bevorzugung der direkten Steuern entschieden ist, kann — zumindest für die
Bundesrepublik — kaum gesagt werden.

b) Zölle

α) Zölle lassen sich geschichtlich weit zurückverfolgen.
Obgleich zunächst der einnahmepolitische Zweck durchaus
im Vordergrund stand, zeigen sich doch schon seit langem,
ausgeprägt seit dem Merkantilismus, wirtschaftspolitische
Gesichtspunkte, die eigene Wirtschaft zu fördern, wenn
auch dabei die einnahmepolitische Zielsetzung niemals —
zumindest nicht völlig — in den Hintergrund trat. Im Zusammenhang mit den deutschen Einigungsbestrebungen im
19. Jahrhundert, früher in anderen Ländern, wird die Zoll-
frage in nationalpolitischer Sicht verstanden. So ist z. B.
im Deutschen Zollverein versucht worden, durch Schutzzölle nach außen, Zollfreiheit im Innern, die Entwicklung
der nationalen Produktionskräfte zu fördern. In die Zeit
des Norddeutschen Bundes, Vorgängers des 1871 begrün-
deten Deutschen Reiches, fällt das Vereinszollgesetz von
1869, das für Deutschland mit Änderungen durch jeweilige Durchführungsbestimmungen bis 1939 Gültigkeit hatte.
Während zunächst in einer relativ freiwirtschaftlichen Ära
die Finanzzölle an Bedeutung voranstanden, sind seit der

Zolltarifreform 1878/79 Schutzzollpraktiken (Getreide-
und Eisenzölle) mehr und mehr in den Vordergrund ge-
treten, nur zwischenzeitlich gelockert im Sinne freihändle-
rischer Gedanken. Eine Neu-Kodifizierung des Zollrechts
unter Einschluß der bisherigen Änderungen brachte das
Zollgesetz von 1939, das dann durch das Zollgesetz vom
14. 6. 1961 ersetzt wurde.

β) Die *Zeit nach dem zweiten Weltkrieg* ist gekennzeichnet durch weltweite, besonders von den USA ge-
förderte Bestrebungen, der Idee freier, möglichst wenig
durch Zollschranken und andere Hemmnisse behinderter
internationaler Handelsbeziehungen zum Erfolg zu ver-
helfen.

Ausdruck fand diese Entwicklung besonders in fol-
gendem:

β_1) *Artikel 55 der Charta der Vereinten Nationen* (UN)
vom 26. 6. 1945.

β_2) *Genfer Allgemeines Zoll- und Handelsabkommen*
(GATT, General Agreement on Tariffs and Trade) vom
30. 10. 1947, das einen Teil der weitergesteckten Zielsetzungen der Havanna-Charta enthält. Diese wurde am
24. 3. 1948 von 54 Nationen unterzeichnet, trat jedoch
nicht in Kraft. Die GATT-Konferenz von 1949 in Annecy
hatte das *Zollabkommen von Annecy* zum Ergebnis, welches die Aufnahme der Bundesrepublik als Vertragsstaat
des GATT mit Wirkung vom 1. 10. 1951 bedeutete. Weitere wichtige GATT-Konferenzen fanden 1951 in Torquai
(England) und 1956 in Genf statt. Über die weitere Entwicklung, vor allem das Verhältnis der inzwischen gegründeten Europäischen Wirtschaftsgemeinschaft (EWG) zum
GATT und die Rolle der Gemeinschaft bei den GATT-
Zollkonferenzen (Dillon-Verhandlungen, Kennedy-Runde),
siehe unter β_6.

β_3) *Pariser Abkommen* über die Organisation der europäischen wirtschaftlichen Zusammenarbeit (OEEC, Organization for European Economic Cooperation, amtliche
deutsche Bezeichnung: *Europäischer Wirtschaftsrat*) vom

16. 4. 1948. Ursprüngliche Mitglieder waren die am Marshallplan beteiligten Länder. Aufgabe der OEEC war zunächst die Aufstellung der im Zusammenhang mit dem Marshallplan von den USA gewünschten koordinierten europäischen Wiederaufbaupläne, darüber hinaus aber auch die Förderung der allgemeinen wirtschaftlichen Zusammenarbeit, insbesondere auch durch Beseitigung der Zollschranken. Jedoch waren gerade auf diesem Gebiet die Bemühungen nicht sehr erfolgreich; das größte Verdienst liegt vielmehr in der Liberalisierung des Handels- und Zahlungsverkehrs. Nachfolgeorganisation der OEEC ist seit 1961 die OECD (Organization for Economic Corporation and Development, amtliche deutsche Bezeichnung: *Organisation für wirtschaftliche Zusammenarbeit und Entwicklung*). Zu den 18 OEEC-Staaten traten die USA und Kanada (in der OEEC nur assoziierte Mitglieder), sowie später Japan als Vollmitglieder hinzu. Als wesentliche Zielsetzung kommt der Wille hinzu, zur Ausdehnung des Welthandels auf einer multilateralen Basis unter Beachtung des Grundsatzes der Nicht-Diskriminierung beizutragen.

β_4) *Brüsseler Abkommen* über das Zolltarifschema, den Zollwert der Waren und die Gründung eines Rates für die Zusammenarbeit auf dem Gebiet des Zollwesens vom 30. 3. 1951. Dem Inhalt dieser Abmachungen entsprechend erfolgte in der Bundesrepublik mit dem Zolltarifgesetz vom 16. 8. 1951 die Anpassung an das vorgeschlagene Zolltarifschema und der grundsätzliche Übergang vom Gewichts- zum Wertzoll. Im übrigen ist man im Rahmen der EWG z. Zt. bemüht, eine einheitliche Auslegung der Bestimmungen des Brüsseler Abkommens durch die Mitgliedstaaten sicherzustellen. Es bestehen durchaus Unterschiede in der praktischen Anwendung der Brüsseler Zollwertdefinition.

β_5) Bestrebungen um einen Zusammenschluß mehrerer europäischer Länder (Belgien, Bundesrepublik Deutschland, Frankreich, Italien, Luxemburg, Niederlande) zu einer *Wirtschaftsunion* mit dem Ziel enger wirtschaftlicher Zusammenarbeit nach Beseitigung aller zwischenstaatlichen Handelshemmnisse einschließlich der Zölle fanden einen ersten Niederschlag in der am 25. 7. 1952 gegründeten *Europäischen Gemeinschaft für Kohle und Stahl* (EGKS, Montanunion). In ihrem Rahmen erfolgte der Aufbau einer *Teilzollunion*, d. h. einer Zollunion nur für bestimmte Waren, und zwar für Erze, Eisen, Schrott, Stahl und Kohle; hierbei wurden die Binnenzölle für die genannten Waren beseitigt und als Außentarif „harmonisierte" Außenzölle mit für die einzelnen Mitgliedstaaten unterschiedlichen Zollsätzen aufgestellt.

β_6) Die begrenzten Möglichkeiten dieser partiellen, d. h. nur bestimmte Warengruppen umfassenden Integration, veranlaßten die Mitgliedstaaten zur Gründung der *Europäischen Wirtschaftsgemeinschaft* (Gemeinsamer Markt, EWG), die gemeinsam mit der *Europäischen Atomgemeinschaft* (Euratom, EAG) durch Vertrag vom 25. 3. 1957 in Rom errichtet wurde.

Nach dem EWG-Vertrag soll während einer Übergangszeit von 12 Jahren (drei Stufen je vier Jahren) ein die Mitgliedstaaten (Belgien, Bundesrepublik Deutschland, Frankreich, Italien, Luxemburg, Niederlande) umfassender „Gemeinsamer Markt" errichtet werden. Der Kern des Gemeinsamen Marktes ist eine *Zollunion*. Jedoch können die im EWG-Vertrag angestrebten Ziele (Artikel 2) nicht mit den klassischen Mitteln einer Zollunion erreicht werden. Es ist darüber hinaus notwendig, das wirtschaftspolitische Handeln zu koordinieren und Schritt für Schritt eine gemeinsame Wirtschaftspolitik zu entwickeln. Somit wird die Zollunion durch eine *Wirtschaftsunion* ergänzt. Tatsächlich ist diese sogenannte wirtschaftliche Integration ein Schritt auf dem Wege zur politischen Union Europas.

Zur Verwirklichung der Zollunion sollen die nationalen Binnenzölle der EWG-Mitgliedstaaten schrittweise abgebaut und die nationalen Außenzölle stufenweise an die Zollsätze des Gemeinsamen Zolltarifs der EWG angeglichen werden.

Abbau der Binnenzölle

Für jede Ware gilt als Ausgangszollsatz, nach dem die aufeinanderfolgenden Herabsetzungen vorgenommen werden, der am 1. Januar 1957 angewandte Zollsatz (Art. 14).

Die Zeitfolge der Zollherabsetzungen ist, beginnend mit dem 1. Januar 1959, für die erste und zweite Stufe genau festgelegt, während die in der dritten Stufe noch ausstehenden Zollherabsetzungen vom Rat mit qualifizierter Mehrheit auf Vorschlag der Kommission durch Richtlinien festgelegt werden. Bei der ersten Herabsetzung vom 1. Januar 1959 sollten die Zollsätze jeder Ware um 10 v.H. unter dem Ausgangszollsatz liegen, bei den folgenden fünf Schritten war in den ersten beiden Stufen eine Herabsetzung der in bestimmter Weise errechneten Gesamtzollbelastung um 10 v.H. vorgeschrieben. Jedoch war auch hier der Zollsatz für jede Ware um mindestens 5 v.H. des Ausgangszollsatzes zu verringern. Nach dem Vertrag gehören auch die Landwirtschaft und der Handel mit landwirtschaftlichen Erzeugnissen zum Gemeinsamen Markt. Die Bestimmungen über die Beseitigung der Zölle und mengenmäßigen Beschränkungen (letztere sind nach Artikel 30 verboten bzw. müssen schrittweise abgebaut werden) sind also auf diese Erzeugsse grundsätzlich anwendbar. Dennoch muß bei der Errichtung der Zollunion zwischen Gütern der gewerblichen Wirtschaft und den Erzeugnissen der Landwirtschaft unterschieden werden. So bestimmt der EWG-Vertrag in Art. 38 ausdrücklich, daß mit dem Funktionieren und der Entwicklung des Gemeinsamen Marktes für landwirtschaftliche Erzeugnisse die Gestaltung einer gemeinsamen Agrarpolitik der Mitgliedstaaten Hand in Hand gehen muß. Wesentlicher Teil dieser gemeinsamen Agrarpolitik sind die gemeinsamen Marktorganisationen für zahlreiche landwirtschaftliche Erzeugnisse (Getreide, Eier und Geflügel, Fleisch, Milch, Obst usw.). Solange die Preise der verschiedenen landwirtschaftlichen Erzeugnisse in den Mitgliedstaaten noch unterschiedlich festgesetzt werden, gemeinsame Agrarpreise als Grundlage für die gemeinsamen Marktorganisationen also noch nicht eingeführt sind, treten an die Stelle der schrittweise abzubauenden Agrarzölle andere zollähnliche Abgaben. Als Beispiel seien die sogenannten „Abschöpfungen" genannt.

Es ist nach dem EWG-Vertrag gestattet, die Binnenzölle schneller als vorgesehen abzubauen und die Außenzölle rascher als vorgeschrieben anzupassen. Bezüglich des Abbaus der Binnenzölle wurden zwei „Beschleunigungsbeschlüsse" gefaßt (Beschleunigungsbeschluß vom 12. Mai 1960 und Beschluß vom 15. Mai 1962 über eine zusätzliche Beschleunigung), die zu einer grundsätzlichen Herabsetzung der Binnenzölle um jeweils 10 v.H. am 1. Januar 1961 und am 1. Juli 1962 führten.

Ferner können die einzelnen Mitgliedstaaten aus konjunkturpolitischen Gründen Binnenzollherabsetzungen vornehmen, die
auf die vertragliche Abbauverpflichtung angerechnet werden.
Die Zeitfolge des Abbaus der Binnenzölle ist im Tabellenanhang II und A (Beseitigung der innergemeinschaftlichen Zölle)
zu erkennen.

Im Vertrag wird ausdrücklich festgestellt, daß auch die
Finanzzölle schrittweise abzubauen sind. Ferner müssen Abgaben
mit gleicher Wirkung wie Einfuhrzölle aufgehoben werden.

Angleichung an den gemeinsamen Zolltarif. Der gemeinsame
Zolltarif wurde auf der Grundlage des einfachen Mittels der in
den vier Zollgebieten der Gemeinschaft am 1. Januar 1957 angewandten Zollsätze festgestellt. Der gemeinsame Zolltarif, der
am 13. Februar 1960 weitgehend fertiggestellt war, umfaßt nahezu 3000 Zollinien. Für bestimmte Waren, bei denen durch Anwendung des einfachen Mittels nach Ansicht der Mitgliedstaaten
kein zufriedenstellendes Ergebnis erzielt wurde, konnten die
Zollsätze durch Verhandlungen festgesetzt werden. Es handelt
sich dabei um Waren der dem EWG-Vertrag beigefügten Liste
G. Mit der Einigung über die Zollsätze für Erdölerzeugnisse der
Liste G. wurde am 8. Mai 1964 die letzte Lücke im gemeinsamen Zolltarif geschlossen.

Einführung des gemeinsamen Zolltarifs. Nach dem Rhythmus
des EWG-Vertrages wird der gemeinsame Zolltarif in drei Stufen eingeführt. Danach sollte am 1. Januar 1962 eine erste Angleichung um 30 v.H., am 1. Januar 1966 eine zweite Angleichung um weitere 30 v.H. und am 1. Januar 1970 die letzte Angleichung um 40 v.H. vorgenommen werden. Für die landwirtschaftlichen Erzeugnisse traf der Zeitplan für die ersten beiden
Stufen zu. Bei den gewerblichen Waren jedoch kam es auch hier
zu Beschleunigungen. So wurden die nationalen Außenzölle aufgrund des Beschleunigungsbeschlusses vom 12. Mai 1960 erstmals
schon am 1. Januar 1961 um 30 v.H. und aufgrund des zusätzlichen Beschleunigungsbeschlusses vom 15. Mai 1962 in Verbindung mit einem Beschluß vom 22. Mai 1963 am 1. Juli 1963 um
weitere 30 v.H. dem gemeinsamen Zolltarif angeglichen. Vgl.
hierzu Tabellenanhang II.

Sowohl die erste als auch die zweite Angleichung der nationalen Zollsätze an die Sätze des gemeinsamen Zolltarifs erfolgte
für einen großen Teil des gemeinsamen Zolltarifs auf der Grundlage einer von der EWG angebotenen Zollsenkung um 20 v.H.
innerhalb des GATT. Diese Vorleistungen der EWG wurden in

der Erwartung gewährt, daß die multilateralen Verhandlungen über gegenseitige Zollsenkungen im Rahmen des GATT (Dillon-Runde, Kennedy-Runde, vgl. β7) erfolgreich verliefen. Das Zollsenkungsangebot der EWG war bis Ende 1965 befristet. Inzwischen hat der EWG-Ministerrat beschlossen, zum 1. Juli 1966 die Zölle eines Teils der gewerblichen Erzeugnisse an den späteren ungekürzten gemeinsamen Zolltarif anzugleichen.

$β_7$) Nunmehr einige Worte zur Rolle der *EWG* bei den *Zollkonferenzen* im Rahmen des *GATT*.

Ein fundamentaler Grundsatz des Allgemeinen Zoll- und Handelsabkommens ist das *Verbot der Diskriminierung* zwischen Vertragspartnern. Davon werden allerdings Zollunionen und Freihandelszonen ausgenommen. Die EWG-Mitgliedstaaten waren verpflichtet, den Vertragspartnern des GATT den Vertrag von Rom vorzulegen. Daraufhin wurde deutlich, daß einige Vertragsparteien ihre Interessen durch gewisse Bestimmungen des Vertrages gefährdet sahen. Oft bezog sich die Kritik auch auf die zukünftige Politik der Gemeinschaft. Mehrere lebhafte Kontroversen in den GATT-Tagungen der Jahre 1957—1958 über die Vereinbarkeit des EWG-Vertrages mit den Zielen des GATT blieben ergebnislos. Im Mai 1958 konnten sich die Vertragsparteien darüber einigen, zunächst von juristischen Diskussionen abzusehen und auf das normale, in Artikel XXII des Allgemeinen Abkommens vorgesehene Verfahren zurückzugreifen. In diesem Rahmen sollte nach konkreten und konstruktiven Lösungen für die Schwierigkeiten gesucht werden, die für einige Länder aus der Durchführung des EWG-Vertrages ergeben. Diese Konsultationsverfahren gaben der EWG-Kommission die Gelegenheit, die Schwierigkeiten ihrer GATT-Partner kennenzulernen und sie bei der Erarbeitung der gemeinsamen Handelspolitik der Gemeinschaft nach Möglichkeit zu berücksichtigen.

Der Präsident der *Vereinigten Staaten* erhielt im Jahre 1958 durch den „Reciprocal trade agreement extension act" die Ermächtigung, die in den USA geltenden Zölle für alle Waren, sofern sie nicht unter den „peril point" fallen, um 20 v.H. zu senken. Daraufhin schlug der Leiter der US-Delegation und stellvertretende Außenminister Dillon, auf der 13. Tagung des GATT vor, kurzfristig eine multilaterale Zollkonferenz einzuberufen. Bei der EWG stieß dieser Vorschlag auf großes Interesse, zumal von hier aus eine weitgehende Lösung der oben erwähnten Schwierigkeiten erhofft wurde.

Schon am 1. September 1960 wurde in *Genf* im Rahmen des GATT eine *Zollkonferenz* eröffnet. Die Konferenz gliederte sich in zwei Phasen.

In der ersten Phase (Sept. 1960 bis Mai 1961) verhandelte die EWG mit den GATT-Partnern über die ihnen früher von den Mitgliedstaaten eingeräumten, in den nationalen Tarifen konsolidierten Zollzugeständnisse, die von der schrittweisen Angleichung der Zölle an den Gemeinsamen Zolltarif berührt waren oder noch berührt würden (vgl. β6). Diese sogenannten *„Neuverhandlungen"* dienten dazu, den GATT-Partnern im Gemeinschaftsrahmen (die EWG-Kommission vertrat die Mitgliedstaaten der EWG) die früheren Zollzugeständnisse weiter zu sichern. Diese Zugeständnisse der EWG erfolgten teils in Form der Konsolidierung, teils in Form einer Senkung der Sätze des gemeinsamen Außentarifs.

In der zweiten Phase (Mai 1961 bis Juni 1962) wurden zwischen zahlreichen Vertragspartnern des GATT Zollverhandlungen aufgenommen, die nach dem Vorschlag Dillons auf multilateraler Basis stattfinden und zu einer Ausweitung des internationalen Handels führen sollten. Zu Beginn dieser *„Dillon-Verhandlungen"* legte die EWG-Kommission der Konferenz das Angebot vor, einen großen Teil des gemeinsamen Außentarifs *linear* um 20 v.H. zu senken und forderte vor allem von den Industrieländern ihrerseits entsprechende Zugeständnisse. Im Laufe der Verhandlungen wurden verschiedene Zollabkommen abgeschlossen. Die in ihnen enthaltenen Zollzugeständnisse wurden auf alle Handelspartner ausgedehnt, auf die die Meistbegünstigungsklausel des GATT Anwendung fand. Von großer wirtschaftlicher und politischer Bedeutung war das *Zollabkommen* zwischen der *EWG* und den *USA* vom 7. 3. 1962. Für eine große Zahl von gewerblichen Erzeugnissen wurde der gemeinsame Außentarif der EWG und der amerikanische Zolltarif um ca. 20 v.H. gesenkt. Ausgenommen waren insbesondere chemische Erzeugnisse, sowie fast alle Agrarerzeugnisse. Im Gegensatz zur *linearen* Zollsenkung der EWG wurde von den USA die *selektive* Methode angewandt, nach der jedes Erzeugnis für sich ausgehandelt wurde. Ein Zollabkommen zwischen der EWG und *Großbritannien* führte gleichfalls für eine große Anzahl gewerblicher Erzeugnisse zu einer Zollsenkung von 20 v.H. Großbritannien war im übrigen das einzige Land, das nach dem von der EWG-Kommission empfohlenen Grundsatz der „linearen" Zollsenkung verhandelte. *Weitere Abkommen* wurden von der

EWG mit Chile, Haiti, Japan, Neuseeland, Österreich, Peru und der Schweiz abgeschlossen. Wegen der Bevorzugung der selektiven Methode mußte zum größten Teil Produkt um Produkt verhandelt werden. Während bei den Industriestaaten ein bilaterales Gleichgewicht der Konzessionen angestrebt wurde, sah man davon ab, von den Entwicklungsländern vollständige Gegenseitigkeit zu verlangen.

Das Resultat der „Dillon-Verhandlungen" entsprach nicht dem ursprünglichen Vorschlag der EWG einer 20 %igen linearen Zollsenkung zwischen den GATT-Partnern. Der gemeinsame Außentarif der EWG wurde insgesamt um weniger als 10 v.H. gesenkt. Ein politischer Erfolg für die EWG ist allerdings darin zu sehen, daß der gemeinsame Außentarif erstmals seine offizielle Anerkennung fand und der Wille zu einer liberalen Zollpolitik bekundet wurde.

Als umfassender Versuch, zur allgemeinen Ausweitung des Welthandels beizutragen, ist die sogenannte „Kennedy-Runde" im Rahmen des GATT zu bewerten. Die Zollverhandlungen der „Kennedy-Runde" sollen auf dem Prinzip der Meistbegünstigung sowie der Gegenseitigkeit eine weit stärkere Herabsetzung der Zölle bewirken als die „Dillon-Verhandlungen". Durch den Trade-Expansion-Act vom Oktober 1962 wurde Präsident Kennedy ermächtigt, stufenweise lineare Zollsenkungen bis zu 50 v.H. vorzunehmen. Ferner war eine stufenweise Beseitigung der Zölle in solchen Sektoren vorgesehen, in denen auf die EWG und auf die USA zusammen 80 v.H. und mehr des Welthandels entfallen. Die Ermächtigung zu den Verhandlungen über die völlige Beseitigung jener Zölle wurde allerdings nahezu gegenstandslos, als die Beitrittsverhandlungen Großbritanniens zur EWG gescheitert waren. Der Anteil des Welthandels der Sechsergemeinschaft und der USA am Welthandel ist nämlich in wenigen Sektoren 80 v.H.

Auf einer GATT-Ministertagung wurde im Mai 1963 in Genf beschlossen, die Zollverhandlungen der „Kennedy-Runde" im Rahmen des GATT am 4. Mai 1964 zu beginnen. Bis dahin waren eine Reihe von Ausschüssen damit beschäftigt, wesentliche Vorfragen zu diskutieren. Von den Zollverhandlungen werden Industrie- und Agrarprodukte, Grundstoffe und Fertigwaren betroffen. Darüber hinaus wird nicht nur über Zölle, sondern auch über sonstige Handelsbeschränkungen verhandelt.

Zu Beginn der Vorverhandlungen standen sich die Auffassungen der USA und der EWG zur Methode der Zollsenkungen gegenüber. Die USA traten für eine lineare Zollsenkung um den

gleichen Hundertsatz ein (Arbeitshypothese: 50 v.H.). Die EWG
vertrat dagegen im Gegensatz zu ihren Vorschlägen im Rahmen
der „Dillon-Verhandlungen" die Auffassung, daß durch eine einfache lineare Zollsenkung um 50 v.H. strukturelle Unterschiede
in den Zolltarifen der Hauptverhandlungsländer verschärft und
der Gemeinschaft keine Gewähr für eine ausreichende Gegenseitigkeit geboten würde, da der Zollschutz einiger Sektoren der
EWG jetzt schon bedeutend geringer sei als der der USA. Dieses
sogenannte „Disparitäts"-Problem war auch zu Beginn der offi-
ziellen Zollverhandlungen in Genf noch nicht gelöst. Die Schwierigkeit liegt in der Feststellung, wann eine „beträchtliche Zoll-
disparität für den Handel" vorliegt. Ein Kompromiß der beiden
gegensätzlichen Auffassungen kam dadurch zustande, daß man
sich wohl auf den Grundsatz einer gleichmäßig linearen Zollsenkung einigte, daneben aber die Disparitätsfälle in Ausnahmelisten zusammenfassen wollte. Diese Ausnahmelisten enthalten
Erzeugnisse, die von der linearen Zollsenkung ausgenommen
werden sollen. Für gewerbliche Erzeugnisse wurden sie von fünf
Verhandlungspartnern (EWG, USA, Großbritannien, Finnland,
Japan) am 16. 11. 1964 vorgelegt. Die EWG setzte etwa 20 v.H.
ihrer gewerblichen Erzeugnisse auf die Ausnahmeliste. Diese
Listen mußten unter dem Gesichtspunkt des „höheren nationalen
Interesses" begründet werden.

Im landwirtschaftlichen Sektor sind es von Land zu Land verschiedene Faktoren, die in oft protektionistischer Weise den
Handel mit den Erzeugnissen dieses Sektors beeinflussen. Es sind
nicht so sehr Zölle, sondern in größerem Maße staatliche Sub-
ventionselemente, die — zollähnlich — den zwischenstaatlichen
Handel beeinträchtigen. Die EWG-Kommission schlug daher
vor, sämtliche Faktoren der Agrarpolitik, die in diesen Rahmen
fallen, in die Landwirtschaftsverhandlungen einzubeziehen. Diese
Verhandlungsmethode, die als „Methode zur Konsolidierung der
Stützungsbeiträge" bekannt wurde, erkennt einerseits die politische Notwendigkeit der Einkommensstabilisierung für Land-
wirte an, will aber anderseits dem vorwiegend Agrarerzeugnisse
ausführenden Staaten gewisse Handelsvorteile zukommen lassen.
Letztlich konnte eine Einigung über die Verhandlungsmethode
noch nicht erzielt werden. Gewisse Fortschritte bei den Landwirtschaftsverhandlungen sind dadurch zu verzeichnen, daß der
gemeinsame Getreidepreis der EWG am 15. 12. 1964 festgesetzt
wurde, der zusammen mit den noch festzusetzenden weiteren
gemeinsamen Agrarpreisen die notwendige Voraussetzung für

die EWG-Verhandlungsangebote im GATT darstellt. Insofern ist ein enger Zusammenhang zwischen dem Erfolg der „Kennedy-Runde" und der gemeinsamen Agrarpolitik der EWG gegeben.

Bei den Verhandlungen über zollfremde und zollähnliche Maßnahmen (Einkaufspolitik der Regierungen, mengenmäßige Beschränkungen, inländische Abgaben, Berechnung des Zollwertes usw.) sind bei den GATT-Verhandlungen noch keine wesentlichen Fortschritte zu verzeichnen. Aus all diesen Gründen bleibt abzuwarten, ob die Zollverhandlungen im Rahmen des GATT rechtzeitig abgeschlossen werden können, denn die Ermächtigung für den amerikanischen Präsidenten aus der Trade-Expansion-Act sind zeitlich bis Mitte 1967 begrenzt. Ein Mißlingen der „Kennedy-Runde" wäre dann zum Teil den durch die EWG-Krise des Jahres 1966 bedingten Verzögerungen zuzuschreiben.

β_8) Am 4. 1. 1960 wurde die *Europäische Freihandelszone* (European Free Trade Association, EFTA) gegründet, der folgende Länder beitraten: Dänemark, Großbritannien, Norwegen, Österreich, Schweden, die Schweiz und Portugal. Bei einer Freihandelszone werden lediglich die Binnenzölle abgebaut, ein gemeinsamer Außentarif ist nicht vorgesehen. Elemente einer Wirtschaftsunion, wie sie von der EWG angestrebt wird, fehlen nahezu vollständig. Schon aus Gründen eines späteren Beitritts der EFTA-Länder zur EWG wurde der Zeitplan des Abbaus der Binnenzölle im EFTA-Übereinkommen dem Rhythmus des Zollabbaues im EWG-Vertrag angeglichen. Die politischen und wirtschaftlichen Probleme, die sich hinsichtlich einer umfassenderen europäischen Integration ergeben haben, können in diesem Rahmen nicht weiter verfolgt werden.

4. Verbrauchsteuern und Zölle in der Bundesrepublik Deutschland

a) Verbrauchsteuern

(1) *Biersteuer.* Das Bier gehört zu den ältesten Massengenußmitteln. Seine fiskalische Belastung ist ebenfalls alt. Im Deutschen Reich bestand seit 1872, mit Ausnahme der

drei süddeutschen Staaten Bayern, Württemberg und Baden sowie von Elsaß-Lothringen, eine einheitliche Brausteuergesetzgebung. 1918 ging man von der bisherigen Rohstoffbesteuerung, die seit 1906 bereits eine Staffelung der Sätze enthielt, zur Fabrikatsteuer über, mit nach der Jahreserzeugung gestaffelten und für die verschiedenen Bierqualitäten (Vollbier, Einfachbier, Starkbier) unterschiedlich hohen Sätzen. 1919 traten die süddeutschen Länder der norddeutschen Biersteuergemeinschaft bei. Heute (Biersteuergesetz in der Fassung vom 23. 4. 1963) gilt, bei höheren Sätzen, ebenfalls ein nach der Jahreserzeugung gestaffelter offen progressiver Stufengrenzsatztarif mit wachsender Stufenbreite, wobei ab 120 000 hl die Grenzsteuersätze konstant bleiben. Sie betragen für Vollbier 12,— bis 15,— DM je hl. Für Schankbier sind sie um $1/4$, für Einfachbier um die Hälfte ermäßigt, für Starkbier erhöhen sie sich um die Hälfte. Von der Besteuerung ausgenommen wird der an Angestellte und Arbeiter der Brauereien abgegebene Haustrunk und Bier zur Ausfuhr. Einfuhrbiere werden mit dem höchsten Staffelsatz des entsprechenden Inlandbieres belastet. Steuerschuldner ist der Hersteller, bei der Einfuhr gelten für die Person des Steuerschuldners die Vorschriften des Zollgesetzes sinngemäß.

(2) *Branntweinbesteuerung.* Der Branntwein war anfangs Heil-, erst seit dem Mittelalter Genußmittel. Seine Besteuerung hat außer fiskalischer auch sozialhygienische Bedeutung. Daneben können auch agrarprotektionistische Ziele verfolgt werden, so z. B. in Deutschland bei der Bismarckschen — unter dem Spottnamen „Liebesgabe" politisch außerordentlich hart umkämpften — Branntweinsteuer von 1887, die mit ihrer vor allem die ostelbischen Kartoffelbrennereien bevorzugenden Festsetzung steuerlich begünstigter Kontingente zu Steuerdifferentialrenten führte. Seit 1919 (Gesetz von 1918) besteht ein staatliches *Branntweinmonopol,* derzeit durch das Gesetz vom 8. 4. 1922 mit mehrfachen Änderungen, zuletzt durch das Haushaltssicherungsgesetz vom 20. 12. 1965 geregelt. Sieht man von der Herstellung von Branntwein aus sog. „Monopolstoffen",

d. s. Zellstoffe und andere nicht landwirtschaftlich ge-
wonnene Rohstoffe, und vom Reinigungsmonopol ab, so
kann gesagt werden, daß durch das Monopol im wesentlichen nur die Zwischenhandelsstufe verstaatlicht wird. Die
Produktion erfolgt weitgehend privatwirtschaftlich in den
sog. Eigenbrennereien, denen vom Monopol im Rahmen
einer Kontingentierung ein Brennrecht zugewiesen wird.

Die Verkaufspreise der Monopolverwaltung enthalten
neben ihren Verwaltungskosten im wesentlichen Übernah-
mepreise, Monopolgewinn und Branntweinsteuer. Die Über-
nahmepreise werden an die Eigenbrennereien gezahlt. Ein
differenziertes System von Zu- und Abschlägen von einem
Grundpreis dient der Berücksichtigung der unterschiedlichen Kostenstruktur der einzelnen Betriebe und damit
auch der Verwirklichung der mitklingenden agrarprotek-
tionistischen Zielsetzung des Branntweinmonopols, nämlich der Begünstigung der landwirtschaftlichen Brenne-
reien gegenüber den gewerblichen. Der ebenfalls im Verkaufspreis enthaltene Monopolgewinn macht nur einen
Bruchteil des Aufkommens aus der Branntweinsteuer aus.
Letztere beträgt pro hl (100 %igen) Weingeistes für Trink-
branntwein 1200,— DM, für Branntwein zur Essigherstel-
lung 50,— DM, für Branntwein zur Körperpflege 600,—
DM und für pharmazeutischen Branntwein 850,— DM.
Treibstoffspiritus und Branntwein für gewerbliche Zwecke
sind steuerfrei.

Bei der Einfuhr von Branntwein und branntweinähn-
lichen Erzeugnissen wird neben dem Zoll ein *Branntwein-
monopolausgleich* erhoben.

Zur Angleichung an die Belastung der Gärungsessig-
industrie wird für *Essigsäure*, die in anderer Weise als auf
dem Gärungswege hergestellt ist (Holzessig, Kalziumkar-
bid etc.) eine besondere Steuer erhoben.

(3) *Schaumweinsteuer.* Gegenstand dieser Steuer sind
Schaumweine und schaumweinähnliche Getränke. Sie besteht mit geringen Unterbrechungen (1933 bis zum Beginn
des zweiten Weltkrieges) seit 1902. Von 1922 bis 1926 war

die Schaumweinsteuer in die nur kurze Zeit bestehende
Reichsweinsteuer eingebaut. Zwischenzeitlich auch als Wert-
steuer ausgestaltet, ist sie in der Hauptsache, auch heute
(Schaumweinsteuergesetz in der Fassung vom 26. 10. 1958,
zuletzt geändert durch das Haushaltssicherungsgesetz vom
20. 12. 1965), als spezifische Steuer erhoben worden. Ihre
Sätze betragen DM 1,50 je $^1/_1$ Flasche Sekt, DM 0,30 für
Fruchtsekt. Die Schaumweinsteuer ist die einzige deutsche
Verbrauchsteuer, bei der die Verpflichtung zu offener Über-
wälzung besteht[1]). Steuerschuldner ist der Hersteller, bei
der Einfuhr gelten für die Person des Steuerschuldners die
Vorschriften des Zollgesetzes sinngemäß.

(4) *Tabaksteuer.* Auch der *Tabak* wurde zunächst als
Heilmittel, später erst als Genußmittel betrachtet. Nach an-
fänglichen Verboten wurden gegen Ende des 17. Jahrhunderts die staatsfinanziellen Möglichkeiten seines Verbrauchs
entdeckt und in der Form von Finanzzöllen, der Verpachtung von Monopolen, durch Akzisen usw. genutzt.
Preußen hat nach den Freiheitskriegen 1819 als erster deutscher Staat — dem dann die anderen in der Mehrzahl
folgten — anstelle der Akzise[2]) eine Tabaksteuer zunächst
in der Form einer Gewichts-, dann (1828) einer Flächen-
steuer, neben einem Zoll für importierten Tabak, eingeführt. Nach der Neubegründung des Reiches gehörte die
Tabaksteuer zu den großen, dem Reich zustehenden Verbrauchsteuern, die nunmehr wieder nach dem Gewicht
bemessen wurde. Nach mannigfachen zwischenzeitlichen
Wandlungen sowohl in der Form ihrer Erhebung[3]) und
der Sätze, gilt heute (Tabaksteuergesetz vom 6. 5. 1953
— letzte Änderung 17. 1. 1963) folgende Regelung: Ge-

---

[1]) Vgl. aber auch die Gemeindegetränkesteuer, dort ist offene Überwälzung
möglich.

[2]) Zwischenzeitlich bestand unter Friedrich dem Großen eine „General-
Tabaks-Pachtungs-Gesellschaft", dem folgend die „Tabaksregie", ein zentra-
lisiertes Zwischenhandelsmonopol.

[3]) Zigaretten und feingeschnittener Rauchtabak wurden bereits vom 1. 7.
1906 an der Besteuerung nach dem Kleinverkaufspreis unterworfen (Bande-
rolensteuer).

genstand der Steuer sind Tabakwaren, d. h. Tabakerzeugnisse, tabakähnliche Waren und Zigarettenpapier.

Bei *Tabakerzeugnissen* wird die Steuer als Fabrikatsteuer und zwar überwiegend nach dem Kleinverkaufspreis erhoben. Sie beträgt: für Zigarren 19 % des Verbraucherpreises; für Zigaretten liegt die Steuer in den Preislagen von 7¹/₂—15 Pf. je Stück zwischen 42,4 und 56,4 % des Kleinverkaufspreises. Bei Rauchtabak beträgt die Steuer: Für Feinschnitt zwischen 12,2 und 33¹/₃ %; für Pfeifentabak nur aus Tabakrippen 0,50 DM je kg; für die übrigen Pfeifentabake zwischen 5 und 16,5 %. Eingeführte Tabakerzeugnisse unterliegen sinngemäßen Bestimmungen. Für *Zigarettenpapier* werden DM 1,— für 1000 Zigarettenhüllen erhoben. Die Steuer ist durch Verwendung von Steuerzeichen (Banderolen) zu entrichten. Steuerschuldner ist der Hersteller, bei der Einfuhr gelten für die Person des Steuerschuldners die Vorschriften des Zollgesetzes sinngemäß.

Auf Tabakersatzstoffen ruht eine *Tabakersatzsteuer.* Sie beträgt 200,— DM für den Doppelzentner Reingewicht. Aus Steuerüberwachungsgründen wird bei steuerlich vorschriftswidriger Behandlung von Rohtabak ein *Tabaksteuerausgleich* erhoben.

(5) *Besteuerung von Zündwaren.* Die Besteuerung von Zündwaren, in Deutschland seit 1909, kann man — zumindest auch — als eine ergänzende Besteuerung des Tabakrauchens auffassen.

Steuergegenstand sind nach dem heute geltenden Zündwarensteuergesetz in der Fassung vom 9. 6. 1961 Zündwaren, d. h. Zündhölzer u. ä. Erzeugnisse, ferner Zündkerzen aus Stearin, Wachs und ähnlichen Stoffen. Die Steuer beträgt 1 Pfennig für 100 Stück Zündwaren, die nur einmal entzündet werden können; bei mehreren möglichen Zündungen erhöht sich die Steuer entsprechend. Steuerschuldner ist der Hersteller, bei der Einfuhr gilt sinngemäße Anwendung des Zollgesetzes. Seit 1930 besteht zusätzlich ein *Zündwarenmonopol,* das die Übernahme und den Verkauf der im Monopolgebiet (Inland) hergestellten Zündwaren sowie die Ein- und Ausfuhr umfaßt.

(6) *Kaffeesteuer*. Der Kaffee, seit dem 17. Jahrhundert aus tropischen Gebieten nach Europa eingeführt und zunächst als Luxusgut betrachtet, ist inzwischen zum Massengenußmittel geworden. Seit der Währungsreform 1948 wird in der Bundesrepublik neben dem Kaffeezoll (und der Umsatzausgleichsteuer) bei der Einfuhr eine besondere Kaffeesteuer erhoben; sie beträgt heute (Kaffeesteuergesetz vom 30. 7. 1953 in der Fassung vom 1. 1. 1959) 3,60 DM je kg Rohkaffee und 4,80 DM je kg Röstkaffee. Für die Person des Steuerschuldners gelten die Vorschriften des Zollgesetzes sinngemäß.

(7) *Teesteuer*. Während die fiskalische Nutzung des Teeverbrauchs in England seit langem zu den Haupteinnahmequellen des Verbrauchsteuersystems gehört, ist ihre Bedeutung in Deutschland verhältnismäßig gering. Neben dem Teezoll wird seit 1949 eine besondere Teesteuer erhoben, die derzeit DM 4,15 je kg beträgt. Steuerschuldner wie bei der Kaffeesteuer.

(8) *Salzsteuer*. Das Salz gehört — wegen seiner Bedeutung für den menschlichen Wasserhaushalt — zu den lebensnotwendigen Verbrauchsgütern. Seine Besteuerung ist deshalb in ganz besonderem Maße eine regressiv, beinahe wie eine Kopfsteuer wirkende Belastung, die unter sozialpolitischen Gesichtspunkten ebenso anfechtbar ist wie sie unter fiskalischen als eine gleichbleibende Einnahmen sichernde Quelle zu gelten hat [1]). Nach dem Salzsteuergesetz in der Fassung vom 25. 1. 1960 gilt ein Satz von 12,— DM für 100 kg Steinsalz, Hütten-, Siede- und Seesalz sowie Ausgangs- und Abfallstoffe. Befreiungen gelten u. a. für Salz, das zum Einsalzen von Fischen und für technische Zwecke verwendet wird. Steuerschuldner ist der Her-

---

[1]) Die finanzielle Belastung des Salzverbrauchs ist deshalb sehr alt, hat im übrigen zeitweilig auch zu einer Zwangsentnahme von Salz (unter Befreiung des grundbesitzenden Adels) geführt.

steller, bei der Einfuhr gilt sinngemäße Anwendung des Zollgesetzes.

(9) *Zuckersteuer*. Anders als beim Salz mag man geneigt sein, den Verbrauch von Zucker in die Kategorie des Genußmittelverbrauchs einzuordnen. Dem widersprechen allerdings die Ernährungswissenschaftler, die zudem seit langem auf die relative Billigkeit des Zuckers als kalorienreiches Nahrungsmittel hinweisen. Seit der napoleonischen Kontinentalsperre hat die Gewinnung des Zuckers aus inländisch erzeugten Rüben eine wachsende Bedeutung angenommen. Da dem verzollten Rohrzucker in dem unversteuerten Rübenzucker eine scharfe Konkurrenz erwuchs, sind in der Folge besondere Steuern auf im Inland hergestellten Zucker erhoben worden, so seit 1844 im gesamten Gebiet des deutschen Zollvereins als Materialsteuer nach dem Gewicht der zur Zuckerproduktion verwendeten Zuckerrüben. 1887 wurde eine Fabrikatsteuer eingeführt. Heute gilt das Zuckersteuergesetz in der Fassung vom 19. 8. 1959 mit letzter Änderung vom 15. 1. 1965: Danach werden DM 6,— für 100 kg Rübenzucker, Rohrzucker und ähnliche Qualitäten erhoben, und zwar sowohl für im Inland produzierten als auch für eingeführten Zucker. $3/_{10}$ bis $7/_{10}$ der vollen Steuersätze gelten für Rübensäfte, Sirup usw., je nach Reinheitsgrad; bei einem Reinheitsgrad unter 70 % besteht Steuerfreiheit. Für Stärkezucker mit einem Reinheitsgrad von über 95 % beträgt die Abgabe $9/_{10}$ und im übrigen $4/_{10}$ der Zuckersteuer.

(10) *Süßstoffsteuer*. Als sog. Folgesteuer, welche die Substitute von Zucker belasten soll, ist die Süßstoffsteuer zu nennen. Nach dem Süßstoffgesetz vom 1. 2. 1939 in der Fassung vom 1. 7. 1960 betrug sie für ein kg reinen Süßstoffes je nach Süßkraft 5,— DM bis 100,— DM. Sie ist durch das Steueränderungsgesetz 1965 aufgehoben worden.

(11) *Leuchtmittelsteuer*. Die seit 1909 bestehende, heute nach dem Leuchtmittelsteuergesetz vom 9. 7. 1923 in der Fassung vom 22. 7. 1959 mit letzter Änderung vom 16. 8. 1961 erhobene Leuchtmittelsteuer belastet hergestellte oder

eingeführte Leuchtmittel (elektrische Glühlampen, Entladungslampen, Brennstifte zu elektrischen Bogenlampen, Glühkörper zur Erhöhung der Leuchtkraft von Flammen) mit 10 % vom Steuerwert. Von Hochspannungsentladungslampen (Leuchtröhren) für Werbezwecke wird eine spezifische Steuer in Höhe von 1,— DM pro lfd. m Rohrlänge erhoben.

(12) *Spielkartensteuer.* Diese, zu den Bagatellsteuern zu rechnende Abgabe wird nach folgenden Sätzen erhoben: Für Spiele (24—48 Blatt) aus Papier einfacher Qualität: DM 0,30 je Spiel, bei guter Qualität (mehr als drei Lagen): DM 0,50 je Spiel; für Spiele aus anderen Stoffen als Papier: DM 1,50 je Spiel. Kinderspielkarten fallen nicht unter das Gesetz.

(13) *Mineralölsteuer.* Nach dem Mineralölsteuergesetz in der Fassung vom 20. 12. 1963 sind Gegenstand der Steuer bestimmte Mineralöle, soweit sie im Geltungsbereich des Gesetzes hergestellt oder in das Erhebungsgebiet eingeführt sind. Aus wirtschaftspolitischen Gründen gelten für bestimmte Verwendungszwecke Steuerbegünstigungen. Steuerschuldner ist der Hersteller, bei der Einfuhr gelten für die Person des Steuerschuldners die Vorschriften des Zollgesetzes sinngemäß. Bemessungsgrundlage ist das Eigengewicht des Öls. Die Steuersätze sind nach Art der Mineralöle (Schweröle, Leichtöle usw.) verschieden. Sie betragen für Leichtöle (Benzin, Benzolgemisch) 23,75 DM bis 32,— DM je hl, für andere Öle und Flüssigkeiten 35,25 DM bis 40,— DM je 100 kg. Seit dem Verkehrsfinanzgesetz vom 6. 4. 1955 ist die steuerliche Belastung des Dieselkraftstoffs in stärkerem Maße erhöht worden als die des Vergaserkraftstoffes. Dabei sollte nicht nur die bisherige aus produktionspolitischen Gründen gegebene Begünstigung des Dieselöls ausgeglichen, sondern auch im Sinne des (Gebühren-) Äquivalenzprinzips eine stärkere steuerliche Belastung der schweren, die Straßen in besonderem Maße abnutzenden Kraftfahrzeuge bewirkt werden. Auch eine Zweckbindung der Steuer spielt im Zusammenhang mit der

Äquivalenzbetrachtung eine Rolle (vgl. oben, Verkehr-steuern, § 6, 2 a, β₂). Solche Zweckbindung ist in noch stär-kerem Maße durch das Straßenbaufinanzierungsgesetz vom 28. 3. 1960 betont worden; dort hieß es: „Der auf den Kraftverkehr entfallende Teil des Aufkommens an Mineral-ölsteuer ist für Zwecke des Straßenwesens zu verwenden". Nach dem Haushaltssicherungsgesetz vom 20. 12. 1965 ist im Rechnungsjahr 1966 das Aufkommen an Mineralöl-steuer bis zum Betrage von 3,5 Mrd. DM für Zwecke des Straßenwesens zu verwenden.

(14) *Kraftfahrzeugsteuer.* Entsprechend der gegebenen Definition der Verbrauchsteuern wird die Kraftfahrzeug-steuer an dieser Stelle behandelt, da unabhängig von jedem Verkehrsakt die Transportdienstleistung Steuer-gegenstand ist, die ein Wirtschaftssubjekt mit Hilfe eines Kraftfahrzeugs auf öffentlichen Straßen verrichtet, unab-hängig davon, ob es diese Dienstleistung selbst verbraucht, unentgeltlich anderen zukommen läßt oder marktmäßig als Beförderungsunternehmen anbietet oder umsetzt.

Die Kraftfahrzeugbesteuerung, in Deutschland seit 1906 als reine Luxusaufwandsteuer eingeführt, bei (1922 auf-gehobener) Befreiung der gewerbsmäßigen Personen- und Güterbeförderung, wurde 1933 im Zuge der Arbeitsbe-schaffung für *neue* Personenwagen aufgehoben und 1935 aus wehrwirtschaftlichen Gründen mit besonderen Vergün-stigungen für Schwerlastwagen ausgestattet. Nach zwischen-zeitlichen Änderungen (1946: Aufhebung der Befreiun-gen von 1933 und Erhöhung der Sätze durch Kontrollrats-gesetz Nr. 14) brachte das Verkehrsfinanzgesetz 1955 eine leichte Steuersenkung für Personenwagen und leichte Last-kraftfahrzeuge, eine starke Erhöhung dagegen für schwere Lastkraftfahrzeuge, unter Beseitigung des bisherigen „Knickes" im Tarif mit der Folge regressiver Belastung zu-gunsten einer mit dem Gewicht verbundenen „progressiven" Belastung (dadurch Hervorhebung des Äquivalenz-„Ge-bührenprinzips").

Gegenstand der Kraftfahrzeuer nach dem Kraft-

fahrzeugsteuergesetz vom 23. 3. 1935 in der Fassung vom
2. 1. 1961, zuletzt geändert durch Gesetz vom 18. 3. 1965,
ist das „Halten", aber auch die widerrechtliche Benutzung
eines Kraftfahrzeuges zum Verkehr auf öffentlichen Straßen und die Zuteilung eines Kennzeichens für Probe- und
Überführungsfahrten.

Der Wortlaut des Gesetzes macht nicht ohne weiteres klar,
daß — wie oben bemerkt — der Steuergegenstand das Erbringen von Transportdienstleistungen auf öffentlichen Straßen
ist. Man könnte versucht sein, die Kfz-Steuer als partielle „Besitzsteuer" (Halter = Besitzer) zu klassifizieren, was aber deswegen eine Fehlinterpretation wäre, weil der Besitzer eines nicht
zugelassenen Fahrzeuges nicht steuerpflichtig ist. Daß in der
Tat als der ökonomische Steuergegenstand das Erbringen von
Transportleistungen auf öffentlichen Straßen anzusehen ist, geht
aus dem Gesetz als Ganzem hervor. In ihm wird — wegen
technischer Schwierigkeiten — zwar nicht der einzelne Trans-
portakt erfaßt, sondern nur die dem Fahrzeughalter durch die
Zulassung gegebene Möglichkeit, jederzeit die öffentlichen Verkehrswege zu befahren; jedoch erzwingt ökonomische Ratio in
der Regel auch die Ausnutzung dieser Möglichkeit durch fak-
tische Transportleistungen, da nur so die bei der Erlangung dieser Möglichkeit aufgetretenen Geldopfer sinnvoll angelegt sind.

Von der Steuer befreit ist das Halten von Kraftfahr-
zeugen, soweit sie in bestimmten öffentlichen Diensten verwendet werden, z. B. der Polizei, der Feuerwehr u. ä., von
Zugmaschinen und Sonderfahrzeugen in land- und forstwirtschaftlichen Betrieben usw. Steuerschuldner ist i.d.R.
derjenige, für den das Fahrzeug zugelassen ist. Bei Zwei-
und Dreiradkraftfahrzeugen und Personenwagen ist Steuerbemessungsgrundlage der Hubraum, soweit diese Fahr-
zeuge durch Hubkolbenmotoren angetrieben werden. Der
Steuersatz beträgt z. B. bei Personenkraftwagen für je
100 ccm Hubraum 14,40 DM. Bei allen anderen Fahrzeugen, insbesondere bei Zugmaschinen, Kraftomnibussen,
Lastkraftwagen sowie bei Anhängern ist Bemessungsgrundlage das verkehrsrechtlich höchstzulässige Gesamtgewicht.
Der Steuersatz beträgt z. B. für LKw's je 200 kg Gesamtgewicht 22,— DM bis zu einem Gesamtgewicht von 2000

kg; die Belastung steigt stufengrenzsatzmäßig progressiv
gestaffelt bis zu einem Betrag von DM 56,50 je 200 kg bei
Fahrzeugen über 24 000 kg Gesamtgewicht.

Die Steuer ist jeweils für die Dauer eines Jahres im voraus zu entrichten; sie kann aber auch bei Fahrzeugen, die
nach dem Hubraum besteuert werden, halbjährlich und
vierteljährlich, bei Fahrzeugen, die nach dem Gesamtgewicht besteuert werden, auch monatlich, gegen Berechnung von Aufgeldern, entrichtet werden.

b) Zölle

Grundlage des heute in der Bundesrepublik Deutschland
geltenden Zollrechts ist das Zollgesetz (ZG) vom 14. 6.
1961, das mit Wirkung von 1. 1. 1962 das bis dahin geltende Zollgesetz vom 20. 3. 1939 ablöst. Es gilt in der
Fassung vom 13. 9. 1965 (Sechstes Gesetz zur Änderung
des Zollgesetzes).

Das Zollgesetz repräsentiert im wesentlichen das for-
melle Zollrecht. Die wichtigste geltende Verkörperung des
materiellen Teils des Zollrechts ist das Zolltarifgesetz
(ZTG) vom 23. 12. 1960 mit dem jeweiligen Deutschen
Zolltarif. Aufgrund der Zolltarif-Verordnung vom 10. 12.
1965 gilt mit Wirkung vom 1. 1. 1966 der „Deutsche Zolltarif 1966". Der Deutsche Zolltarif enthält im wesentlichen
die autonomen Zollsätze, die, wie bereits angedeutet, unter
Berücksichtigung der vertraglichen Verpflichtungen aus
EGKS, Euratom und EWG festgesetzt werden. Sie sind
unterschieden in autonome Binnenzollsätze, die zwischen
den an den genannten Organisationen beteiligten Staaten
gelten, und in Außen-Zollsätze, die gegenüber dritten Ländern Anwendung finden.

Daneben bestehen zolltarifliche Vorschriften, die auf besonderen zwischenstaatlichen Vereinbarungen beruhen. Die
sich aus ihnen ergebenden Zollsätze sind, soweit sie eine
günstigere Regelung als die entsprechenden autonomen
Zolltarifvorschriften ergeben, mit diesen — neben anderen

ergänzenden Bestimmungen — im Deutschen Gebrauchszolltarif zusammengestellt.

Steuersubjekt bei Zöllen ist definitionsgemäß der Zollschuldner. Nach dem neuen Zollgesetz ist dem Zollschuldner jedoch der „Zollbeteiligte" vorgeordnet worden. Bei den der *„Gestellung" unterliegenden Zollgütern* (Waren, die an den Amtsplatz der Zollstelle oder an den von ihr bestimmten Ort zu bringen sind) ist Zollbeteiligter derjenige, der dem Gesetz zufolge einen „Zollantrag" stellt, d. h. die Abfertigung des gestellten Zollgutes zum freien Verkehr, zu einem besonderen Zollverkehr (z. B. Veredelungsverkehr) oder die Überwachung des gestellten Zollgutes bei Ausfuhr, Vernichtung oder Umwandlung bei der Zollstelle beantragt (§§ 9 ff. ZG). (Parallel dazu wird eine Zollanmeldung, die die für die Zollbehandlung maßgebenden Merkmale und Umstände enthält, erforderlich.) Im Reiseverkehr sind die Gestellungspflichtigen, d. h. die Reisenden auch bei dem hier möglichen Wegfall von Zollantrag und -anmeldung Zollbeteiligte. — Zollbeteiligter ist ebenfalls der Übernehmer von *gestellungsbefreiten Zollgütern,* die terliegen (§ 39 ZG). In den Fällen, in denen das Zollgut sofort anzuschreiben sind und nur der Zollanmeldung unnicht zollfrei ist, werden die Zollbeteiligten zu Zollschuldnern, wenn das Zollgut zum freien Verkehr abgefertigt oder aus dem besonderen Zollverkehr in den freien Verkehr entnommen bzw. gem. § 39 ZG angeschrieben wird. Eine Zollschuld kann auch bei Nichtbeachtung von Zollvorschriften entstehen, z. B. wird Zollschuldner derjenige, der erstmals das Zollgut der zollamtlichen Überwachung vorenthält usw.

Steuerobjekt sind die obenerwähnten Tatbestände, durch die ein Zollbeteiligter zum Zollschuldner wird. Zollbefreiungen und -ermäßigungen sind unter bestimmten Voraussetzungen möglich.

Zollbemessungsgrundlage ist vorwiegend der Zollwert, der als Normalpreis, d. h. als üblicher Wettbewerbspreis gekennzeichnet ist. Der Rechnungspreis wird dann heran-

gezogen, wenn er unter gegebenen Umständen als Normalpreis angesehen werden kann. Die sog. spezifischen Zollsätze, die auf Gewicht, Maß oder Stückzahl basieren, sind
durch die bereits erwähnte, im Zolltarifgesetz von 1951
mit wenigen Ausnahmen bestimmte Umstellung auf den
Wertzoll zurückgedrängt worden.

Verfahrenstechnisch ist noch zu bemerken, daß bei der
Einfuhr von Waren außer dem Zoll die Umsatzausgleichsteuer und die entsprechenden Verbrauchsteuern erhoben
werden.

§ 8. Kommunale Aufwandsteuern

Über sämtliche bisher behandelten Steuern hinaus gibt
es noch eine Reihe kleinerer, von den Gemeinden erhobene
Steuern, die sogenannten kommunalen Aufwandsteuern.
Eine Ausdehnung des bisher verfolgten Gliederungskriteri-
ums Steuergegenstand auch auf sie hätte ihre Einordnung
an verschiedenen Stellen zur Folge gehabt. Da das aber
sicher nicht der Klarheit gedient hätte, erfolgt hier ihre
aus Vollständigkeitsgründen notwendige Behandlung kurz
zusammengefaßt.

(1) Getränkesteuern

Die Gemeindegetränkesteuern gehen auf das Finanzausgleichsgesetz von 1923 zurück. Ihre Rechtsgrundlage be-
findet sich in den allgemeinen Kommunalabgabengesetzen
sowie in den von einzelnen Ländern erlassenen besonderen
Getränkesteuergesetzen in Verbindung mit den örtlichen
Steuerordnungen.

Steuergegenstand kann sein die entgeltliche Abgabe von
Getränken aller Art zum Verzehr an Ort und Stelle, mit
Ausnahme von Milch und Bier. Der Kreis der tatsächlich
zur Steuer herangezogenen Getränke ist örtlich verschieden.
Das gilt auch vom jeweiligen Steuersatz. Er beträgt i.d.R.
10 % des dem Gast in Rechnung gestellten Betrages, in
einigen Gemeinden auch 5 %, in manchen wird sie überhaupt nicht erhoben. Offene Überwälzung ist gestattet,

aber nicht vorgeschrieben. In manchen Gemeinden wird zusätzlich eine Speiseeissteuer erhoben.

(2) Schankerlaubnissteuer

Die Erhebung von Schankerlaubnissteuern ist den Stadt- und Landkreisen vorbehalten. Besteuert wird die Erlaubniserteilung zur Eröffnung, zur Erweiterung oder zur Übernahme einer schon bestehenden Gast- oder Schankwirtschaft. Bemessungsgrundlage kann sein der Jahresertrag, das Anlage- und Betriebsvermögen, die Grundfläche der konzessionierten Räume, seltener der Umsatz, bei örtlich unterschiedlichen Steuersätzen.

(3) Vergnügungsteuern

Auch die von den Gemeinden erhobenen Vergnügungsteuern sind mit der Geschichte des Finanzausgleichs eng verbunden (Finanzausgleichsgesetz in der Fassung von 1926). Die Regelung erfolgt durch Landesgesetze; die Ausgestaltung im einzelnen geht aus den örtlichen Vergnügungssteuerordnungen der Gemeinden hervor. Der Steuer unterliegen regelmäßig alle im Gemeindebezirk stattfindenden Veranstaltungen, z. B. Tanzveranstaltungen, Modenschauen, Rundfahrten, Film- und Theatervorführungen. Ausdrücklich ausgenommen sind Veranstaltungen einzelner Personen in Wohnräumen, wenn weder Entgelt zu entrichten ist, noch Speisen und Getränke gegen Bezahlung verabreicht werden. Befreit sind insbesondere Open, Konzerte sowie andere als künstlerisch hochstehend anerkannte Veranstaltungen. Vergnügungsteuern können in verschiedenen *Formen* erhoben werden, z. B. als *Kartensteuer* vom Preis der ausgegebenen Eintrittskarten oder als *Pauschsteuer*, bemessen beispielsweise nach der Größe der benutzten Räume.

(4) Sonstige kommunale Aufwandsteuern

Neben Verbrauch- und Aufwandsteuern, die am Kauf und Verkauf der zu belastenden Güter anknüpfen, gibt es „veranlagte" Aufwandsteuern, die den Besitz oder die

Nutzung solcher Gegenstände treffen sollen, die als Zeichen einer aufwendigen Lebenshaltung gelten. Derzeit bestehen in Deutschland:

(a) *Hundesteuer.* Steuergegenstand ist das Halten eines über drei Monate alten Hundes. Die Sätze sind in den einzelnen Gemeinden sehr unterschiedlich. Befreit sind Diensthunde, Blindenhunde u. ä., ermäßigte Sätze gelten für Wachhunde, Melde-, Sanitäts-, Schutz- und Fährtenhunde sowie für Hunde von Hundezüchtern und -Händlern.

(b) *Jagdsteuern* werden neben der Jagdscheingebühr von den Stadt- und Landkreisen erhoben. Steuergegenstand ist die Ausübung des Jagdrechts nach Maßgabe des Jahresjagdwertes, wenn der Eigentümer selbst jagt bzw. des Pachtpreises bei gepachteten Jagden. Entsprechend wird die Steuer, deren Sätze im übrigen örtlich verschieden sind, bei Eigenjagden dem Eigentümer, bei gepachteten Jagden dem Pächter auferlegt.

(c) Weitere Steuern dieser Art wie *Luxuspferde-, Motorbootsteuern* können auftreten.

(5) *Diskussion über weitere gemeindliche Aufwandsteuern*

Im Zuge der Neuerschließung von Steuerquellen der in arger Finanznot sich befindenden Gemeinden ist auch z. B. im Gutachten des Wissenschaftlichen Beirats beim Bundesfinanzministerium vom 11. 7. 1959 die *Wohnungsbesteuerung* diskutiert worden.

Sie kann erhoben werden als *Wohnraumsteuer* (zu zahlen vom Wohnungsinhaber unter Zugrundelegung der Größe der Wohnfläche und gegebenenfalls auch unter Berücksichtigung der Beschaffenheit des Wohnraumes), oder als *Mietsteuer* (anknüpfend an die Höhe der Miete als Bemessungsgrundlage). Erstere wird wegen der hohen Erhebungskosten abgelehnt, letztere dagegen grundsätzlich zwar bevorzugt, jedoch deswegen nicht empfohlen, weil man dieselben Wirkungen auch über eine Erhöhung der Grundsteuer erreichen könnte.

TABELLENANHANG

Tabellenanhang I

Kassenmäßige Steuereinnahmen aus Bundes-,
Bundesrepublik Deutschland

		1950	1957	1958
I	Nettosoz.prod.[3])	90 627	203 539	220 098
II	Ges.Steueraufk.	21 081	50 013	52 260
IIa	in % von I	23,3	24,6	23,7
III	Eink.steuern[4])	5 732	16 708	17 333
IIIa	in % von I	6,3	8,2	7,9
IIIb	in % von II	27,2	33,4	33,2
IV	Vermögensteuern[4])	2 007	2 434	2 494
IVa	in % von I	2,2	1,2	1,1
IVb	in % von II	9,5	4,9	4,8
V	Erbschaftsteuer	24	68	92
Va	in % von II	0,1	0,1	0,2
VI	Ertragsteuern[4])	2 416	6 503	6 782
VIa	in % von I	2,7	3,2	3,1
VIb	in % von II	11,5	13,0	13,0
VII	Zuwachssteuern[4])	403	463	466
VIIa	in % von I	0,4	0,2	0,2
VIIb	in % von II	1,9	0,9	0,9
VIII	Verkehrsteuern[4])	5 301	13 789	14 501
VIIIa	in % von I	5,8	6,8	6,6
VIIIb	in % von II	25,1	27,6	27,7
	davon Umsatzst.	4 746	12 598	12 963
	in % von I	5,2	6,2	5,9
	in % von II	22,5	25,2	24,8
IX	Verbr.steuern u. Zölle[4])	4 956	9 672	10 212
IXa	in % von I	5,5	4,8	4,6
IXb	in % von II	23,5	19,3	19,5
X	Kom.Aufwandsteuern[2])	235	377	378
Xa	in % von I	0,3	0,2	0,2
Xb	in % von II	1,1	0,8	0,7

[1]) Ausschließlich der auf Landesgesetz beruhenden Steuern einzelner
Länder.
[2]) Bundesgebiet (ohne Saarland) einschließlich Berlin (West); ab 1960
einschließlich Saarland; Kalenderjahre; Quellen: Statistisches Jahrbuch für die Bundesrepublik Deutschland 1954—1965; Statistisches
Jahrbuch Berlin. Abweichungen in den Summen durch Runden der
Zahlen.

Landes-[1]) und Gemeindesteuern (in Mill. DM)
1950, 1957—1964[2])

1959	1960	1961	1962	1963	1964
238 515	270 560	296 550	320 670	338 900	370 800
58 985	68 650	78 729	86 573	91 562	100 020
24,7	25,4	26,6	27,0	27,0	27,0
19 291	24 466	29 764	33 488	36 146	39 481
8,1	9,0	10,0	10,4	10,7	10,7
32,7	35,6	37,8	38,7	39,5	39,5
2 836	2 685	3 030	3 450	3 141	3 493
1,2	1,0	1,0	1,1	0,9	0,9
4,8	3,9	3,9	4,0	3,4	3,5
121	201	243	288	221	230
0,2	0,3	0,3	0,3	0,2	0,2
8 063	9 064	9 866	10 632	11 224	11 946
3,4	3,4	3,3	3,3	3,3	3,2
13,7	13,2	12,5	12,3	12,3	11,9
620	437	413	441	359	397
0,3	0,2	0,1	0,1	0,1	0,1
1,1	0,6	0,5	0,5	0,4	0,4
16 054	18 168	20 031	21 506	22 457	24 577
6,7	6,7	6,8	6,7	6,6	6,6
27,2	26,5	25,4	24,8	24,5	24,6
14 239	16 148	17 866	19 210	20 043	21 927
6,0	6,0	6,0	6,0	5,9	5,9
24,1	23,5	22,7	22,2	21,9	21,9
11 630	13 261	15 027	16 459	17 745	19 620
4,9	4,9	5,1	5,1	5 2	5,3
19,7	19,3	19,1	19,0	19,4	19,6
369	368	352	306	267	276
0,2	0,1	0,1	0,1	0,1	0,1
0,6	0,5	0,5	0,4	0,3	0,3

[3]) zu Marktpreisen; 1963 und 1964 vorläufige Ergebnisse.
[4]) zur Aufgliederung vgl. die folgenden Tabellen A bis G.

A. Aufgliederung der

	1950	1957	1958
a) Lohnsteuer	1 806	5 289	5 932
b) Kapitalertrag-, Kupon-, Aufsichtsratsteuer	32	481	509
c) Veranlagte Einkommensteuer	2 087	5 879	5 473
d) Körperschaftsteuer	1 449	4 506	5 190
e) Notopfer Berlin	358	553	229

B. Aufgliederung der

a) Laufende Vermögensteuer	130	818	888
b) Vermögensabgabe (Lastenausgl.)	1 877	1 616	1 606

C. Aufgliederung der

a) Grundsteuer	1 170	1 456	1 521
b) Gewerbesteuer (einschl. Lohnsummensteuer)	1 246	5 047	5 261

D. Aufgliederung der

a) Hypothekengewinnabgabe	403	355	349
b) Kreditgewinnabgabe		108	117

Einkommensteuern (III)

1959	1960	1961	1962	1963	1964
5 855	8 102	10 453	12 315	13 844	16 092
830	846	980	1 130	1 138	1 252
7 323	8 963	10 817	12 218	13 451	14 101
5 118	6 510	7 473	7 790	7 688	8 018
165	45	41	35	25	18

Vermögensteuern (IV)

1 116	1 100	1 419	1 798	1 673	1 931
1 720	1 585	1 611	1 652	1 468	1 562

Ertragsteuern (VI)

1 595	1 631	1 719	1 862	1 951	1 994
6 468	7 433	8 147	8 770	9 273	9 952

Zuwachssteuern (VII)

412	340	322	354	281	319
208	97	91	87	78	78

E. Aufgliederung der

	1950	1957	1958
a) Umsatzst. u. Umsatzausgl.st.	4 746	12 598	12 963
b) Grunderwerbsteuer	84	235	266
c) Wechselsteuer	45	105	104
d) Versicherung- und Feuerschutzsteuer	83	215	243
e) Kapitalverkehrsteuern	17	125	138
f) Rennwett- u. Lotteriesteuer	85	227	243
g) Beförderungsteuer	241	284	544

F. Aufgliederung der

a) Biersteuer	349	561	605
b) Aus dem Branntweinmonopol	496	778	857
c) Schaumweinsteuer	20	41	46
d) Tabaksteuer	2 160	2 933	3 093
e) Zündwarensteuer und aus dem Zündwarenmonopol	62	19	20
f) Kaffeesteuer	340	448	486
g) Teesteuer	33	17	19
h) Zuckersteuer	383	154	162
i) Leuchtmittelsteuer	20	32	34
k) Mineralölsteuer	73	1 642	1 665
l) Kraftfahrzeugsteuer	349	967	1 082
m) Sonstige Verbrauchsteuern	54	50	49
n) Zölle	617	2 030	2 094

G. Aufgliederung der

a) Getränkesteuer	58	106	110
b) Schankerlaubnissteuer	3	9	11
c) Vergnügungsteuer	121	207	201
d) Hundesteuer	40	49	49
e) Sonstige	13	6	7

Verkehrsteuern (VIII)

1959	1960	1961	1962	1963	1964
14 239	16 148	17 866	19 210	20 043	21 927
306	371	458	508	529	601
106	115	125	132	139	145
244	255	292	321	354	396
200	235	201	195	174	226
255	275	285	314	339	364
704	769	804	826	879	918

Verbrauchsteuern und Zölle (IX)

650	700	763	820	877	955
915	1 023	1 097	1 222	1 335	1 441
56	65	74	86	98	112
3 265	3 537	3 892	4 205	4 311	4 416
22	22	23	24	24	24
609	689	745	766	872	921
23	28	27	29	28	34
161	177	178	174	184	181
38	41	46	50	51	57
2 145	2 664	3 325	3 699	4 139	6 071
1 216	1 475	1 678	1 888	2 134	2 372
48	54	49	49	52	50
2 482	2 786	3 130	3 447	3 640	2 986

kommunalen Aufwandsteuern (X)

118	124	128	107	78	85
13	16	18	20	22	24
182	173	149	123	110	105
48	46	45	45	45	46
8	9	12	11	12	16

Planmäßige und beschleunigte Zeitfolge bei
zwischen den Mitglied

	1. S t u f e			
	1. 1. 58	1. 1. 59	1. 7. 60	1. 1. 61 Beschl.
A. Beseitigung der innergemeinschaftlichen Zölle:				
1. Landwirtschaftliche Erzeugnisse (Anhang II des Vertrages):				
— vorgenommene Herabsetzung .. (auf Grund der am 1. 1. 57 gelten- den einzelstaatlichen Zollsätze)	10	10	5 [1]	
— Herabsetzung insgesamt	10	20	{ 25 [1] 20	
2. Gewerbliche Erzeugnisse:				
— vorgenommene Herabsetzung .. (auf Grund der am 1. 1. 57 gelten- den einzelstaatlichen Zollsätze)	10	10	10	
— Herabsetzung insgesamt	10	20	30	
B. Schrittweise Einführung des Gemeinsamen Zolltarifs:				
1. Landwirtschaftliche Erzeugnisse (Anhang II des Vertrages):				
— vorgenommene Angleichung[4] ..				
— Angleichung insgesamt				
2. Gewerbliche Erzeugnisse:				
— vorgenommene Angleichung[4] ..			30 [5] Beschl.	
— Angleichung insgesamt			30	

[1] Herabsetzung nur für nichtliberalisierte Erzeugnisse.
[2] Herabsetzung nur für liberalisierte Erzeugnisse.
[3] Gesamtherabsetzung nur für einige liberalisierte Erzeugnisse.
[4] D. h. Verringerung des Abstandes zwischen den am 1. 1. 57 geltenden einzelstaatlichen Zollsätzen und den Sätzen des Gemeinsamen Zolltarifs.
[5] Die Sätze des Gemeinsamen Zolltarifs wurden angewandt, sobald die am 1. 1. 57 geltenden einzelstaatlichen Zollsätze um nicht mehr als 15 v.H. davon abwichen.
[6] Die Angaben für die Termine des 1. 1. 66, 1. 1. 67 und 1. 7. 67 ent- sprechen den Vorschlägen der Kommission in der geänderten „Initia- tive 64".
[7] Inzwischen wurden am 1. 1. 66 die Binnenzölle um 10 v.H. herab- gesetzt, so daß die Zollsätze für gewerbliche Waren nun um 80 v.H.

der schrittweisen Errichtung einer Zollunion
staaten der EWG   in v. H.

2. Stufe				3. Stufe			
1. 1. 62	1. 7. 62 Beschl.	1. 7. 63	1. 1. 65	1. 1. 66 6) 7)	1. 1. 67 6)	1. 7. 67 6)	1. 1. 70
10	5 2)	10	10	10 15	15	20	
35 1) 30 3)	35 30 3)	45 40 3)	55 50 3)	65	80	100	
10	10	10	10	10	—	20	
40	50	60	70	80	—	100	
30 5) 30				30 60	— —	40 100	
		30 Beschl. 60		— —	— —	40 100	

der Ausgangszollsätze gesenkt sind. Bei den landwirtschaftlichen
Erzeugnissen, die nicht unter eine gemeinsame Marktorganisation
fallen, betragen die Zollsenkungen je nach den Erzeugnissen 60 v.H.
bzw. 65 v.H. der Ausgangszollsätze. Eine weitere Angleichung der nationalen Zollsätze für gewerbliche Waren an den gemeinsamen Zolltarif
wurde am 1. 1. 66 nicht vorgenommen. Für die im Anhang II des
EWG-Vertrages aufgeführten landwirtschaftlichen Erzeugnisse ist jedoch vertragsgemäß eine Angleichung von 30 v.H. vorgenommen
worden. Die Vollendung der Zollunion (sowie des Gemeinsamen
Agrarmarktes) ist nach dem heutigen Stand — Juni 1966 — für den
1. 7. 68 vorgesehen.

Q u e l l e : Achter Gesamtbericht über die Tätigkeit der Gemeinschaft
(1. April 1964 bis 31. März 1965) hrsg. von der Kommission der Europäischen Wirtschaftsgemeinschaft, Juni 1965, S. 32.

Literaturhinweise

Für Kap. VII

Zu § 1:

A l b e r s , W., „Die Berücksichtigung der Leistungsfähigkeit in der deutschen Einkommensteuer", in: Finanzarchiv, N.F., Bd. 18, Tübingen 1958

A l l e n , E. D. and B r o w n l e e , O. H., Economics of Public Finance, 2. Aufl., New York 1956

A l l i x , E., „Die Theorie der progressiven Steuer", in: Die Wirtschaftstheorie der Gegenwart, Bd. IV, Wien 1928

B e r i c h t   d e s   S t e u e r -   u n d   F i n a n z a u s s c h u s s e s , hrsg. von der Kommission der Europäischen Wirtschaftsgemeinschaft, 1962

B e r i é , H. und H e n t r i c h , U., Lohnsteuerrecht (Kommentar), Berlin-Frankfurt 1955

B l ü m i c h , W. und F a l k , L., Einkommensteuergesetz (Kommentar), 7. Aufl., Berlin-Frankfurt 1955

B l ü m i c h , W., K l e i n , O. und S t e i n b r i n g , W., Körperschaftsteuergesetz (Kommentar), 3. Aufl., Berlin-Frankfurt 1956

B o e t t c h e r , C., „Zur Problematik der Besteuerung des Gewinns einerseits und der Ausschüttungen bzw. Entnahmen andererseits", in: Finanzarchiv, N.F., Bd. 20, Tübingen 1959

B r ö n n e r , H., Die Besteuerung der Gesellschaften, des Gesellschafterwechsels und der Umwandlungen, 9. Aufl., Stuttgart 1957

B u e h l e r , A., Public Finance, 3. Aufl., New York-Toronto-London 1948

B ü h l e r , O., Steuerrecht, Bd. II: Einzelsteuerrecht, 3. Aufl., Wiesbaden 1958

B ü h l e r , O., Steuerrecht der Gesellschaften und Konzerne, 3. Aufl.. Berlin 1956

D i e h l , K., „Einkommen", in: Wörterbuch der Volkswirtschaft, 4. Aufl., 1. Bd., Jena 1931

E ß e r , J. und M e r t e n , I., Steuern in den USA (Schriftenreihe des Instituts „Finanzen und Steuern", Heft 40), Bonn 1956

F i n a n z e n   u n d   S t e u e r n   i m   I n - u n d   A u s l a n d , herausgegeben vom Statistischen Reichsamt, Berlin 1930

G e r b e r , W. A., Die direkten Steuern der Aktiengesellschaften in England und den Ländern der Europäischen Wirtschaftsgemeinschaft und die Probleme einer Harmonisierung dieser Steuern, München 1965

G o o d , R. B., „The individual income tax", in: Studies of Government Finance, Washington 1964

G r o ß e   S t e u e r r e f o r m   (Diskussionsbeiträge des Arbeitsausschusses für die große Steuerreform), herausgegeben von H. Troeger, Stuttgart 1954

G r o v e s , H. M., Financing Government, 5. Aufl., New York 1958

G ü b b e l s , B., Die steuerliche Abschreibung im In- und Ausland (Schriftenreihe des Instituts „Finanzen und Steuern", Heft 37), Bonn 1956

H a l l e r , H., Die Steuern, Tübingen 1964

H a l l e r , H., „Netto-Umsatzsteuer versus Gewinnsteuer", in: Finanzarchiv, N.F., Bd. 16, Tübingen 1956

H a n d b u c h   d e s   S t e u e r r e c h t s   (Auskunftswerk für veranlagte Steuerpflichtige), hrsg. vom H. Luchterhand Verlag, Berlin-Neuwied a. Rh. . . . (lfd.)

H a r v a r d L a w S c h o o l , „Taxation in the Federal Republic of Germany", in: World Tax Series, Chicago 1963

H a r v a r d L a w S c h o o l , „Taxation in the United States", in: World Tax Series, Chicago 1963

H e r r m a n n , C. und H e u e r , G., Kommentar zur Einkommensteuer einschl. Lohnsteuer und Körperschaftssteuer, Köln . . . (lfd.)

H i c k s , U., British Public Finances, New York-Toronto-London 1954

H o l z m a n n , F. D., „Commodity and Income Taxation in the Soviet Union", in: The Journal of Political Economy, Vol. LVIII, Chicago 1950

I n v e n t a r d e r S t e u e r n , hrsg. von der Kommission der Europäischen Wirtschaftsgemeinschaft, 1965

J ö s c h , W., Steuerpolitische Zielsetzungen bei Einkommensteuer und Umsatzsteuer. Ein Beitrag zum Problem der Zweckkollisionen in der deutschen Steuerpolitik, Basel 1964

K l e i n , F., „Bundesverfassungsgericht und Ehegattenbesteuerung", in: Finanzarchiv, N.F., Bd. 18, Tübingen 1958

L a m p e , A., „Einkommensteuer", in: Wörterbuch der Volkswirtschaft, 4. Aufl., 1. Bd., Jena 1931

L a u f e n b u r g e r , H., „Die Einkommensbesteuerung", in: Handbuch der Finanzwissenschaft, 2. Aufl., 2. Bd., Teil VIII, Tübingen 1956

L a u f e n b u r g e r , H., Finances comparées, 2. Aufl., Paris 1950

L e f e b v r e , R., und L e f e b v r e , J., Zusammenfassende Darstellung des französischen Steuersystems, Paris 1962, hrsg. vom Bureau d'Etudes Fiscales Francis Lefebvre, Paris

L e v y , M. E., Income tax exemptions. An analysis of the effects of personal exemptions on the income tax structures, Amsterdam 1960

L i t t m a n n , E., Das Einkommensteuerrecht, 6. Aufl., Düsseldorf-München 1959

L i t t m a n n , K., „Kapitalertragsteuer", in: Handwörterbuch der Sozialwissenschaften, 5. Bd., Tübingen 1956

M a n n , F. K., Steuerpolitische Ideale (Finanzwissenschaftliche Forschungen, Heft 5), Jena 1937

M e i s e l , F., Britische und deutsche Einkommensteuer, Tübingen 1925

M e n n e l , A., Die Steuersysteme in EWG-Staaten, EFTA-Staaten und den USA, Herne/Berlin 1965

N e u m a n n , F. J. v., Die persönlichen Steuern vom Einkommen, verbunden mit Ertrags- oder mit Vermögenssteuern, Tübingen 1896

N e u m a r k , F., Aktuelle Budget- und Steuerfragen (Schriftenreihe des Instituts „Finanzen und Steuern", Heft 25), Bonn 1952

N e u m a r k , F., „Einkommensteuer", in: Handwörterbuch der Sozialwissenschaften, 3. Bd. (28. Lfg.), Tübingen 1958

N e u m a r k , F., „Probleme der Steuerprogression", in: Wirtschafts- und Finanzprobleme des Interventionsstaates, Tübingen 1961

N e u m a r k , F., Theorie und Praxis der modernen Einkommensbesteuerung, Bern 1947

„N e u r e g e l u n g e n b e i d e r E i n k o m m e n - u n d K ö r p e r s c h a f t s t e u e r i n F r a n k r e i c h u n d G r o ß b r i t a n n i e n " , Institut „Finanzen und Steuern", Brief 75, Bonn 1965

O r g a n i s c h e S t e u e r r e f o r m (Bericht des Wissenschaftlichen Beirats beim Bundesministerium der Finanzen), hrsg. vom Bundesministerium der Finanzen, Bonn 1953

P e t r i , W., Der Einfluß der Einkommenbesteuerung auf den Leistungswettbewerb der Unternehmer, Darmstadt 1960

P o p i t z , J., „Einkommensteuer", in: Handwörterbuch der Staatswissenschaften, 4. Aufl., 3. Bd., Jena 1926

S c h m i d t , K., Die Steuerprogression, Tübingen 1960

S c h m i d t , K., „Zur Reform der Unternehmungsbesteuerung", in: Finanzarchiv, N.F., Bd. 22, Tübingen 1962

S c h m ö l d e r s , G., Allgemeine Steuerlehre, 4. Aufl., Berlin 1965

S c h m ö l d e r s , G., „Entwicklung und Wandlung der Körperschaftssteuer", in: Steuer und Wirtschaft, XXV. Jg., 1948

S c h m ö l d e r s , G., Organische Steuerreform, Berlin-Frankfurt/M.
1953

S e l i g m a n , E. R. A., Essays in Taxation, 9. Aufl., New York 1923

S t e u e r g e s e t z e (Textsammlung), hrsg. von der C. H. Beck'schen
Verlagsbuchhandlung, München-Berlin . . . (lfd.)

S t u d e n s k i , P., „Toward a Theory of Business Taxation", in: Journal of Political Economy, Vol. XLVIII, Nr. 5, Chicago 1940; abge-
druckt in: Viewpoints on Public Finance, New York 1950

T e s c h e m a c h e r , H., „Die Einkommensteuer", in: Handbuch der
Finanzwissenschaft, 1. Aufl., 2. Bd., Teil V—VII, Tübingen 1927

T r e t n e r , C.-H., Wettbewerbsneutrale Gewinnbesteuerung, Köln-
Opladen 1963

„Z u r   R e f o r m   d e s   E i n k o m m e n s t e u e r t a r i f s   1958", Institut „Finanzen und Steuern", Brief 58, Bonn 1963

W i t t m a n n , W., „Zur Frage der wachstumspolitischen Effizienz eines
rationalen Steuersystems", in: Finanzarchiv, N.F., Bd. 24, Tübingen
1965

Zu § 2:

A l l e n , E. D. and B r o w n l e e , O. H., Economics of Public Finance,
2. Aufl., New York 1956

B e r i c h t   d e s   S t e u e r -   u n d   F i n a n z a u s s c h u s s e s , hrsg.
von der Kommission der Europäischen Wirtschaftsgemeinschaft, 1962

B u e h l e r , A., Public Finance, 3. Aufl., New York-Toronto-London 1948

B ü h l e r , O., Steuerrecht, Bd. II: Einzelsteuerrecht, 3. Aufl., Wiesbaden
1958

D a s   g e s a m t e   L a s t e n a u s g l e i c h s r e c h t , hrsg. vom H
Luchterhand Verlag, Berlin-Neuwied/Rh. . . . (lfd.)

D i e h l , K., „Die einmalige Vermögensabgabe", in: Die Neuordnung der
deutschen Finanzwirtschaft, hrsg. von H. Herkner (Schriften des Vereins für Socialpolitik, Bd. 156, Teil I), München-Leipzig 1918

D i e t z e l , H., „Abbürdung der Kriegsschuld?", in: Die Neuordnung der
deutschen Finanzwirtschaft, a.a.O.

E i c h h o r n , R., Die einmaligen Vermögensabgaben im Deutschen
Reiche, Jena 1925

E ß e r , I., Gesetz über den Lastenausgleich (Schriftenreihe des Instituts
„Finanzen und Steuern", Heft 23), Bonn 1953

F u x , B., „Die Vermögenssteuer", in: Handbuch der Finanzwissenschaft.
1. Aufl., 2. Bd . Teil V—VII, Tübingen 1927

G r o ß e   S t e u e r r e f o r m   (Diskussionsbeiträge des Arbeitsausschusses für die große Steuerreform), hrsg. von H. Troeger, Stuttgart 1954

G r o s s m a n n , E., „Die Vermögensteuer", in: Handbuch der Finanzwissenschaft, 2. Aufl., 2. Bd., Teil VIII, Tübingen 1956

G r o v e s , H. M., Financing Government, 5. Aufl., New York 1958

G ü r s c h i n g , L. und   S t e n g e r , A., Bewertungsgesetz — Vermögensteuergesetz (Kommentar), Köln . . . (lfd.)

H a r m e n i n g , R., Lastenausgleich (Kommentar), hrsg. von der C. H
Beck'schen Verlagsbuchhandlung, München-Berlin . . . (lfd.)

H e c k e l , M. v., „Vermögenssteuer", in: Wörterbuch der Volkswirtschaft, 3. Aufl., 2. Bd., Jena 1911
H o r o w s k i , W., Vermögensabgabe bis 1979. Zusammenstellung und
Kommentierung aller nach der Veranlagung noch wichtigen Bestimmungen, Stuttgart-München-Hannover 1964
I m p ô t s   s u r   l a   f o r t u n e   y   i n c l u s   d r o i t s   d e   s u c -
c e s s i o n .   D e b t   m a n a g e m e n t , hrsg. vom Institut internatio-
nal de finances publiques, Brüssel 1962
I n v e n t a r   d e r   S t e u e r n , hrsg. von der Kommission der Euro-
päischen Wirtschaftsgemeinschaft, 1965
K o l m s , H., „Vermögensteuer", in: Handwörterbuch der Sozialwissen-
schaften, 11. Bd. (32. Lfg.), Tübingen 1960
L a m p e , A., „Vermögensteuer", in: Wörterbuch der Volkswirtschaft,
4. Aufl., 3. Bd., Jena 1933
L a u f e n b u r g e r , H., Finances comparées, 2. Aufl., Paris 1950
M a n n , F. K., „Vermögenssteuer", in: Handwörterbuch der Staatswis-
senschaften, 4. Aufl., 8. Bd., Jena 1928
M e n n e l , A., Die Steuersysteme in EWG-Staaten, EFTA-Staaten und
den USA, Herne/Berlin 1965
M o l l , B., Zur Geschichte der Vermögenssteuern, Leipzig 1911
O r g a n i s c h e   S t e u e r r e f o r m   (Bericht des Wissenschaftlichen
Beirats beim Bundesministerium der Finanzen), hrsg. vom Bundes-
ministerium der Finanzen, Bonn 1953
„ P r o g r e s s i v e r   V e r m ö g e n s t e u e r t a r i f   u n d   A b z u g s -
f ä h i g k e i t   d e r   V e r m ö g e n s t e u e r n ", Institut „Finanzen
und Steuern", Brief 52, Bonn 1963
S c h m i t t - D e g e n h a r d t , H., Vermögensteuer, 3. Aufl., bearb. von
H. Lindner (Buchreihe „Finanzen und Steuern", Bd. 6), Stuttgart 1958
S t u c k e n , R., „Die große Vermögensabgabe und das heutige Finanz-
problem", in: Finanzarchiv, N.F., Bd. 11, Tübingen 1949
S t u c k e n , R., Vermögensteuern (Schriftenreihe des Instituts „Finanzen und Steuern", Heft 29), Bonn 1954
T i e p e l m a n n , K., „Die Problematik der Vermögensteuer", in: Fi-
nanzwissenschaftliche Forschungsarbeiten, Heft 26, Berlin 1963
Z e i s s , F., Die Vermögensteuer der öffentlichen Unternehmen und Anstalten nach § 3a VStG., Stuttgart 1963

Zu § 3:

A l l e n , E. D. and B r o w n l e e , O. H., Economics of Public Finance,
2. Aufl., New York 1956
B e r i c h t   d e s   S t e u e r -   u n d   F i n a n z a u s s c h u s s e s , hrsg.
von der Kommission der Europäischen Wirtschaftsgemeinschaft, 1962
B ü c h n e r , R., „Erbschafts- und Schenkungssteuern", in: Handbuch
der Finanzwissenschaft, 1. Aufl., 2. Bd., Teil V—VII, Tübingen 1927
B ü c h n e r , R., „Erbschaft- und Schenkungsteuern", in: Handbuch der
Finanzwissenschaft, 2. Aufl., 2. Bd., Teil VIII, Tübingen 1956
B ü h l e r , O., Steuerrecht, Bd. II: Einzelsteuerrecht, 3. Aufl., Wiesbaden
1958
D e e s e n , K., Erbschaft- und Schenkungsteuer (Schriftenreihe „Rechts-
archiv der Wirtschaft", Heft 48), Stuttgart-München-Hannover 1955
F i n a n z e n   u n d   S t e u e r n   i m   I n -   u n d   A u s l a n d , hrsg. vom
Statistischen Reichsamt, Berlin 1930
G r o ß e   S t e u e r r e f o r m   (Diskussionsbeiträge des Arbeitsaus-
schusses für die große Steuerreform), hrsg. von H. Troeger, Stutt-
gart 1954
G r o v e s , H. M , Financing Government, 5. Aufl., New York 1958

H a n d b u c h   d e s   S t e u e r r e c h t s (Auskunftswerk für veran-
lagte Steuerpflichtige), hrsg. vom H. Luchterhand Verlag, Berlin-
Neuwied/Rh. . . . (lfd.)
H i c k s , U., British Public Finances, New York-Toronto-London 1954
I n v e n t a r   d e r   S t e u e r n , hrsg. von der Kommission der Euro-
päischen Wirtschaftsgemeinschaft, 1965
K i s k e , K. P., „Die Erbschaftsteuer als Mittel der Vermögensredistri-
bution", in: Volkswirtschaftliche Schriften, Heft 78, Berlin 1964
L a m p e , A., „Erbschaftssteuer", in: Wörterbuch der Volkswirtschaft.
4. Aufl., 1. Bd., Jena 1931
L a u f e n b u r g e r , H., Finances comparées. 2. Aufl., Paris 1950
M e g o w , H., Erbschaftsteuergesetz (Kommentar), 4. Aufl., Berlin-
Frankfurt 1959
M e n n e l , A., Die Steuersysteme in EWG-Staaten, EFTA-Staaten und
den USA, Herne/Berlin 1965
O r g a n i s c h e   S t e u e r r e f o r m (Bericht des Wissenschaftlichen
Beirats beim Bundesministerium der Finanzen), hrsg. vom Bundes-
ministerium der Finanzen, Bonn 1953
R i t s c h l , H., „Erbschaftsteuer", in: Handwörterbuch der Sozialwissen-
schaften, 3. Bd. (30. Lfg.), Tübingen 1960
S c h a n z , G. v., „Erbschaftssteuern", in: Handwörterbuch der Staats-
wissenschaften, 4. Aufl., 3. Bd., Jena 1926
S c h a n z , G. v., „Studien zur Geschichte und Theorie der Erbschaft-
steuer", in: Finanzarchiv, Bd. 17 und 18, Stuttgart-Berlin 1900 und
1901
S e i t z , G., Die Bedeutung der Erbschaftsteuer für die Entwicklung
mittelständischer Betriebe, Köln 1964
S t e u e r g e s e t z e (Textsammlung), hrsg. von der C. H. Beck'schen
Verlagsbuchhandlung, München-Berlin . . . (lfd.)

Zu § 4:

A e r e b o e , F., Agrarpolitik, Berlin 1928
A n d r e a e , W., „Die Zukunft der Ertragsbesteuerung unter wirtschafts-
politischem Gesichtspunkt", in: Festgabe für Georg von Schanz,
Bd. II, Tübingen 1928
B e r i c h t   d e s   S t e u e r -   u n d   F i n a n z a u s s c h u s s e s , hrsg.
von der Kommission der Europäischen Wirtschaftsgemeinschaft, 1962
B i c k e l , W., „Ertragsteuern", in: Handbuch der Finanzwissenschaft,
2. Aufl., 2. Bd., Teil VIII, Tübingen 1956
B i c k e l , W., „Ertragsteuern", in: Handwörterbuch der Sozialwissen-
schaften, 3. Bd. (30. Lfg.), Tübingen 1960
B ö h m e , O. J., Zur Entwicklung der Handwerks- und PGH-Besteuerung
in Mitteldeutschland, in: Finanzarchiv, N.F., Bd. 24, Tübingen 1965
B o e t t c h e r , C. und S c h m ö l d e r s , G., „Betriebsteuer", in:
Handwörterbuch der Sozialwissenschaften, 2. Bd., Tübingen 1959
B r ä u e r , K., „Ertragssteuern", in: Handbuch der Finanzwissenschaft,
1. Aufl., 2. Bd., Teil V—VII, Tübingen 1927
B ü h l e r , O., Steuerrecht, Bd. II: Einzelsteuerrecht, 3. Aufl., Wies-
baden 1958
E h e b e r g , K. Th. v., Finanzwissenschaft, 16. und 17. Aufl., Leipzig-
Erlangen 1921
F i n a n z e n   u n d   S t e u e r n   i m   I n -   u n d   A u s l a n d , hrsg.
vom Statistischen Reichsamt, Berlin 1930
Z u r   g e g e n w ä r t i g e n   P r o b l e m a t i k   d e r   G e m e i n d e -
f i n a n z e n , Gutachten des Wissenschaftlichen Beirats beim Bun-
desministerium der Finanzen, Köln 1959

G i r n t h , K., Ertragbesteuerung von Konzernen, Köln 1963
G r o ß e   S t e u e r r e f o r m   (Diskussionsbeiträge des Arbeitsaus-
schusses für die große Steuerreform), hrsg. von H. Troeger, Stutt-
gart 1954
G u t a c h t e n   ü b e r   d i e   F i n a n z r e f o r m   i n   d e r   B u n d e s -
r e p u b l i k   D e u t s c h l a n d , hrsg. von der Kommission für die
Finanzreform, Stuttgart-Köln-Berlin-Mainz 1966
H a n d b u c h   d e s   S t e u e r r e c h t s   (Auskunftswerk für veranlagte
Steuerpflichtige), hrsg. vom H. Luchterhand Verlag, Berlin-Neuwied
a. Rh. . . . (lfd.)
I n v e n t a r   d e r   S t e u e r n , hrsg. von der Kommission der Euro-
päischen Wirtschaftsgemeinschaft, 1965
L a m p e , A., „Ertragssteuern", in: Wörterbuch der Volkswirtschaft,
4. Aufl., 1. Bd., Jena 1931
L e n s k i , E. und S t e i n b e r g , W., Gewerbesteuergesetz (Kommen-
tar), Köln . . . (lfd.)
L i t t m a n n , E., Gewerbesteuer (Buchreihe „Finanzen und Steuern",
Bd 16), 3. Aufl., Stuttgart 1957
M e n n e l , A., Die Steuersysteme in EWG-Staaten, EFTA-Staaten und
den USA, Herne/Berlin 1965
O r g a n i s c h e   S t e u e r r e f o r m   (Bericht des Wissenschaftlichen
Beirats beim Bundesministerium der Finanzen), hrsg. vom Bundes-
ministerium der Finanzen, Bonn 1953
R e f o r m   d e r   G e w e r b e s t e u e r   (Schriftenreihe des Instituts
„Finanzen und Steuern", Heft 36, Bd. 1 und 2), hrsg. vom Institut
„Finanzen und Steuern", Bonn 1955
S c h a n z , G. v., „Ertragssteuern", in: Handwörterbuch der Staats-
wissenschaft, 4. Aufl., 3. Bd., Jena 1926
S c h a n z , G. v., „Zur Frage des Steuerprinzips bei den Gemeinde-
steuern", in: Finanzarchiv, Bd. 32, Stuttgart-Berlin 1915
S c h m ö l d e r s   G., „Die geschichtliche Entwicklung der Betriebs-
besteuerung" und „Bemessungsgrundlagen der Betriebsbesteuerung",
in: Steuer und Wirtschaft, XXVI. Jg., 1949
S c h m ö l d e r s , G., Organische Steuerreform, Berlin-Frankfurt 1953
S c h m ö l d e r s , G., „Steuerumbau als Aufgabe für heute", in: Finanzarchiv, N.F., Bd 9, Tübingen 1943
S c h o l z , F., Grundsteuergesetz (Kommentar), 2. Aufl., Köln 1954
S t e u e r g e s e t z e   (Textsammlung), hrsg. von der Beck'schen Verlagsbuchhandlung, München-Berlin . . . (lfd.)
T e r h a l l e , F., „Steuerumbau als Aufgabe für heute und morgen",
in: Finanzarchiv, N.F., Bd. 9. Tübingen 1943

Zu § 5:

B r ä u e r , K., „Kriegsgewinnsteuer", in: Handwörterbuch der Staats-
wissenschaften, 4. Aufl., 5. Bd., Jena 1923
E h e b e r g , K. Th. v., Finanzwissenschaft, 16. und 17. Aufl., Leipzig-
Erlangen 1921
E ß e r , I., Gesetz über den Lastenausgleich (Schriftenreihe des Instituts
„Finanzen und Steuern", Heft 23), Bonn 1953
Z u r   g e g e n w ä r t i g e n   P r o b l e m a t i k   d e r   G e m e i n d e -
f i n a n z e n , Gutachten des Wissenschaftlichen Beirats beim Bun-
desministerium der Finanzen, Köln 1959
D a s   g e s a m t e   L a s t e n a u s g l e i c h s r e c h t , hrsg. vom II.
Luchterhand Verlag, Berlin-Neuwied/Rh. . . . (lfd.)
G r o v e s , H. M., Financing Government, 5 Aufl., New York 1958

H a r m e n i n g , R., Lastenausgleich (Kommentar), hrsg. von der C. H.
Beck'schen Verlagsbuchhandlung, München-Berlin . . . (lfd.)
J e c h t , H., „Übergewinnsteuer", in: Handwörterbuch der Sozialwis-
senschaften, 10. Bd., Tübingen 1959
L a u f e n b u r g e r , H., Finances comparées, 2. Aufl., Paris 1950
L i t t m a n n , K., „Einzelbesprechung: Kolms, H.: Finanzwissenschaft.
Band III und IV.", in: Finanzarchiv, N.F., Bd. 24, Tübingen 1965
N e l l - B r e u n i n g , O. v., „Wertzuwachssteuer", in: Handbuch der
Finanzwissenschaft, 2. Aufl., 2. Bd., Teil VIII, Tübingen 1956
O r g a n i s c h e S t e u e r r e f o r m (Bericht des Wissenschaftlichen
Beirats beim Bundesministerium der Finanzen), hrsg. vom Bundes-
ministerium der Finanzen, Bonn 1953
P i s t o r i u s , T., „Wertzuwachssteuer", in: Handbuch der Finanzwis-
senschaft, 1. Aufl., 2. Bd., Teil V—VII, Tübingen 1927
P i s t o r i u s , T., „Direkte Zuwachs- und Kriegsgewinnsteuer", in:
Handbuch der Finanzwissenschaft, 1. Aufl., 2. Bd., Teil V—VII, Tübin-
gen 1927
S h o u p , C. S., „Kriegsgewinn- und Wertzuwachssteuern", in: Handbuch der Finanzwissenschaft, 2. Aufl., 2. Bd., Teil VIII, Tübingen
1956
T e s c h e m a c h e r , H., Reichsfinanzreform und innere Reichspolitik
1906—1913, Berlin 1915

Zu § 6:

B e r i c h t d e s S t e u e r - u n d F i n a n z a u s s c h u s s e s , hrsg.
von der Kommission der Europäischen Wirtschaftsgemeinschaft, 1962
B r ä u e r , K., „Verkehrsteuern (Vermögensverkehrsteuern)", in: Hand-
wörterbuch der Staatswissenschaften, 4. Aufl., 8. Bd., Jena 1928
B r ö n n e r , H., Kapitalverkehrsteuergesetz (Kommentar), Köln 1956
B ü h l e r , O., Steuerrecht, Bd. II: Einzelsteuerrecht, 3. Aufl., Wies-
baden 1958
C o u l b o i s , P., „Staatshaushalt und Finanzsystem Frankreichs", in:
Handbuch der Finanzwissenschaft, 2. Aufl., 3. Bd., Teil XI, Tübin-
gen 1953
E c k h a r d t , W. und S c h e t t l e r , K., Umsatzsteuer, 6. Aufl., Stutt-
gart 1959
E g l y , H., Gesellschaftsteuer (Kommentar) (NWB Schriftenreihe, Nr.
354), Berlin 1959
F i n a n z e n u n d S t e u e r n i m I n - u n d A u s l a n d , hrsg.
vom Statistischen Reichsamt, Berlin 1930
F r a p s a u c e , M., Die Mehrwertsteuer in Frankreich. Grundzüge des
französischen Umsatzsteuersystems, Bonn 1963
F r i e b e , S., „Zur Produktions-, Dienstleistungs-, und Handelsabgabe
(PDHA) in der sowjetischen Besatzungszone Deutschlands", in: Finanzarchiv, N.F., Bd. 19, Tübingen 1958/59
Z u r g e g e n w ä r t i g e n P r o b l e m a t i k d e r G e m e i n d e -
f i n a n z e n , Gutachten des Wissenschaftlichen Beirats beim Bundesministerium der Finanzen, Köln 1959
G r o ß e S t e u e r r e f o r m (Diskussionsbeiträge des Arbeitsausschusses für die große Steuerreform) hrsg. von H. Troeger, Stuttgart 1954
G r o v e s , H. M., Financing Government, 5. Aufl., New York 1958
H a a s e , A., Wechselsteuergesetz (Kommentar), Köln-Berlin 1955
H a l l e r , H., „Umsatzsteuer", in: Handwörterbuch der Sozialwissenschaften, 10. Bd., Tübingen 1959

H a n d b u c h   d e s   S t e u e r r e c h t s   (Auskunftswerk für veranlagte Steuerpflichtige), hrsg. vom H. Luchterhand Verlag, Berlin-
Neuwied/Rh., ... (lfd.)

H a r v a r d   L a w   S c h o o l , „Taxation in the Federal Republic of
Germany", in: World Tax Series, Chicago 1963

H a r v a r d   L a w   S c h o o l , „Taxation in the United States", in:
World Tax Series, Chicago 1963

H o h r m a n n , H. und S o n n t a g , G., Grunderwerbsteuer, Stuttgart
1953

I n v e n t a r   d e r   S t e u e r n , hrsg. von der Kommission der Europäischen Wirtschaftsgemeinschaft, 1965

K i n n e b r o c k , F., Kapitalverkehrsteuergesetz (Beck'sche Steuer-
kommentare, Bd. 7), 2. Aufl., München-Berlin 1956

K l e i n , F., „Verkehrsteuern", in: Handbuch der Finanzwissenschaft,
2. Aufl., 2. Bd., Teil VIII, Tübingen 1956

K o l m s , H., „Versicherungsteuer", in: Handwörterbuch der Sozialwissenschaften, 11. Bd. (32. Lfg.), Tübingen 1960

L a m p e , A., „Kapitalverkehrsteuer", in: Wörterbuch der Volkswirtschaft, 4. Aufl., 2. Bd., Jena 1932

„ L a   r é f o r m e   d e s   t a x e s   s u r   l e   c h i f f r e   d ' a f f a i r e s " ,
in: Notes et Etudes Documentaires. La Documentation Francaise,
Paris 1966

L a u f e n b u r g e r , H., Finances comparées, 2. Aufl., Paris 1950

L e f e b v r e , R. und L e f e b v r e , J., Zusammenfassende Darstellung
des französischen Steuersystems, Paris Juni 1962, hrsg. vom Bureau
d'Etudes Fiscales Francis Lefebvre, Paris

M e n n e l , A., Die Steuersysteme in EWG-Staaten, EFTA-Staaten und
den USA, Herne/Berlin 1965

M i r r e , L., „Die Verkehrssteuern", in: Handbuch der Finanzwissenschaft, 1. Aufl., 2. Bd., Teil V—VII, Tübingen 1927

„ M ö g l i c h k e i t e n   d e r   H a r m o n i s i e r u n g   d e r   U m s a t z -
s t e u e r n " , Institut „Finanzen und Steuern", Brief 48, Bonn 1962

M ü l l e r , W., M a r b a c h , F., Umsatzsteuerreform. Zur Problematik
der Umwandlung der deutschen Bruttoumsatzsteuer in eine Netto-
steuer und deren Auswirkung auf die Preise, Wiesbaden 1963

N e u m a r k , F., „Zum Problem der Klassifikation der Steuerformen",
in: Wirtschafts- und Finanzprobleme des Interventionsstaates, Tübingen 1961; ferner in: Beiträge zur Geld- und Finanztheorie, hrsg.
von H. Sauermann und F. Neumark, Tübingen 1951

O r g a n i s c h e   S t e u e r r e f o r m   (Bericht des Wissenschaftlichen
Beirats beim Bundesministerium der Finanzen), hrsg. vom Bundesministerium der Finanzen, Bonn 1953

P l ü c k e b a u m , K., und M a l i t z k y , H., Umsatzsteuergesetz
(Kommentar) 9. Aufl. Köln-Berlin-Bonn-München 1965

P o h m e r , D., „Bemerkungen zur Umsatzsteuerreformdebatte", in: Die
Aussprache, 9. Jg., Nr. 8, 9 und 10, Bonn 1959

P o h m e r , D., „Zur Frage der Wiedereinführung der umsatzsteuerlichen
Organschaft und zum Problem der Unternehmereinheit juristischer
Personen", in: Finanzarchiv, N.F., Bd. 16, Tübingen 1956

P o p i t z , J., Kommentar zum Umsatzsteuergesetz in der Fassung vom
26 7. 1918, Berlin 1918

P o p i t z , J., Kommentar zum Umsatzsteuergesetz in der Fassung vom
8. 5. 1926, 3. Aufl., unter Mitwirkung von R. Kloß und R. Grabower
(erschienen in der Sammlung der deutschen Finanz- und Steuer-
gesetze, Bd. 11), Hauptwerk Berlin 1928, 1. Erg.Bd. 1930, 2. Erg.Bd.
1931

13*

P o p i t z , J., „Umsatzsteuer", in: Handwörterbuch der Staatswissenschaften, 4. Aufl., 8. Bd., Jena 1928
P o p i t z , J., „Allgemeine Verbrauchsteuer", in: Handbuch der Finanz-
wissenschaft, 1. Aufl., 2. Bd., Teil V—VII, Tübingen 1926
R i t s c h l , H., „Die Organschaft im Umsatzsteuerrecht", in: Finanz-
archiv, N.F., Bd. 16, Tübingen 1956
R u p p e r t , D., Die Beurteilung des deutschen, schweizerischen und
französischen Umsatzsteuersystems nach den Grundsätzen der allgemeinen Steuerlehre, Frankfurt/Main 1963
S c h m ö l d e r s , G., „Die Beförderungsteuer im Steuersystem", in:
Finanzarchiv, N.F., Bd. 15, Tübingen 1955
S c h m ö l d e r s , G., Organische Steuerreform, Berlin-Frankfurt 1953.
S c h m ö l d e r s , G., „Die Umsatzsteuern", in: Handbuch der Finanz-
wissenschaft, 2. Aufl., 2. Bd., Teil VIII, Tübingen 1956
S c h m ö l d e r s , G., „Die Umsatzsteuer in den wichtigsten ausländi-
schen Steuersystemen", in: Wirtschaftsdienst, 31. Jg., Heft 7, Ham-
burg 1951
S c h u l t z e , W., Grunderwerbsteuer (Kommentar) (NWB Schriften-
reihe, Nr. 356), Herne-Berlin 1959
S t e u e r g e s e t z e (Textsammlung), hrsg. von der C. H. Beck'schen
Verlagsbuchhandlung, München-Berlin . . . (lfd.)
V i e w p o i n t s o n P u b l i c F i n a n c e , hrsg. von H. M. Groves,
New York 1947
W a l l i s , H. v., Verkehrsteuern, Wiesbaden 1959
„ Z u r F r a g e d e r S o l l - V e r s t e u e r u n g b e i m Ü b e r -
g a n g a u f e i n e n i c h t k u m u l a t i v e A l l p h a s e n -
U m s a t z s t e u e r — m i t V o r s t e u e r a b z u g " , Institut „Fi-
nanzen und Steuern", Brief 61, Bonn 1964

Zu §§ 7 und 8:

A l l e n , E. D. and B r o w n l e e , O. H., Economics of Public Finance,
2. Aufl., New York 1956
B e r i c h t d e s S t e u e r - u n d F i n a n z a u s s c h u s s e s , hrsg.
von der Kommission der Europäischen Wirtschaftsgemeinschaft, 1962
B r ä u e r , K., „Aufwandsteuern", in: Handwörterbuch der Staatswis-
schaften, 4. Aufl., 2. Bd., Jena 1924
B r ä u e r , K., „Zölle, Zollwesen", in: Handwörterbuch der Staatswis-
senschaften, 4. Aufl., 8. Bd., Jena 1928
F i n a n z e n u n d S t e u e r n i m I n - u n d A u s l a n d , hrsg. vom
Statistischen Reichsamt, Berlin 1930
F u n c k , R., „Mineralölsteuer", in: Handwörterbuch der Sozialwissenschaften, 7. Bd., Tübingen 1961
G e r l o f f , W., „Vorschläge zur Reform der deutschen Kraftfahrzeug-
besteuerung", in: Finanzarchiv, N.F., Bd. 15, Tübingen 1955
G e s a m t b e r i c h t ü b e r d i e T ä t i g k e i t d e r G e m e i n -
s c h a f t , hrsg. von der Kommission der Europäischen Wirtschafts-
gemeinschaft, 1958 ff.
G r o ß e S t e u e r r e f o r m (Diskussionsbeiträge des Arbeitsaus-
schusses für die große Steuerreform), hrsg. von H. Troeger, Stutt-
gart 1954
G r o v e s , H. M., Financing Government, 5. Aufl., New York 1958
H a b e r l e r , G., Der internationale Handel, Berlin 1933
H ä u s e r , K., Luxusbesteuerung, in: Handwörterbuch der Sozialwissen-
schaften, 7. Bd., Tübingen 1961
I m h o f f , L. P., GATT, Allgemeines Zoll- und Handelsabkommen
(Kommentar), München-Berlin 1952

I n v e n t a r d e r S t e u e r n , hrsg. von der Kommission der Europäischen Wirtschaftsgemeinschaft, 1965

K r u s e , A., Außenwirtschaft, Berlin 1958

L a m p e , A., „Verbrauchsbesteuerung", in: Wörterbuch der Volkswirtschaft, 4. Aufl., 3. Bd., Jena 1933

L a u f e n b u r g e r , H., Finances comparées, 2. Aufl., Paris 1950

L e t s c h , H., Hauptprobleme der Verbrauchsbesteuerung, Bern 1960

L i t t m a n n , K., „Kraftfahrzeugsteuer", in: Handwörterbuch der Sozialwissenschaften, 6. Bd., Tübingen 1959

M a n n , F. K., Steuerpolitische Ideale (Finanzwissenschaftliche Forschungen, Heft 5), Jena 1937

M e n n e l , A., Die Steuersysteme in EWG-Staaten, EFTA-Staaten und den USA, Herne/Berlin 1965

M ü t h l i n g , H., „Vergnügungsteuer", in: Handwörterbuch der Sozialwissenschaften, 11. Bd. (29. Lfg.), Tübingen 1960

O r g a n i s c h e S t e u e r r e f o r m (Bericht des Wissenschaftlichen Beirats beim Bundesministerium der Finanzen), hrsg. vom Bundesministerium der Finanzen, Bonn 1953

P e n d e l e , F., Das Steuerrecht der Abgabenordnung für das Gebiet der Zölle und Verbrauchsteuern, 4. Aufl., Detmold-München-Berlin 1950

P o p i t z , J., „Aufwandbesteuerung im allgemeinen (direkte und indirekte)", in: Handbuch der Finanzwissenschaft, 1. Aufl., 2.Bd., Teil V—VII, Tübingen 1927

P o p i t z , J., „Allgemeine Verbrauchsteuer", in: Handbuch der Finanzwissenschaft, 1. Aufl., 2. Bd., Teil V—VII, Tübingen 1927

R i s t e r , K., Zollgesetze, Gesetzessammlung, Bd. I, Regensburg-München . . . (lfd.)

R i t s c h l , H., „Zölle, Mahl- und Schlachtsteuern", in: Handbuch der Finanzwissenschaft, 1. Aufl., 2. Bd., Teil V—VII, Tübingen 1927

S c h m i t t , A., „Zur Neuordnung der deutschen Kraftverkehrsbesteuerung", in: Finanzarchiv, N.F., Bd. 15, Tübingen 1955 ·

S c h m i t z , H. G., „Die Spielbankabgabe in der Bundesrepublik Deutschland", in: Finanzarchiv, N.F., Bd. 24, Tübingen 1965

S c h m ö l d e r s , G., „Biersteuer", in: Handwörterbuch der Sozialwisserschaften, 2. Bd., Tübingen 1959

S c h m ö l d e r s , G., „Verbrauchsteuern", in: Handwörterbuch der Sozialwissenschaften, 10. Bd., Tübingen 1959

S c h m ö l d e r s , G., „Das Verbrauch- und Aufwandsteuersystem", in: Handbuch der Finanzwissenschaft, 2. Aufl., 2. Bd., Teil VIII, Tübingen 1956

S c h r ö t e r , W., Das Tabaksteuergesetz (Kommentar), Berlin-Frankfurt 1956

S i e g e r t , E., „Zölle", in: Handbuch der Finanzwissenschaft, 2. Aufl., 2. Bd., Teil VIII, Tübingen 1956

T r a u t v e t t e r , E., „Sonstige Verbrauchsteuern", in: Handbuch der Finanzwissenschaft, 1. Aufl., 2. Bd., Teil V—VII, Tübingen 1927

D i e V e r g n ü g u n g s t e u e r (Schriftenreihe des Instituts „Finanzen und Steuern", Heft 53), hrsg. vom Institut „Finanzen und Steuern", Bonn 1957

Zeitschriften

The American Economic Review, Menasha, Wisc.

Finanzarchiv, N.F., Tübingen

Public Finance / Finances Publiques, Den Haag

Steuer und Wirtschaft, München-Berlin-Göttingen-Heidelberg
Weltwirtschaftliches Archiv, Hamburg
Zeitschrift für die gesamten Staatswissenschaften, Tübingen

Handbücher, Sammelwerke und Schriftenreihen

Beiträge zur Finanzwissenschaft, Festgabe für Georg von Schanz (2 Bde.),
    Tübingen 1928
Hauptprobleme der Finanzwissenschaft, in: Die Wirtschaftstheorie der
    Gegenwart, Bd. IV, hrsg. von H. Mayer, Wien 1928
Handbuch der Finanzwissenschaft, 1. Aufl., hrsg von W. Gerloff und
    F. Meisel (3 Bde.), Tübingen 1926-1929
Handbuch der Finanzwissenschaft, 2. Aufl., hrsg. von W. Gerloff und
    F. Neumark (4 Bde.) Tübingen 1952-1965
Handwörterbuch der Sozialwissenschaften, Stuttgart-Tübingen-Göttingen
    1956 ff.
Handwörterbuch der Staatswissenschaften, 4. Aufl., hrsg. von L. Elster,
    A. Weber und F. Wieser, Jena 1923-1929
Readings in Fiscal Policy, hrsg. v. der American Economic Association,
    Homewood, Ill. — London 1955
Schriftenreihe des Instituts „Finanzen und Steuern" hrsg. v. Institut
    „Finanzen und Steuern", Bonn
Schriftenreihe des Vereins für Socialpolitik, Berlin
Viewpoints on Public Finance, hrsg. v. H. M. Groves, New York 1947
Wörterbuch der Volkswirtschaft, 4. Aufl., hrsg. v. L. Elster, Jena 1931-1933
        (Zusammengestellt von Dipl.-Volkswirt G. Kalning)

Sachregister

Namensregister

Volkswirtschaft

KURT LUBASCH

Die volkswirtschaftlichen Wirkungen
von Geldwertsicherungsklauseln

Gr. 8°. 97 S. 1964. Kart. DM 18,—

Betriebswirtschaft

WOLFGANG LICHY

Besteuerung und Innenfinanzierung

Finanzierungseffekte der betrieblichen Steuerpolitik.
Gr. 8°. Etwa 176 S. 1966. Lw. etwa DM 36,—

HEINRICH H. JONAS

Investitionsrechnung

Gr.8°. Mit zahlreichen Tabellen und Abbildungen.
153 S. 1964. Lw. DM 28,—

VICTOR Z. BRINK — JAMES A. CASHIN

Interne Revision

Gr.8°. 514 S. 1962. Lw. DM 48,—

HERMAN C. HEISER

Budgetierung

Grundsätze und Praxis der betriebswirtschaftlichen Planung
Gr.8°. 425 S. 1964. Lw. DM 68,—

KURT JUNCKERSDORFF

Internationaler Grundriß
der wissenschaftlichen Unternehmensführung

Gr.8°. 283 S. 1964. Lw. DM 34,—

WALTER DE GRUYTER & CO · BERLIN 30

Betriebswirtschaft

GÜNTER MERLE

Der freiwillige soziale Aufwand in der Industrie
und seine betriebswirtschaftliche Behandlung
Gr.8°. Mit 26 Tabellen. 162 S. 1963. Lw. DM 28,—

Datenverarbeitung

FRITZ RUDOLF GÜNTSCH

Einführung
in die Programmierung digitaler Rechenautomaten
Gr.8°. 2., erweiterte und neubearbeitete Auflage. Mit
3 Tafeln und vielen Textabbildungen. 388 S. 1963.
Lw. DM 54,—

ANDREAS DIEMER

Die automatisierte elektronische Datenverarbeitung
und ihre Bedeutung für die Unternehmensleitung

2., erweiterte Auflage. Gr.8°. Mit zahlreichen Abbildungen.
Etwa 300 S. 1966. Im Druck.

Mathematische Methoden in der Wirtschaft

KEMENY — SCHLEIFER — SNELL — THOMPSON

Mathematik für die Wirtschaftspraxis
Gr.8°. XVI, 492 S. 1966. Lw. DM 38,—

HANS-JÜRGEN ZIMMERMANN

Mathematische Entscheidungsforschung
und ihre Anwendung auf die Produktionspolitik
Gr.8°. 147 S. Mit 5 Tabellen und 14 Abbildungen. 1963.
Lw. DM 28,—

WALTER DE GRUYTER & CO · BERLIN 30

Mathematische Methoden in der Wirtschaft

EWALD BURGER

Einführung in die Theorie der Spiele
Mit Anwendungsbeispielen, insbesondere
aus Wirtschaftslehre und Soziologie.
2., durchgesehene Auflage. Gr.8°. 169 S. 1966.
Lw. DM 28,—

S. VAJDA

Theorie der Spiele und Linearprogrammierung
8°. 129 S. Mit zahlreichen Abbildungen. 1962.
Lw. DM 16,—

PETER VOKUHL

**Die Anwendung der linearen Programmierung
in Industriebetrieben**
Gr.8°. 176 S. Mit 9 Figuren und 18 Tabellen. 1965.
Lw. DM 28,—

Hand- und Wörterbücher

WERNER SOMMER — HANS-MARTIN SCHÖNFELD

Management Dictionary
Fachwörterbuch für Betriebswirtschaft, Wirtschafts- und
Steuerrecht und Lochkartenwesen.
2 Bände im Oktavformat. Flexibler Plastikeinband

English—Deutsch
3., durchgesehene und erweiterte Auflage. 303 S. 1966.
DM 18,—
Deutsch—English
2., durchgesehene und erweiterte Auflage. 235 S. 1963.
DM 14,—

HARRY BACK — HORST CIRULLIES —
GÜNTER MARQUARD

Polec
Dictionary of politics and economics / Dictionnaire de
politique et d'économie / Wörterbuch für Politik und
Wirtschaft.
8°. XVI, 961 S. Mit 40 grafischen Übersichten. 1964.
Pl. DM 38,—

WALTER DE GRUYTER & CO · BERLIN 30

SAMMLUNG GÖSCHEN

GESAMTVERZEICHNIS

Jeder Band DM 3,60 · Doppelband DM 5,80
Dreifachband DM 7,80

Herbst 1966

WALTER DE GRUYTER & CO · BERLIN 30

Inhaltsübersicht

Geisteswissenschaften
Philosophie
Einführung in die Philosophie von *H. Leisegang †*. 6. Auflage. 146 Seiten. 1966. (281)

Hauptprobleme der Philosophie von *G. Simmel †*. 8., unveränderte Auflage. 177 Seiten. 1964. (500)

Geschichte der Philosophie
- I: **Die griechische Philosophie** von *W. Capelle*. 1. Teil. Von Thales bis Leukippos. 3., erweiterte Auflage. Etwa 135 Seiten. 1966. (857)
- II: **Die griechische Philosophie** von *W. Capelle*. 2. Teil. Von der Sophistik bis zum Tode Platons. 3., stark erweiterte Auflage. Etwa 144 Seiten. 1966. In Vorbereitung (858)
- III: **Die griechische Philosophie** von *W. Capelle*. 3. Teil. Vom Tode Platons bis zur Alten Stoa. 2., stark erweiterte Auflage. 132 Seiten. 1954. (859)
- IV: **Die griechische Philosophie** von *W. Capelle*. 4. Teil. Von der Alten Stoa bis zum Eklektizismus im 1. Jh. v. Chr. 2., stark erweiterte Auflage. 132 Seiten. 1954. (863)
- V: **Die Philosophie des Mittelalters** von *J. Koch*. In Vorbereitung. (826)
- VI: **Von der Renaissance bis Kant** von *K. Schilling*. 234 Seiten. 1954. (394/394 a)
- VII: **Immanuel Kant** von *G. Lehmann*. In Vorbereitung. (536)
- VIII: **Die Philosophie des 19. Jahrhunderts** von *G. Lehmann*. 1. Teil. 151 Seiten. 1953. (571)
- IX: **Die Philosophie des 19. Jahrhunderts** von *G. Lehmann*. 2. Teil. 168 Seiten. 1953. (709)
- X: **Die Philosophie im ersten Drittel des 20. Jahrhunderts** 1. Teil von *G. Lehmann*. 128 Seiten. 1957. (845)
- XI: **Die Philosophie im ersten Drittel des 20. Jahrhunderts** 2. Teil von *G. Lehmann*. 114 Seiten. 1960. (850)

Die geistige Situation der Zeit (1931) von *K. Jaspers*. 6. Abdruck der im Sommer 1932 bearbeiteten 5. Auflage. 211 Seiten. 1965. (1000)

Erkenntnistheorie von *G. Kropp*.
1. Teil: Allgemeine Grundlegung. 143 Seiten. 1950. (807)

Formale Logik von *P. Lorenzen*. 3., durchgesehene und erweiterte Auflage. 184 Seiten. 1966. (1176/1176a)

Philosophisches Wörterbuch von *M. Apel †*. 5., völlig neu bearbeitete Auflage von *P. Ludz*. 315 Seiten. 1958. (1031/1031 a)

Philosophische Anthropologie. Menschliche Selbstdeutung in Geschichte und Gegenwart von *M. Landmann*. 2., durchgesehene Auflage. 223 Seiten. 1964. (156/156 a)

Pädagogik, Psychologie, Soziologie
Geschichte der Pädagogik von *Herm. Weimer* 17. Auflage von *Heinz Weimer*. 184 Seiten. 1967. (145/145a)

Therapeutische Psychologie. Ihr Weg durch die Psychoanalyse von *W. M. Kranefeldt*. Mit einer Einführung von *C. G. Jung*. 3. Auflage. 152 Seiten. 1956. (1034)

GEISTESWISSENSCHAFTEN

Allgemeine Psychologie von *Th. Erismann* †. 4 Bände.
I: Grundprobleme. 3. Auflage. 146 Seiten. 1965. (831)
II: Grundarten des psychischen Geschehens. 2., neubearbeitete Auflage. 248 Seiten. 1959. (832/832a)
III: Experimentelle Psychologie und ihre Grundlagen. 1. Teil. 2., neubearbeitete Auflage. 112 Seiten, 7 Abbildungen. 1962. (833)
IV: Experimentelle Psychologie und ihre Grundlagen. 2. Teil. 2., neubearbeitete Auflage. 199 Seiten, 20 Abbildungen. 1962. (834/834a)
Soziologie. Geschichte und Hauptprobleme von *L. von Wiese*. 7. Auflage. 176 Seiten. 1964. (101)
Ideengeschichte der sozialen Bewegung des 19. und 20. Jh. von *W. Hofmann*. 243 Seiten. 1962. (1205/1205a)
Sozialpsychologie von *P. R. Hofstätter*. 2. Auflage. 191 Seiten, 18 Abbildungen. 1964. (104/104a)
Psychologie des Berufs- und Wirtschaftslebens von *W. Moede* †. 190 Seiten, 48 Abbildungen. 1958. (851/851a)
Industrie- und Betriebssoziologie von *R. Dahrendorf*. 3. Auflage. 142 Seiten. 3 Figuren. 1965. (103)
Wirtschaftssoziologie von *F. Fürstenberg*. 122 Seiten. 1961. (1193)
Einführung in die Sozialethik von *H.-D. Wendland*. 144 S. 1963. (1203)

Religion

Jesus von *M. Dibelius* †. 4. Auflage, mit einem Nachtrag von *W. G. Kümmel*. 140 Seiten. 1966. (1130)
Paulus von *M. Dibelius* †. Nach dem Tode des Verfassers herausgegeben und zu Ende geführt von *W. G. Kümmel*. 3., durchgesehene Auflage. 156 Seiten. 1964. (1160)
Luther von *F. Lau*. 2., verbesserte Auflage. 153 Seiten. 1966 (1187)

Melanchthon von *R. Stupperich*. 139 Seiten. 1960. (1190)
Zwingli von *F. Schmidt-Clausing*. 119 Seiten. 1965. (1219)
Sören Kierkegaard. Leben u. Werk von *H. Gerdes*. 134 Seiten. 1966. (1221)
Einführung in die Konfessionskunde der orthodoxen Kirchen von *K. Onasch*. 291 Seiten. 1962. (1197/1197a)
Geschichte des christlichen Gottesdienstes von *W. Nagel*. 215 Seiten. 1962. (1202/1202a)
Geschichte Israels. Von den Anfängen bis zur Zerstörung des Tempels (70 n. Chr.) von *E. L. Ehrlich*. 2. Aufl. 1966. In Vorbereitung. (231/231a)
Römische Religionsgeschichte von *F. Altheim*. 2 Bände. 2., umgearbeitete Auflage.
I: Grundlagen und Grundbegriffe. 116 Seiten. 1956. (1035)
II: Der geschichtliche Ablauf. 164 Seiten. 1956. (1052)
Die Religion des Buddhismus von *D. Schlingloff*. 2 Bände.
I: Der Heilsweg des Mönchstums. 122 Seiten, 11 Abbildungen, 1 Karte. 1962. (174)
II: Der Heilsweg für die Welt. 129 Seiten, 9 Abbildungen, 1 Karte. 1963. (770)

Musik

Musikästhetik von *H. J. Moser.* 180 Seiten. Mit zahlreichen Notenbeispielen. 1953. (344)
Systematische Modulation von *R. Hernried.* 2. Auflage. 136 Seiten. Mit zahlreichen Notenbeispielen. 1950. (1094)
Der polyphone Satz von *E. Pepping.* 2 Bände.
  I: Der cantus-firmus-Satz. 2. Auflage. 233 Seiten. Mit zahlreichen Notenbeispielen. 1950. (1148)
  II: Übungen im doppelten Kontrapunkt und im Kanon. 137 Seiten. Mit zahlreichen Notenbeispielen. 1957. (1164/1164a)
Allgemeine Musiklehre von *H. J. Moser.* 2., durchgesehene Auflage. 155 Seiten. Mit zahlreichen Notenbeispielen. 1955. (220/220a)
Harmonielehre von *H. J. Moser.* 2 Bände.
  I: 109 Seiten. Mit 120 Notenbeispielen. 1954. (809)
  II: In Vorbereitung. (810)
Die Musik des 19. Jahrhunderts von *W. Oehlmann.* 180 Seiten. 1953. (170)
Die Musik des 20. Jahrhunderts von *W. Oehlmann.* 312 Seiten. 1961. (171/171a)
Technik der deutschen Gesangskunst von *H. J. Moser.* 3., durchgesehene und verbesserte Auflage. 144 Seiten, 5 Figuren sowie Tabellen und Notenbeispiele. 1954. (576/576a)
Die Kunst des Dirigierens von *H. W. von Waltershausen †.* 2., vermehrte Auflage. 138 Seiten. Mit 19 Notenbeispielen. 1954. (1147)
Die Technik des Klavierspiels aus dem Geiste des musikalischen Kunstwerkes von *K. Schubert †.* 3. Auflage. 110 Seiten. Mit Notenbeispielen. 1954. (1045)

Kunst

Stilkunde von *H. Weigert.* 2 Bände. 3., durchgesehene und ergänzte Auflage.
  I: Vorzeit, Antike, Mittelalter. 136 Seiten, 94 Abbildungen. 1958. (80)
  II: Spätmittelalter und Neuzeit. 150 Seiten, 88 Abbildungen. 1958. (781)
Archäologie von *A. Rumpf.* 3 Bände.
  I: Einleitung, historischer Überblick. 143 Seiten, 6 Abbildungen, 12 Tafeln. 1953. (538)
  II: Die Archäologensprache. Die antiken Reproduktionen. 136 Seiten. 7 Abbildungen, 12 Tafeln. 1956. (539)
  III: In Vorbereitung. (540)

Geschichte

Einführung in die Geschichtswissenschaft von *P. Kirn.* 4., durchgesehene Auflage. 127 Seiten. 1963. (270)
Einführung in die Zeitgeschichte von *B. Scheurig.* 101 Seiten. 1962. (1204)

GEISTESWISSENSCHAFTEN

Zeitrechnung der römischen Kaiserzeit, des Mittelalters und der Neuzeit für die Jahre 1—2000 n. Chr. von *H. Lietzmann †. 3.* Auflage, durchgesehen von *K. Aland.* 130 Seiten. 1956. (1085)

Kultur der Urzeit von *F. Behn.* 3 Bände. 4. Auflage der Kultur der Urzeit Bd. 1—3 von *M. Hoernes.*

  I: Die vormetallischen Kulturen. (Die Steinzeiten Europas. Gleichartige Kulturen in anderen Erdteilen.) 172 Seiten, 48 Abbildungen. 1950. (564)

 II: Die älteren Metallkulturen. (Der Beginn der Metallbenutzung, Kupfer- und Bronzezeit in Europa, im Orient und in Amerika.) 160 Seiten, 67 Abbildungen. 1950. (565)

III: Die jüngeren Metallkulturen. (Das Eisen als Kulturmetall, Hallstatt-Latène-Kultur in Europa. Das erste Auftreten des Eisens in den anderen Weltteilen.) 149 Seiten, 60 Abbildungen. 1950. (566)

Vorgeschichte Europas von *F. Behn.* Völlig neue Bearbeitung der 7. Auflage der „Urgeschichte der Menschheit" von *M. Hoernes.* 125 Seiten, 47 Abbildungen. 1949. (42)

Der Eintritt der Germanen in die Geschichte von *J. Haller †. 3.* Auflage, durchgesehen von *H. Dannenbauer.* 120 Seiten, 6 Kartenskizzen. 1957. (1117)

Von den Karolingern zu den Staufern. Die altdeutsche Kaiserzeit (900—1250) von *J. Haller †.* 4., durchgesehene Auflage von *H. Dannenbauer.* 142 Seiten, 4 Karten. 1958. (1065)

Von den Staufern zu den Habsburgern. Auflösung des Reichs und Emporkommen der Landesstaaten (1250 —1519) von *J. Haller †.* 2., durchgesehene Auflage von *H. Dannenbauer.* 118 Seiten, 6 Kartenskizzen. 1960. (1077)

Deutsche Geschichte im Zeitalter der Reformation, der Gegenreformation und des dreißigjährigen Krieges von *F. Hartung.* 2., durchgesehene Auflage. 128 Seiten. 1963. (1105)

Deutsche Geschichte von 1648—1740. Politischer und geistiger Wiederaufbau von *W. Treue.* 120 Seiten. 1956. (35)

Deutsche Geschichte von 1713—1806. Von der Schaffung des europäischen Gleichgewichts bis zu Napoleons Herrschaft von *W. Treue.* 168 Seiten. 1957. (39)

Deutsche Geschichte von 1806—1890. Vom Ende des alten bis zur Höhe des neuen Reiches von *W. Treue.* 128 Seiten. 1961. (893)

Deutsche Geschichte von 1890 bis zur Gegenwart von *W. Treue.* In Vorbereitung. (894)

Quellenkunde der Deutschen Geschichte im Mittelalter (bis zur Mitte des 15. Jahrhunderts) von *K. Jacob †.* 3 Bände.

  I: Einleitung. Allgemeiner Teil. Die Zeit der Karolinger. 6. Auflage, bearbeitet von *H. Hohenleutner.* 127 Seiten. 1959. (279)

 II: Die Kaiserzeit (911—1250). 5. Auflage, neubearbeitet von *H. Hohenleutner.* 141 Seiten. 1961. (280)

III: Das Spätmittelalter (vom Interregnum bis 1500). Herausgegeben von *F. Weden.* 152 Seiten. 1952. (284)

Geschichte Englands von *H. Preller.* 2 Bände.
I: bis 1815. 4., stark umgearbeitete Auflage. Etwa 135 Seiten,
7 Stammtafeln, 2 Karten. 1966. Im Druck. (375)
II: Von 1815 bis 1910. 2., völlig umgearbeitete Auflage. 118 Seiten,
1 Stammtafel, 7 Karten. 1954. (1088)
Römische Geschichte von *F. Altheim.* 4 Bände. 2., verbesserte Auflage.
I: Bis zur Schlacht bei Pydna (168 v. Chr.). 124 Seiten.
1956. (19)
II: Bis zur Schlacht bei Actium (31 v. Chr.). 129 Seiten,
1956. (677)
III: Bis zur Schlacht an der Milvischen Brücke (312 n. Chr.).
148 Seiten. 1958. (679)
IV: Bis zur Schlacht am Yarmuk (636 n. Chr.). In Vorberei-
tung. (684)
Geschichte der Vereinigten Staaten von Amerika von *O. Graf zu Stolberg-
Wernigerode.* 192 Seiten, 10 Karten. 1956. (1051/1051 a)

Deutsche Sprache und Literatur

Geschichte der Deutschen Sprache von *H. Sperber.* 5., neubearbeitete
Auflage von *P. von Polenz.* 136 Seiten. 1966. (915)
Deutsches Rechtschreibungswörterbuch von *M. Gottschald †.* 2., ver-
besserte Auflage. 269 Seiten. 1953. (200/200 a)
Deutsche Wortkunde. Kulturgeschichte des deutschen Wortschatzes
von *A. Schirmer.* 5. Auflage von *W. Mitzka.* 125 Seiten. 1965. (929)
Deutsche Sprachlehre von *W. Hofstaetter.* 10. Auflage. Völlige Um-
arbeitung der 8. Auflage. 150 Seiten. 1960. (20)
Stimmkunde für Beruf, Kunst und Heilzwecke von *H. Biehle.* 111 Sei-
ten. 1955. (60)
Redetechnik. Einführung in die Rhetorik von *H. Biehle.* 2., erweiterte
Auflage. 151 Seiten. 1961. (61)
Grundlagen der Sprecherziehung von *J. Jesch* 1966. In Vorbereitung
(1122/1122a)
**Deutsches Dichten und Denken von der germanischen bis zur staufischen
Zeit** von *H. Naumann †.* (Deutsche Literaturgeschichte vom
5.—13. Jahrhundert.) 3., verbesserte Auflage. 1966. (1)
Deutsches Dichten und Denken vom Mittelalter zur Neuzeit von *G. Müller*
(1270 bis 1700). 3., durchgesehene Auflage. 159 Seiten. In Vor-
bereitung. (1086)
Deutsches Dichten und Denken von der Aufklärung bis zum Realismus
(Deutsche Literaturgeschichte von 1700—1890) von *K. Viëtor †.*
3., durchgesehene Auflage. 159 Seiten. 1958. (1096)
Deutsche Heldensage von *H. Schneider.* 2. Auflage, bearbeitet von
R. Wisniewski. 148 Seiten. 1964. (32)
Der Nibelunge Nôt i., Auswahl. Mit kurzem Wörterbuch herausgegeben
von *K. Langosch.* 11., durchgesehene Auflage. 166 Seiten. 1966. (1)
Kudrun und Dietrich-Epen in Auswahl mit Wörterbuch von *O. L. Jiric-
zek.* 6. Auflage, bearbeitet von *R. Wisniewski.* 173 Seiten. 1957. (10)
Wolfram von Eschenbach. Parzifal. Eine Auswahl mit Anmerkungen
und Wörterbuch von *H. Jantzen.* 3. Auflage, bearbeitet von *H. Kolb.*
128 Seiten. 1966. (921)

Hartmann von Aue. Der arme Heinrich nebst einer Auswahl aus der „Klage" dem „Gregorius" und den Liedern (mit einem Wörterverzeichnis) herausgegeben von *F. Maurer.* 96 Seiten. 1958. (18)
Gottfried von Straßburg. Tristan und Isolde in Auswahl herausgegeben von *F. Maurer.* 2. Auflage. 142 Seiten. 1965. (22)
Die deutschen Personennamen von *M. Gottschald †.* 2., verbesserte Auflage. 151 Seiten. 1955. (422)
Althochdeutsches Elementarbuch. Grammatik und Texte von *H. Naumann †* und *W. Betz.* 4., verbesserte und vermehrte Auflage. 183 Seiten. 1966. (1111/1111 a)
Mittelhochdeutsche Grammatik von *H. de Boor* und *R. Wisniewski.* 4., verbesserte und ergänzte Auflage. 150 Seiten. 1965. (1108)

Indogermanisch, Germanisch

Indogermanische Sprachwissenschaft von *H. Krahe.* 2 Bände.
  I : Einleitung und Lautlehre. 5. Auflage. 110 Seiten.1966. (59)
  II : Formenlehre. 4., neubearbeitete Auflage. 100 Seiten.1963. (64)
Sanskrit-Grammatik mit sprachvergleichenden Erläuterungen von *M. Mayrhofer.* 2., völlig neu bearbeitete Auflage. 110 Seiten. 1965. (1158/1158 a)
Altirische Grammatik von *J. Pokorny.* 2. Auflage. In Vorbereitung. (896
Gotisches Elementarbuch. Grammatik. Texte mit Übersetzung und Erläuterungen von *H. Hempel.* 4., neubearbeitete Auflage. 169 Seiten. 1966. (79/79 a)
Altnordisches Elementarbuch. Einführung, Grammatik, Texte (zum Teil mit Übersetzung) und Wörterbuch von *F. Ranke.* 3., völlig umgearb. Auflage vo nD. *Hofmann.* Etwa 180 Seiten. 1967. Im Druck. (1115/1115 a)
Germanische Sprachwissenschaft von *H. Krahe.* 3 Bände.
  I : Einleitung und Lautlehre. 6. Auflage. 147 Seiten. 1966. (238)
  II : Formenlehre. 5., verbesserte Auflage. 149 Seiten. 1965. (780)
  III : Wortbildungslehre von *W. Meid.* Etwa 240 Seiten. 1966. (1218/1218a/1218b)

Englisch, Romanisch

Altenglisches Elementarbuch. Einführung, Grammatik, Texte mit Übersetzung und Wörterbuch von *M. Lehnert.* 6., verbesserte Auflage. 178 Seiten. 1965. (1125)
Mittelenglisches Elementarbuch von *H. Weinstock.* 1967. In Vorbereitung (1226/1226 a)
Historische neuenglische Laut- und Formenlehre von *E. Ekwall.* 4., verbesserte Auflage. 150 Seiten. 1965. (735)
Englische Phonetik von *H. Mutschmann †.* 2. Auflage, bearbeitet von *G. Scherer.* 127 Seiten. 1963. (601)
Englische Literaturgeschichte von *F. Schubel.* 4 Bände.
  I : Die alt-und mittelenglische Periode.163 Seiten.1954.(1114)
  II : Von der Renaissance bis zur Aufklärung. 160 Seiten. 1956. (1116)
  III : Romantik und Viktorianismus. 160 Seiten. 1960. (1124)

Beowulf von *M. Lehnert.* Eine Auswahl mit Einführung, teilweiser Übersetzung, Anmerkungen und etymologischem Wörterbuch. 4., verbesserte Auflage. 135 Seiten. 1966. (1135)

Shakespeare von *P. Meißner †.* 2. Auflage, neubearbeitet von *M. Lehnert.* 136 Seiten. 1954. (1142)

Romanische Sprachwissenschaft von *H. Lausberg.* 4 Bände.
    I: E i n l e i t u n g u n d V o k a l i s m u s. 2., durchgesehene Auflage. 211 Seiten. 1963. (128/128 a)
   II: K o n s o n a n t i s m u s. 2. Auflage. 1966. Im Druck. (250)
 III: F o r m e n l e h r e. 1. Teil. 99 Seiten. 1962. (1199)
 III: F o r m e n l e h r e. 2. Teil. S. 99—260. 1962. (1200/1200a)
 IV: W o r t l e h r e. In Vorbereitung. (1208)

Griechisch, Lateinisch

Griechische Sprachwissenschaft von *W. Brandenstein.* 3 Bände.
    I: E i n l e i t u n g, L a u t s y s t e m, E t y m o l o g i e. 160 Seiten. 1954. (117)
   II: W o r t b i l d u n g u n d F o r m e n l e h r e. 192 Seiten. 1959. (118/118a)
 III: S y n t a x I. Einleitung. Die Flexibilien. 145 Seiten. 1966. (924/924a)

Geschichte der griechischen Sprache. 2 Bände
    I: B i s z u m A u s g a n g d e r k l a s s i s c h e n Z e i t von *O. Hoffmann †.* 3. Auflage, bearbeitet von *A. Debrunner †.* 156 Seiten. 1953. (111)
   II: G r u n d f r a g e n u n d G r u n d z ü g e d e s n a c h k l a s s i s c h e n G r i e c h i s c h von *A. Debrunner †.* 144 Seiten. 1954. (114)

Geschichte der griechischen Literatur von *W. Nestle.* 2 Bände. 3. Auflage, bearbeitet von *W. Liebich.*
    I: 144 Seiten. 1961. (70)
   II: 149 Seiten. 1963. (557)

Grammatik der neugriechischen Volkssprache von *J. Kalitsunakis.* 3., wesentlich erweiterte und verbesserte Auflage. 196 Seiten. 1963. (756/756 a)

Neugriechisch-deutsches Gesprächsbuch von *J. Kalitsunakis.* 2. Auflage, bearbeitet von *A. Steinmetz.* 99 Seiten. 1960. (587)

Geschichte der lateinischen Sprache von *F. Stolz* und *A. Debrunner †.* 4., stark umgearbeitete Auflage von *W. P. Schmid.* 145 Seiten. 1966. (492/492 a)

Geschichte der römischen Literatur von *L. Bieler.* 2., verbesserte Auflage. 2 Bände.
    I: D i e L i t e r a t u r d e r R e p u b l i k. 160 Seiten. 1965. (52)
   II: D i e L i t e r a t u r d e r K a i s e r z e i t. 133 Seiten. 1965. (866)

Orientalistik, Slavistik

Die Keilschrift von *B. Meissner.* 3. Auflage, neubearbeitet von *K. Oberhuber.* Etwa 150 Seiten. 1966. (708/708a/708b)

Die Hieroglyphen von *A. Erman.* 3. Auflage, neu bearbeitet von *O. Krückmann.* 1966. In Vorbereitung. (608 608a /608b)

Hebräische Grammatik von *R. Meyer*. 3 Bände.
    I: Einleitung, Schrift- und Lautlehre. 3., neubearbeitete Auflage. 120 Seiten. 1966. (763/763a/763b)
    II: Formenlehre und Flexionstabellen. 3. Auflage. In Vorbereitung. (764/764a/764b)
    III: Satzlehre. In Vorbereitung (765/765a/765b)
Hebräisches Textbuch zu *G. Beer-R. Meyer*, Hebräische Grammatik von *R. Meyer*. 170 Seiten. 1960. (769/769a)
Slavische Sprachwissenschaft von *H. Bräuer*. 2 Bände.
    I: Einleitung, Lautlehre. 221 Seiten. 1961. (1191/1191a)
Vergleichende Geschichte der slavischen Literaturen von *D. Tschižewskij*. 2 Bände. 1966. In Vorbereitung.
    I: Einführung. Anfänge des slavischen Schrifttums bis zum Klassizismus. (1222/1222a)
    II: Romantik bis zur Moderne. (1223/1223a)
Russische Grammatik von *E. Berneker †*. 6., verbesserte Auflage von *M. Vasmer †*. 155 Seiten. 1961. (66)
Polnische Grammatik von *N. Damerau*. Etwa 140 Seiten. 1967. (942/942a)

Erd- und Länderkunde, Kartographie

Afrika von *F. Jaeger*. Ein geographischer Überblick. 2 Bände. 3. Auflage.
    I: Der Lebensraum. 179 Seiten, 18 Abbildungen. In Vorbereitung. (910)
    II: Mensch und Kultur. 155 Seiten, 6 Abbildungen. In Vorbereitung. (911)
Australien und Ozeanien von *H. J. Krug*. 176 Seiten, 46 Skizzen. 1953. (319)
Kartographie von *V. Heissler*. 2. Auflage. 213 Seiten, 125 Abb., 8 Anlagen. 1966. (30/30a)

Volkswirtschaft, Statistik, Publizistik

Allgemeine Betriebswirtschaftslehre von *K.Mellerowicz*. 4 Bände. 11. und 12., durchgesehene Auflage.
    I: 224 Seiten. 1964. (1008/1008a)
    II: 188 Seiten. 1966. (1153/1153a)
    III: 260 Seiten. 1963. (1154/1154a)
    IV: 209 Seiten. 1963. (1186/1186a)
Allgemeine Volkswirtschaftslehre von *A. Paulsen*. 4 Bände.
    I: Grundlegung, Wirtschaftskreislauf. 7. Auflage. 159 Seiten, 11 Abbildungen. 1966. (1169)
    II: Haushalte, Unternehmungen, Marktformen. 7. Auflage. 172 Seiten, 31 Abbildungen. 1966. (1170)
    III: Produktionsfaktoren. 5. Auflage. 198 Seiten, 24 Abbildungen. 1966. (1171)
    IV: Gesamtbeschäftigung, Konjunkturen, Wachstum. 4., neubearbeitete und ergänzte Auflage. 188 Seiten. 1966. (1172)
Übungsaufgaben mit Lösungen zur Allgemeinen Volkswirtschaftslehre I/II von *A. Paulsen* von *W. Wedig*. Etwa 160 Seiten. 1966. (1227/1227a)

GEISTESWISSENSCHAFTEN

Geschichte der Volkswirtschaftslehre von *S. Wendt*. 182 S. 1961. (1194)
Allgemeine Volkswirtschaftspolitik von *H. Ohm*. 2 Bände.
  I: Systematisch-Theoretische Grundlegung. 2., verbesserte und ergänzte Auflage. 137 Seiten, 6 Abbildungen. 1965. (1195)
  II: Der volkswirtschaftliche Gesamtorganismus als Objekt der Wirtschaftspolitik. In Vorbereitung. (1196)
Finanzwissenschaft von *H. Kolms*. 4 Bände.
  I: Grundlegung, Öffentliche Ausgaben. 3., verbesserte Auflage. 165 Seiten. 1966. (148)
  II: Erwerbseinkünfte, Gebühren und Beiträge, Allgemeine Steuerlehre. 3., verbesserte Auflage. 154 Seiten. 1966. (391)
  III: Besondere Steuerlehre. 2., verbesserte und ergänzte Auflage. 178 Seiten. 1966. (776/776a)
  IV: Öffentlicher Kredit. Öffentlicher Haushalt. Finanzausgleich. 191 Seiten. 1964. (782/782a)
Finanzmathematik von *M. Nicolas*. 192 Seiten, 11 Tafeln, 8 Tabellen und 72 Beispiele. 1959. (1183/1183a)
Programmierung von Datenverarbeitungsanlagen von *H. J. Schneider, D. Jurksch*. Etwa 128 Seiten, 8 Tabellen, 11 Abbildungen. 1967. (1225/1225a)
Lineare Programmierung von *H. Langen*. Etwa 200 Seiten. (1206/1206a)
Buchhaltung und Bilanz von *E. Kosiol*. 170 Seiten. 1964. (1213/1213a)
Industrie- und Betriebssoziologie von *R. Dahrendorf*. 3. Auflage. 142 Seiten, 3 Figuren. 1965. (103)
Wirtschaftssoziologie von *F. Fürstenberg*. 122 Seiten. 1961. (1193)
Psychologie des Berufs- und Wirtschaftslebens von *W. Moede†*. 190 Seiten, 48 Abbildungen. 1958. (851/851a)
Einführung in die Arbeitswissenschaft von *H. H. Hilf*. 169 Seiten, 57 Abbildungen. 1964. (1212/1212a)
Allgemeine Methodenlehre der Statistik von *J. Pfanzagl*. 2 Bände.
  I: Elementare Methoden unter besonderer Berücksichtigung der Anwendungen in den Wirtschafts- und Sozialwissenschaften. 3., neubearbeitete Auflage. 266 Seiten, 50 Abbildungen. 1966. (746/746a)
  II: Höhere Methoden unter besonderer Berücksichtigung der Anwendungen in Naturwissenschaften, Medizin und Technik. 2., verbesserte Auflage. 315 Seiten, 41 Abbildungen. 1966. (747/747a)
Zeitungslehre von *E. Dovifat*. 2 Bände. 5., neubearbeitete Auflage.
  I: Theoretische und rechtliche Grundlagen — Nachricht und Meinung — Sprache und Form. 149 Seiten. 1966. Im Druck. (1039)
  II: Redaktion — Die Sparten: Verlag und Vertrieb, Wirtschaft und Technik — Sicherung der öffentlichen Aufgabe. 168 Seiten. 1966. Im Druck. (1040)

11

Naturwissenschaften

Mathematik

Geschichte der Mathematik von *J. E. Hofmann*. 4 Bände.
I: Von den Anfängen bis zum Auftreten von Fermat und Descartes. 2., verbesserte und vermehrte Auflage. 251 Seiten. 1963. (226/226 a)
II: Von Fermat und Descartes bis zur Erfindung des Calculus und bis zum Ausbau der neuen Methoden. 109 Seiten. 1957. (875)
III: Von den Auseinandersetzungen um den Calculus bis zur französischen Revolution. 107 Seiten. 1957. (882)
IV: Geschichte der Mathematik der neuesten Zeit von *N. Stuloff*. In Vorbereitung. (883)

Mathematische Formelsammlung von *F. O. Ringleb*. 8., verbesserte Auflage. Etwa 320 Seiten, 40 Figuren. 1967. (51/51 a)

Vierstellige Tafeln und Gegentafeln für logarithmisches und trigonometrisches Rechnen in zwei Farben zusammengestellt von *H. Schubert* und *R. Haussner*. 3., neubearbeitete Auflage von *J. Erlebach*. 158 Seiten. 1960. (81)

Fünfstellige Logarithmen mit mehreren graphischen Rechentafeln und häufig vorkommenden Zahlenwerten von *A. Adler*. 4. Auflage, überarbeitet von *J. Erlebach*. 127 Seiten, 1 Tafel. 1962. (423)

Arithmetik von *P. B. Fischer†*. 3. Auflage von *H. Rohrbach*. 152 Seiten, 19 Abbildungen. 1958. (47)

Höhere Algebra von *H. Hasse*. 2 Bände. 5., neubearbeitete Auflage.
I: Lineare Gleichungen. 150 Seiten. 1963. (931)
II: Gleichungen höheren Grades. 158 Seiten, 5 Figuren. 1966. (932)

Aufgabensammlung zur höheren Algebra von *H. Hasse* und *W. Klobe*. 3., verbesserte Auflage. 183 Seiten. 1961. (1082)

Elementare und klassische Algebra vom modernen Standpunkt von *W. Krull*. 2 Bände.
I: 3., erweiterte Auflage. 148 Seiten. 1963. (930)
II: 132 Seiten. 1959. (933)

Lineare Programmierung von *H. Langen*. Etwa 200 Seiten. (1206/1206 a)

Algebraische Kurven und Flächen von *W. Burau*. 2 Bände.
I: Algebraische Kurven der Ebene. 153 Seiten, 28 Abbildungen. 1962. (435)
II: Algebraische Flächen 3. Grades und Raumkurven 3. und 4. Grades. 162 Seiten, 17 Abbildungen. 1962. (436/436 a)

Einführung in die Zahlentheorie von *A. Scholz†*. Überarbeitet und herausgegeben von *B. Schoeneberg*. 4. Auflage. 128 Seiten. 1966. (1131)

Formale Logik von *P. Lorenzen*. 3., durchgesehene und erweiterte Auflage. 184 Seiten. 1966. (1176/1176 a)

Topologie von *W. Franz.* 2 Bände.
   I: Allgemeine Topologie. 2., verbesserte Auflage. 144 Seiten, 9 Figuren. 1965. (1181)
   II: Algebraische Topologie. 153 Seiten. 1965. (1182/1182a)
Elemente der Funktionentheorie von *K. Knopp†.* 7. Auflage. 144 Seiten, 23 Figuren. 1966. (1109)
Funktionentheorie von *K. Knopp†.* 2 Bände. 11. Auflage.
   I: Grundlagen der allgemeinen Theorie der analytischen Funktionen. 144 Seiten, 8 Figuren. 1965. (668)
   II: Anwendungen und Weiterführung der allgemeinen Theorie. 130 Seiten, 7 Figuren. 1965. (703)
Aufgabensammlung zur Funktionentheorie von *K. Knopp†.* 2 Bände.
   I: Aufgaben zur elementaren Funktionentheorie. 7. Auflage. 135 Seiten. 1965. (877)
   II: Aufgaben zur höheren Funktionentheorie. 6. Auflage. 151 Seiten. 1964. (878)
Differential- und Integralrechnung von *M. Barner.* (Früher *Witting*). 4 Bände.
   I: Grenzwertbegriff, Differentialrechnung. 2., durchgesehene Auflage. 176 Seiten, 39 Figuren. 1963. (86)
Gewöhnliche Differentialgleichungen von *G. Hoheisel.* 7., neubearbeitete und erweiterte Auflage. 142 Seiten. 1965. (920/920a)
Partielle Differentialgleichungen von *G. Hoheisel.* 4., durchgesehene Auflage. 128 Seiten. 1960. (1003)
Aufgabensammlung zu den gewöhnlichen und partiellen Differentialgleichungen von *G. Hoheisel.* 4., neubearbeitete Auflage. 153 Seiten. 1964. (1059/1059a)
Integralgleichungen von *G. Hoheisel.* 2., neubearbeitete und erweiterte Auflage. 112 Seiten. 1963. (1099)
Mengenlehre von *E. Kamke.* 5. Auflage. 194 Seiten, 6 Figuren. 1965. (999/999a)
Gruppentheorie von *L. Baumgartner.* 4., erweiterte Auflage. 190 Seiten, 3 Tafeln. 1964. (837/837a)
Ebene und sphärische Trigonometrie von *G. Hessenberg†.* 5. Auflage, durchgesehen von *H. Kneser.* 172 Seiten, 60 Figuren. 1957. (99)
Darstellende Geometrie von *W. Haack.* 3 Bände.
   I: Die wichtigsten Darstellungsmethoden. Grund- und Aufriß ebenflächiger Körper. 5. Auflage. 113 Seiten, 120 Abbildungen. 1965. (142)
   II: Körper mit krummen Begrenzungsflächen. Kotierte Projektionen. 4., durchgesehene Auflage. 129 Seiten, 86 Abbildungen. 1965. (143)
  III: Axonometrie und Perspektive. 3. Auflage. 129 Seiten, 100 Abbildungen. 1965. (144)
Analytische Geometrie von *K. P. Grotemeyer.* 3., neubearbeitete Auflage. 218 Seiten, 73 Abbildungen. 1964. (65/65a)
Nichteuklidische Geometrie. Hyperbolische Geometrie der Ebene von *R. Baldus†.* 4. Auflage, bearbeitet und ergänzt von *F. Löbell.* 158 Seiten, 75 Figuren. 1964. (970/970a)

NATURWISSENSCHAFTEN

Differentialgeometrie von *K. Strubecker.* 3 Bände.
  I: **Kurventheorie der Ebene und des Raumes.** 2., erweiterte
     Auflage. 253 Seiten, 45 Figuren. 1964. (1113/1113a)
 II: **Theorie der Flächenmetrik.** 195 Seiten, 14 Figuren. 1958.
     (1179/1179a)
III: **Theorie der Flächenkrümmung.** 254 Seiten, 38 Figuren.
     1959. (1180/1180a)
Variationsrechnung von *L. Koschmieder.* 2 Bände. 2., neubearbeitete
     Auflage.
  I: **Das freie und gebundene Extrem einfacher Grund-
     integrale.** 128 Seiten, 23 Figuren. 1962. (1074)
 II: **Anwendung klassischer Verfahren auf allgemeine
     Fragen des Extrems.** — Neuere unmittelbare Ver-
     fahren. In Vorbereitung. (1075)
Einführung in die konforme Abbildung von *L. Bieberbach.* 6. Auflage.
     Etwa 180 Seiten, 42 Figuren. 1966. In Vorbereitung. (768/768a)
Vektoren und Matrizen von *S. Valentiner.* 4. Auflage. (11., erweiterte
     Auflage der „Vektoranalysis"). Mit Anhang: Aufgaben zur Vektor-
     rechnung von *H. König.* 206 Seiten, 35 Figuren. 1967. (354/354a)
Wahrscheinlichkeitstheorie und Grundzüge der Maßtheorie von *H. Bauer.*
     2 Bände.
  I: 154 Seiten. 1964. (1216/1216a)
 II: In Vorbereitung. (1217)
Versicherungsmathematik von *F. Böhm.* 2 Bände.
  I: **Elemente der Versicherungsrechnung.** 3., vermehrte
     und verbesserte Auflage. Durchgesehener Neudruck. 151 Seiten.
     1953. (180)
 II: **Lebensversicherungsmathematik.** Einführung in die
     technischen Grundlagen der Sozialversicherung. 2., verbesserte
     und vermehrte Auflage. 205 Seiten. 1953. (917/917a)
Finanzmathematik von *M. Nicolas.* 192 Seiten, 11 Tafeln, 8 Tabellen
     und 72 Beispiele. 1959. (1183/1183a)
Kinematik von *H. R. Müller.* 171 Seiten, 75 Figuren. 1963. (584/584a)

Physik

Einführung in die theoretische Physik von *W. Döring.* 5 Bände.
  I: **Mechanik.** 3., verbesserte Aufl. 125 Seiten, 23 Abb. 1965. (76)
 II: **Das elektromagnetische Feld.** 2., verbesserte Auflage.
     132 Seiten, 15 Abbildungen. 1962. (77)
III: **Optik.** 2., verbesserte Auflage. 117 Seiten, 32 Abbildungen.
     1963. (78)
 IV: **Thermodynamik.** 2., verbesserte Auflage. 107 Seiten, 9 Ab-
     bildungen. 1964. (374)
  V: **Statistische Mechanik.** 2., umgearbeitete Auflage. 117 Sei-
     ten, 10 Abbildungen. 1966. (1017)
Mechanik deformierbarer Körper von *M. Päsler.* 199 Seiten, 48 Ab-
     bildungen. 1960. (1189/1189a)

14

15

Qualitative Analyse von *H. Hofmann* u. *G. Jander.* 2., durchgesehene und verbesserte Auflage. 308 Seiten, 5 Abbildungen. 1963. (247/247 a)

Stöchiometrische Aufgabensammlung von *W. Bahrdt †* und *R. Scheer.* Mit den Ergebnissen. 8., durchgesehene Auflage. 119 Seiten. 1964. (452)

Elektrochemie von *K. Vetter.* 2 Bände.
I: In Vorbereitung. (252)
II: In Vorbereitung. (253)

Geochemie von *K. H. Wedepohl.* 220 Seiten, 26 Abbildungen, 37 Tabellen. 1966. (1224/1224 a/1224 b)

Kristallchemie von *J. Zemann.* 144 Seiten, 90 Abbildungen. 1966. (1220/1220 a)

Technologie

Die Chemie der Kunststoffe von *K. Hamann,* unter Mitarbeit von *W. Funke* und *H. D. Hermann.* 2. Aufl. 143 Seiten. 1966. In Vorbereitung. (1173/1173a)

Warenkunde von *K. Hassak* und *E. Beutel †.* 2 Bände.
I: Anorganische Waren sowie Kohle und Erdöl. 8. Auflage. Neubearbeitet von *A. Kutzelnigg.* 119 Seiten, 18 Figuren. 1958. (222)
II: Organische Waren. 8. Auflage. Vollständig neu bearbeitet von *A. Kutzelnigg.* 157 Seiten, 32 Figuren. 1959. (223)

Die Fette und Öle von *Th. Klug.* 6., verbesserte Auflage. 143 Seiten. 1961. (335)

Die Seifenfabrikation von *K. Braun †.* 3., neubearbeitete und verbesserte Auflage von *Th. Klug.* 116 Seiten, 18 Abbildungen. 1953. (336)

Thermische Verfahrenstechnik von *H. Bock.* 3 Bände.
I: Eigenschaften und Verhalten der realen Stoffe. 184 Seiten, 28 Abbildungen. 1963. (1209/1209a)
II: Funktion und Berechnung der elementaren Geräte. 195 Seiten, 54 Abbildungen. 1964. (1210/1210a)
III: Fließbilder, ihre Funktion und ihr Zusammenbau aus Geräten. 224 Seiten, 67 Abbildungen. 1965. (1211/1211a)

Textilindustrie von *A. Blümcke.*
I: Spinnerei und Zwirnerei. 111 Seiten, 43 Abbildungen. 1954. (184)

Biologie

Einführung in die allgemeine Biologie und ihre philosophischen Grund- und Grenzfragen von *M. Hartmann.* 2., unveränderte Auflage. 132 Seiten, 2 Abbildungen. 1965. (96)

Hormone von *G. Koller.* 2., neubearbeitete und erweiterte Auflage. 187 Seiten, 60 Abbildungen, 19 Tabellen. 1949. (1141)

Fortpflanzung im Tier- und Pflanzenreich von *J. Hämmerling.* 2., ergänzte Auflage. 135 Seiten, 101 Abbildungen. 1951. (1138)

Geschlecht und Geschlechtsbestimmung im Tier- und Pflanzenreich von *M. Hartmann.* 2., verbesserte Auflage. 116 Seiten, 61 Abbildungen, 7 Tabellen. 1951. (1127)

Symbiose der Tiere mit pflanzlichen Mikroorganismen von *P. Buchner.*
2. verbesserte und vermehrte Auflage. 130 Seiten, 121 Abbildungen.
1949. (1128)
Grundriß der allgemeinen Mikrobiologie von *W. u. A. Schwartz.* 2 Bände.
2., verbesserte und ergänzte Auflage.
I: 147 Seiten, 25 Abbildungen. 1960. (1155)
II: 142 Seiten, 29 Abbildungen. 1961. (1157)

Botanik

Entwicklungsgeschichte des Pflanzenreiches von *H. Heil.* 2. Auflage.
138 Seiten, 94 Abbildungen, 1 Tabelle. 1950. (1137)
Morphologie der Pflanzen von *L. Geitler.* 3., umgearbeitete Auflage.
126 Seiten, 114 Abbildungen. 1953. (141)
Pflanzengeographie von *L. Diels†.* 5., völlig neu bearbeitete Auflage
von *F. Mattick.* 195 Seiten, 2 Karten. 1958. (389/389 a)
Die Laubhölzer. Kurzgefaßte Beschreibung der in Mitteleuropa ge-
deihenden Laubbäume und Sträucher von *F. W. Neger†* und
E. Münch†. 3., durchgesehene Auflage, herausgegeben von *B. Huber.* 143 Seiten, 63 Figuren, 7 Tabellen. 1950. (718)
Die Nadelhölzer (Koniferen) und übrigen Gymnospermen von *F. W.
Neger†* und *E. Münch†.* 4. Auflage, durchgesehen und ergänzt
von *B. Huber.* 140 Seiten, 75 Figuren, 4 Tabellen, 3 Karten. 1952.
(355)
Pflanzenzüchtung von *H. Kuckuck.* 2 Bände.
I: Grundzüge der Pflanzenzüchtung. 3., völlig umgearbeitete
und erweiterte Auflage. 132 Seiten, 22 Abbildungen. 1952.
(1134)
II: Spezielle gartenbauliche Pflanzenzüchtung (Züchtung
von Gemüse, Obst und Blumen). 178 Seiten, 27 Abbildungen.
1957. (1178/1178a)

Zoologie

Entwicklungsphysiologie der Tiere von *F. Seidel.* 2 Bände.
I: Ei und Furchung. 2. Auflage. Etwa 160 Seiten, 61 Abbil-
dungen. 1966 (1162)
II: Körpergrundgestalt und Organbildung. 2. Auflage. In
Vorbereitung (1163)
Vergleichende Physiologie der Tiere von *K. Herter.* 2 Bände. 4. Auflage
der „Tierphysiologie".
I: Stoff- und Energiewechsel. Neu bearbeitet von *K. Urich.*
158 Seiten, 61 Abbildungen. 1966. (972/972a)
II: Bewegung und Reizerscheinungen. Neu bearbeitet von
G. Birukow. In Vorbereitung. (973)
Das Tierreich
I: Einzeller, Protozoen von *E. Reichenow.* 115 Seiten. 59 Ab-
bildungen. 1956. (444)
II: Schwämme und Hohltiere von *H. J. Hannemann.* 95 Sei-
ten, 80 Abbildungen. 1956. (442)

Allgemeine Mineralogie. 11., erweiterte Auflage der „Mineralogie" von *R. Brauns †*, neubearbeitet von *K. F. Chudoba*. 152 Seiten, 143 Textfiguren, 1 Tafel, 3 Tabellen. 1963. (29/29 a)

Spezielle Mineralogie. 11., erweiterte Auflage der „Mineralogie" von *R. Brauns †*, bearbeitet von *K. F. Chudoba*. 193 Seiten, 127 Textfiguren, 6 Tabellen. 1964. (31/31 a)

Petrographie (Gesteinskunde) von *W. Bruhns †*. Neubearbeitet von *P. Ramdohr*. 6., erweiterte Auflage. 141 Seiten, 21 Figuren. 1966. (173)

Geochemie von *K. H. Wedepohl*. 220 Seiten, 26 Abbildungen, 37 Tabellen. 1966. (1224/1224 a/1224 b)

Kristallchemie von *J. Zemann*. 144 Seiten, 90 Abbildungen. 1966. (1220/1220a)

Kristallographie von *W. Bruhns †*. 6. Auflage, neubearbeitet von *P. Ramdohr*. 115 Seiten, 164 Abbildungen. 1965. (210)

Einführung in die Kristalloptik von *E. Buchwald*. 5., verbesserte Auflage. 128 Seiten, 117 Figuren. 1963. (619/619a)

Lötrohrprobierkunde. Mineraldiagnose mit Lötrohr und Tüpfelreaktion von *M. Henglein*. 4., durchgesehene und erweiterte Auflage. 108 Seiten, 12 Figuren. 1962. (483)

19

Technik

Graphische Darstellung in Wissenschaft und Technik von *M. Pirani*. 3., erweiterte Auflage bearbeitet von *J. Fischer* unter Benutzung der von *I. Runge* besorgten 2. Auflage. 216 Seiten, 104 Abbildungen. 1957. (728/728a)

Technische Tabellen und Formeln von *W. Müller*. 5., verbesserte und erweiterte Auflage von *E. Schulze*. 165 Seiten, 114 Abbildungen, 99 Tafeln. 1962. (579)

Einführung in die Arbeitswissenschaft von *H. H. Hilf*. 164 Seiten, 57 Abbildungen. 1964. (1212/1212a)

Grundlagen der Straßenverkehrstechnik. Theorie der Leistungsfähigkeit von *E. Engel*. 101 Seiten, 55 Abbildungen. 1962. (1198)

Elektrotechnik

Grundlagen der allgemeinen Elektrotechnik von *O. Mohr*. 3. Auflage. 260 Seiten, 136 Bilder, 14 Tafeln. 1965. (196/196a)

Die Gleichstrommaschine von *K. Humburg*. 2 Bände. 2., durchgesehene Auflage.
I: 102 Seiten, 59 Abbildungen. 1956. (257)
II: 101 Seiten, 38 Abbildungen. 1956. (881)

Die Synchronmaschine von *W. Putz*. 92 Seiten, 64 Bilder. 1962. (1146)

Induktionsmaschinen von *F. Unger*. 2., erweiterte Auflage. 142 Seiten, 49 Abbildungen. 1954. (1140)

Die komplexe Berechnung von Wechselstromschaltungen von *H. H. Meinke*. 3., neubearb. Aufl. 185 S., 126 Abb. 1965. (1156/1156a)

Theoretische Grundlagen zur Berechnung der Schaltgeräte von *F. Kesselring*. 4. Auflage. In Vorbereitung. (711/711a)

Einführung in die Technik selbsttätiger Regelungen von *W. zur Megede*. 3., durchgesehene Aufl. 180 S., 86 Abb. 1966. In Vorb. (714/714a)

Elektromotorische Antriebe von *W. Meyer*. In Vorbereitung. (827/827a)

Überspannungen und Überspannungsschutz von *G. Frühauf*. Durchgesehener Neudruck. 122 Seiten, 98 Abbildungen. 1950. (1132)

Elektrische Höchstspannungs-Schaltanlagen. Für Freiluft und Innenanordnung von *G. Meiners* und *K.-H. Wiesenewsky*. 138 Seiten, 58 Abbildungen. 1964. (796/796a)

Transformatoren von *W. Schäfer*. 4., überarbeitete und ergänzte Auflage. 130 Seiten, 73 Abbildungen. 1962. (952)

Maschinenbau

Thermische Verfahrenstechnik von *H. Bock*. 3 Bände.
I: Eigenschaften und Verhalten der realen Stoffe. 184 Seiten, 28 Abbildungen. 1963. (1209/1209a)
II: Funktion und Berechnung der elementaren Geräte. 195 Seiten, 54 Abbildungen. 1964. (1210/1210a)
III: Fließbilder, ihre Funktion und ihr Zusammenbau aus Geräten. 224 Seiten, 67 Abbildungen. 1965. (1211/1211a)

Technische Thermodynamik von *U. Grigull*. 171 Seiten, 74 Abbildungen. 1966. (1084/1084a)

Metallkunde von *H. Borchers.* 3 Bände.
   I: Aufbau der Metalle und Legierungen. 6. Auflage. 120 Seiten, 90 Abbildungen, 2 Tabellen. 1964. (432)
   II: Eigenschaften, Grundzüge der Form- und Zustandsgebung. 5., ergänzte und durchgesehene Auflage. 182 Seiten, 107 Abbildungen, 10 Tabellen. 1963. (433/433a)
   III: Die metallkundlichen Untersuchungsmethoden von *E. Hanke.* In Vorbereitung (434)
Die Werkstoffe des Maschinenbaues von *A. Thum* † und *C. M. v. Meysenbug.* 2 Bände.
   I: Einführung in die Werkstoffprüfung. 2., neubearbeitete Auflage. 100 Seiten, 7 Tabellen, 56 Abbildungen. 1956. (476)
   II: Die Konstruktionswerkstoffe. 132 Seiten, 40 Abbildungen. 1959. (936)
Dynamik von *W. Müller.* 2 Bände. 2., verbesserte Auflage.
   I: Dynamik des Einzelkörpers. 128 Seiten, 48 Figuren. 1952. (902)
   II: Systeme von starren Körpern. 102 Seiten, 41 Figuren. 1952. (903)
Technische Schwingungslehre von *L. Zipperer.* 2 Bände. 2., neubearbeitete Auflage.
   I: Allgemeine Schwingungsgleichungen, einfache Schwinger. 120 Seiten, 101 Abbildungen. 1953. (953)
   II: Torsionsschwingungen in Maschinenanlagen. 102 Seiten, 59 Abbildungen. 1955. (961/961a)
Werkzeugmaschinen für Metallbearbeitung von *K. P. Matthes.* 2 Bände.
   I: 100 Seiten, 27 Abbildungen, 11 Zahlentafeln, 1 Tafelanhang. 1954. (561)
   II: Fertigungstechnische Grundlagen der neuzeitlichen Metallbearbeitung. 101 Seiten, 30 Abbildungen, 5 Tafeln. 1955. (562)
Das Maschinenzeichnen mit Einführung in das Konstruieren von *W. Tochtermann.* 2 Bände. 4. Auflage.
   I: Das Maschinenzeichnen. 156 Seiten, 75 Tafeln. 1950. (589)
   II: Ausgeführte Konstruktionsbeispiele. 130 Seiten, 58 Tafeln. 1950. (590)
Die Maschinenelemente von *E. A. vom Ende* †. 4., überarbeitete Auflage. 184 Seiten, 179 Figuren, 11 Tafeln. 1963. (3/3a)
Die Maschinen der Eisenhüttenwerke von *L. Engel.* 156 Seiten, 95 Abbildungen. 1957. (583/583a)
Walzwerke von *H. Sedlaczek* † unter Mitarbeit von *F. Fischer* und *M. Buch.* 232 Seiten, 157 Abbildungen. 1958. (580/580a)
Getriebelehre von *P. Grodzinski* †. 2 Bände. 3., neubearbeitete Auflage von *G. Lechner.*
   I: Geometrische Grundlagen. 164 S., 131 Fig. 1960. (1061)
   II: Angewandte Getriebelehre. In Vorbereitung. (1062)
Kinematik von *H. R. Müller.* 171 Seiten, 75 Figuren. 1963. (584/584a)
Gießereitechnik von *H. Jungbluth.* 2 Bände.
   I: Eisengießerei. 126 Seiten, 44 Abbildungen. 1951. (1159)

21

Die Dampfkessel einschließlich Feuerungen und Hilfseinrichtungen. Physikalische und chemische Grundlagen, Berechnung und Konstruktion, Vorschriften und Beispiele von *W. Marcard.* 3., neubearbeitete Auflage von *G. Beyer.* 2 Bände.

    I: Physikalische und chemische Grundlagen, Wärmelehre, Wärmeübertragung, Verbrennung. 133 Seiten, 35 Bilder, 26 Tabellen. 1964. (9/9a)

    II: Berechnung und Konstruktion. Dampfkessel, Hilfseinrichtungen. Feuerungen, Berechnung. 108 Seiten, 45 Bilder. 1966. (521/521a)

Die Dampfturbinen. Ihre Wirkungsweise, Berechnung und Konstruktion von *C. Zietemann.* 3 Bände.

    I: Theorie der Dampfturbinen. 4. Auflage. 139 Seiten, 48 Abbildungen. 1966. In Vorbereitung. (274)

    II: Die Berechnung der Dampfturbinen und die Konstruktion der Einzelteile. 4., verbesserte Auflage. 132 Seiten, 111 Abbildungen. 1966. In Vorbereitung. (715)

    III: Die Regelung der Dampfturbinen, die Bauarten, Turbinen für Sonderzwecke, Kondensationsanlagen. 3., verbesserte Auflage. 126 Seiten, 90 Abbildungen. 1956. (716)

Verbrennungsmotoren von *W. Endres.* 3 Bände.

    I: Überblick. Motor-Brennstoffe. Verbrennung im Motor allgemein, im Otto- und Diesel-Motor. 153 Seiten, 57 Abbildungen. 1958. (1076/1076a)

    II: Gaswechselvorgang. Aufladen. Leistung, mittl. Druck, Reibung. Wirkungsgrade und Kraftstoffverbrauch. 152 Seiten, 62 Abbildungen. 1966. (1184/1184a)

    III: Die Einzelteile des Verbrennungsmotors. In Vorbereitung. (1185/1185a)

Autogenes Schweißen und Schneiden von *H. Niese.* 5. Auflage, neubearbeitet von *A. Küchler.* 136 Seiten, 71 Figuren. 1953. (499)

Die elektrischen Schweißverfahren von *H. Niese.* 2. Auflage, neubearbeitet von *H. Dienst.* 136 Seiten, 58 Abbildungen. 1955. (1020)

Die Hebezeuge. Entwurf von Winden und Kranen von *G. Tafel.* 2., verbesserte Auflage. 176 Seiten, 230 Figuren. 1954. (414/414a)

Vermessungswesen

Vermessungskunde von *W. Großmann.* 3 Bände.

    I: Stückvermessung und Nivellieren. 12., verbesserte Auflage. 156 Seiten, 122 Figuren. 1965. (468)

    II: Horizontalaufnahmen und ebene Rechnungen. 9., verbesserte Auflage. 136 Seiten, 101 Figuren. 1963. (469)

    III: Trigonometrische und barometrische Höhenmessung. Tachymetrie und Absteckungen. 8., verbesserte Auflage. 140 Seiten, 102 Figuren. 1965. (862)

Kartographie von *V. Heissler.* 2. Auflage. 213 Seiten, 125 Abb., 8 Anlagen. 1966. (30/30a)

Photogrammetrie von *G. Lehmann.* 2., neubearbeitete Auflage. 205 Seiten, 136 Abbildungen. 1966. (1188/1188a)

Wasserbau

Wasserkraftanlagen von *A. Ludin* unter Mitarbeit von *W. Borkenstein.*
2 Bände.
  I: Planung, Grundlagen und Grundzüge. 124 Seiten, 60 Ab-
    bildungen. 1955. (665)
 II: Anordnung und Ausbildung der Hauptbauwerke.
    184 Seiten, 91 Abbildungen. 1958. (666/666a)
Verkehrswasserbau von *H. Dehnert.* 3 Bände.
  I: Entwurfsgrundlagen, Flußregelungen. 103 Seiten, 53 Ab-
    bildungen. 1950. (585)
 II: Flußkanalisierung und Schiffahrtskanäle. 94 Seiten,
    60 Abbildungen. 1950. (597)
III: Schleusen und Hebewerke. 98 Seiten, 70 Abbildungen.
    1950. (1152)
Wehr- und Stauanlagen von *H. Dehnert.* 134 Seiten, 90 Abbildungen.
  1952. (965)
Talsperren von *F. Tölke.* 122 Seiten, 70 Abbildungen. 1953. (1044)

Hoch- und Tiefbau

Die wichtigsten Baustoffe des Hoch- und Tiefbaus von *O. Graf †.* 4., ver-
  besserte Auflage. 131 Seiten, 63 Abbildungen. 1953. (984)
Baustoffverarbeitung und Baustellenprüfung des Betons von *A. Klein-
  logel.* 2., neubearbeitete und erweiterte Auflage. 126 Seiten, 35 Ab-
  bildungen. 1951. (978)
Festigkeitslehre. 2 Bände.
  I: Elastizität, Plastizität und Festigkeit der Baustoffe
    und Bauteile von *W. Gehler †* und *W. Herberg.* Durchge-
    sehener und erweiterter Neudruck. 159 Seiten, 118 Abbildungen.
    1952. (1144)
 II: Formänderung, Platten, Stabilität und Bruchhypo-
    thesen von *W. Herberg* und *N. Dimitrov.* 187 Seiten, 94 Ab-
    bildungen. 1955. (1145/1145a)
Grundlagen des Stahlbetonbaues von *A. Troche.* 2., neubearbeitete und
  erweiterte Auflage. 208 Seiten, 75 Abbildungen, 17 Bemessungs-
  tafeln, 20 Rechenbeispiele. 1953. (1078)
Statik der Baukonstruktionen von *A. Teichmann.* 3 Bände.
  I: Grundlagen. 101 Seiten, 51 Abbildungen, 8 Formeltafeln.
    1956. (119)
 II: Statisch bestimmte Stabwerke. 107 Seiten, 52 Abbildun-
    gen, 7 Tafeln. 1957. (120)
III: Statisch unbestimmte Systeme. 112 Seiten, 34 Abbildun-
    gen, 7 Formeltafeln. 1958. (122)
Fenster, Türen, Tore aus Holz und Metall. Eine Anleitung zu ihrer
  guten Gestaltung, wirtschaftlichen Bemessung und handwerks-
  gerechten Konstruktion von *W. Wickop †.* 5. Auflage ge-
  plant. (1092)

23

TECHNIK

Heizung und Lüftung von *W. Körting*. 2 Bände. 9., neubearbeitete
   Auflage.
   I: Das Wesen und die Berechnung der Heizungs- und
      Lüftungsanlagen. 171 Seiten, 29 Abbildungen, 36 Zahlen-
      tafeln. 1962. (342/342a)
   II: Die Ausführung der Heizungs- und Lüftungsanlagen.
      1966. In Vorbereitung. (343)
Industrielle Kraft- und Wärmewirtschaft von *F. A. F. Schmidt* und
   A. Beckers. 167 Seiten, 73 Abbildungen. 1957. (318/318a)

Sammlung Göschen / Bandnummernfolge

27

Autorenregister

32

Printed in Germany 150. VIII. 66